Thieme

Pferde-Osteopathie

Parietale, fasziale, kraniosakrale und viszerale Therapie

Brigitte Salomon, Walter Salomon

4., aktualisierte und erweiterte Auflage

183 Abbildungen

Georg Thieme Verlag
Stuttgart · New York

Anschrift
Brigitte und Walter **Salomon**
Institut für angewandte Kinesiologie
und Naturheilkunde
Allmendweg 3
88709 Meersburg
Deutschland

Bibliografische Information der Deutschen Nationalbibliothek
Die Deutsche Nationalbibliothek verzeichnet diese Publikation in der Deutschen Nationalbibliografie; detaillierte bibliografische Daten sind im Internet über http://dnb.d-nb.de abrufbar.

Ihre Meinung ist uns wichtig! Bitte schreiben Sie uns unter:
www.thieme.de/service/feedback.html

Rüdigerstr. 14
70469 Stuttgart
Deutschland

www.thieme.de

1. Auflage 2003 unter dem Titel „Bäcker/Salomon, Kraniosakrale Therapie bei Pferden“ Sonntag Verlag in MVS Medizinverlage Stuttgart GmbH & Co. KG, Stuttgart
2. Auflage 2010, 3. Auflage 2014 Sonntag Verlag in MVS Medizinverlage Stuttgart GmbH & Co. KG, Stuttgart

Printed in Germany

Umschlaggestaltung: Thieme Gruppe
Umschlagfoto: Brigitte und Walter Salomon, Meersburg
Redaktion: Magdalena Kieser, Berlin
Zeichnungen: Angelika Brauner, Hohenpeißenberg
Satz: Druckhaus Götz GmbH, Ludwigsburg
gesetzt in 3B2, Version 9.1 (Unicode)
Druck: Grafisches Centrum Cuno, Calbe

DOI 10.1055/b-006-163300

ISBN 978-3-1324-2757-0 2 3 4 5 6

Auch erhältlich als E-Book:
eISBN (PDF) 978-3-1324-2758-7
eISBN (epub) 978-3-1324-2759-4

Wichtiger Hinweis: Wie jede Wissenschaft ist die Veterinärmedizin ständigen Entwicklungen unterworfen. Forschung und klinische Erfahrung erweitern unsere Erkenntnisse, insbesondere was Behandlung und medikamentöse Therapie anbelangt. Soweit in diesem Werk eine Dosierung oder eine Applikation erwähnt wird, darf der Leser zwar darauf vertrauen, dass Autoren, Herausgeber und Verlag große Sorgfalt darauf verwandt haben, dass diese Angabe **dem Wissensstand bei Fertigstellung des Werkes** entspricht.
Für Angaben über Dosierungsanweisungen und Applikationsformen kann vom Verlag jedoch keine Gewähr übernommen werden. **Jeder Benutzer ist angehalten**, durch sorgfältige Prüfung der Beipackzettel der verwendeten Präparate und gegebenenfalls nach Konsultation eines Spezialisten festzustellen, ob die dort gegebene Empfehlung für Dosierungen oder die Beachtung von Kontraindikationen gegenüber der Angabe in diesem Buch abweicht. Eine solche Prüfung ist besonders wichtig bei selten verwendeten Präparaten oder solchen, die neu auf den Markt gebracht worden sind. **Jede Dosierung oder Applikation erfolgt auf eigene Gefahr des Benutzers.** Autoren und Verlag appellieren an jeden Benutzer, ihm etwa auffallende Ungenauigkeiten dem Verlag mitzuteilen.
Vor der Anwendung bei Tieren, die der Lebensmittelgewinnung dienen, ist auf die in den einzelnen deutschsprachigen Ländern unterschiedlichen Zulassungen und Anwendungsbeschränkungen zu achten.

Vorwort zur 4. Auflage

Osteopathie ist nicht „Pferdeflüstern", aber als Osteopath treten wir in Dialog zu unseren Patienten. Dieser Dialog findet auf der Ebene der Gewebe und einer energetischen Ebene statt.

Wir möchten in diesem Zusammenhang Dr. Dominique Giniaux zitieren: „All jene, die Handgriffe lehren und lernen, ohne das notwendige Gespür (im Sinne von Gefühl, „feeling") zu haben, sind keine Osteopathen und werden es niemals sein".

Das Gefühl ist das Wichtigste in der Osteopathie besonders in der kraniosakralen faszialen und der viszeralen Osteopathie. Einerseits meinen wir das Gefühl für die Läsionen, für die Veränderungen im Gewebe, andererseits das Gefühl für deren Auflösung.

Die aktuelle Auflage haben wir um das Thema viszerale Osteopathie erweitert, da man Faszien und innere Organe nicht isoliert sehen und behandeln kann. Faszien sind das Bindeglied zwischen dem kraniosakralen, dem parietalen und dem viszeralen System, aber auch zwischen Energie und Struktur. Probleme der inneren Organe, insbesondere des Gastrointestinaltrakts und des Urogenitalsystems, sind in zunehmenden Maße für Schmerzen des Muskel-Skelett-Systems verantwortlich.

Erst durch Berücksichtigung dieser Zusammenhänge wird die Osteopathie zu einer ganzheitlichen Behandlungsform.

Auch Faszien können strukturell und energetisch behandelt werden. Als energetisch arbeitende Therapeuten bevorzugen wir die sanfte Art und erleben immer wieder die positiven Reaktionen der Pferde.

Dieses Buch ist ein Lehrbuch und zeigt viele am Pferd anwendbaren Handgriffe und Techniken. Es ersetzt aber keinesfalls eine solide Ausbildung.

Meersburg, Frühjahr 2019

Brigitte Salomon
Walter Salomon

Vorwort zur 1. Auflage

Ein italienischer Gelehrter namens Galileo Galilei blickte durch sein Fernrohr und entdeckte Unerhörtes: Die Erde dreht sich um die Sonne. Entgegen Spott und Angriff seiner Zeitgenossen blieb er bei seiner Meinung „Und sie bewegt sich doch“. Er sollte recht behalten.

Ist es mit der kraniosakralen Bewegung nicht ähnlich? Entgegen allen schulmedizinischen Erkenntnissen behaupten Osteopathen, Bewegungen der Schädelknochen zu spüren. Werden auch sie recht behalten?

Wissenschaftlich erklären kann man diese Bewegung bis heute nicht. Man kann aber als Patient die wohltuenden Wirkungen und Reaktionen spüren. Beim Menschen mag man diese Wirkungen als Placebo-Effekt erklären. Bei Tieren entfällt dieses Erklärungsmodell. Sie reagieren, auch wenn sie nicht daran glauben. Vor allem Pferde sind empfänglich für sanfte energetische Methoden und zeigen durch ihre Körpersprache deutlich, wenn wir etwas falsch oder richtig gemacht haben. Alle Strukturen des Schädels bewegen sich in einem bestimmten Rhythmus und in bestimmten Bewegungsachsen. Kenntnisse der Schädelanatomie sind zwar die Voraussetzung für das Erlernen der Kraniosakral-Therapie, aber möglich wird sie erst mit der Fähigkeit zu fühlen, mit den Händen „zu sehen“ und sich in das Gewebe hineinzudenken. Wenn diese Fähigkeiten fehlen, nützt auch alles medizinische Wissen nichts. Aber man kann dieses Fühlen lernen.

Wir möchten mit einem weiteren Zitat von Galilei schließen und Ihnen viel Freude mit den subtilen Techniken der Kraniosakral-Therapie wünschen: „Wenn man die Bewegung nicht begreift, kann man auch die Natur nicht begreifen.“

Meersburg, Frühjahr 2003

Brigitte Bäcker
Walter Salomon

Autorenvorstellung

Brigitte und Walter Salomon sind Human- und Tierheilpraktiker sowie Pferdeosteopathen. Sie verfügen über eine umfangreiche Ausbildung in Osteopathie, kraniosakraler Therapie, Akupunktur und Applied Kinesiology. Behandlungsschwerpunkte in ihrer Human-Praxis sind Lernstörungen bei Kindern, Störungen des Bewegungsapparates und psychosomatische Probleme. Walter Salomon ist zusätzlich APM-Therapeut und Homöopath.
Gemeinsam haben sie ihre Erfahrungen in die Pferde-Therapie integriert und die warenrechtlich geschützte Methode EPOS (Energetische Pferde-Osteopathie nach Salomon) gegründet. EPOS ist eine Synthese aus Osteopathie, kraniosakraler Osteopathie und energetischen Behandlungsformen wie Akupressur und Akupunkt- und Meridianmassage. Das diagnostische Testverfahren der Applied Kinesiology ist das Kernstück der energetischen Pferde-Osteopathie nach Salomon. Neben der Therapie von Pferden bilden Brigitte und Walter Salomon Tierärzte, Heilpraktiker und Physiotherapeuten zu EPOS-Therapeuten aus.

Danksagung

Unser besonderer Dank gilt Dr. Christian Gaudron, Pferde-Tierarzt und Osteopath aus Frankreich. Dr. Gaudron verfügt über große Erfahrung in Traditioneller Chinesischer Medizin und energetischen Behandlungsmethoden. Er arbeitet extrem sanft und hat uns in unserer sanften energetischen Art zu behandeln bestätigt. Mit seiner energetischen Arbeits- und Denkweise in der faszialen und viszeralen Therapie hat er wesentlich zum neuen Kapitel beigetragen. Besonderer Dank auch an Monika Hornburg, EPOS-Therapeutin, die sich auf die fasziale Osteopathie spezialisiert hat und bei diesem Thema aktiv mitgewirkt hat.

Inhaltsverzeichnis

Teil 1

Grundlagen der Osteopathie

Teil 2

Parietale Osteopathie

Teil 3

Fasziale Osteopathie

Teil 4

Kraniosakrale Osteopathie

Teil 5

Viszerale Osteopathie

Teil 6

Ursachen von Störungen des Bewegungsapparates

Teil 7

Anhang

Teil 1
Grundlagen der Osteopathie

1 Einführung in die Osteopathie

1.1 Vorbemerkung

Die Osteopathie ist ein heilkundliches System, das Mitte des 19. Jahrhunderts in den USA entwickelt wurde. Der geistige Vater der Osteopathie ist **Dr. Andrew Taylor Still** (1828–1917). Er suchte nach Möglichkeiten, Krankheiten erfolgreich ohne Medikamente und Chirurgie zu behandeln.

Er erkannte, dass alle Erkrankungen des Menschen mit Beeinträchtigungen der körpereigenen Strukturen (Muskeln, Bänder, Knochen und Gelenke) im Zusammenhang stehen. Dies führt zur verminderten Funktion der inneren Organe. Die Osteopathie ist bestrebt, Heilung zu ermöglichen, indem diese Beeinträchtigungen gefunden und sanft korrigiert werden. Gelingt dies, so kann eine bisher beeinträchtigte Funktion wieder normal verlaufen und die Selbstheilungskräfte werden wirksam.

1.2 Grundsysteme der Osteopathie

Man unterscheidet 4 große Systeme der Osteopathie:

- Die kraniosakrale Osteopathie (S. 126) zur Behandlung des zentralen Steuerungssystems des Körpers, des Gehirns und der dieses System umgebenden Strukturen. Im Vordergrund steht die Behandlung der Schädelstrukturen (Schädelknochen, Suturen, Membranen), der Kopfgelenke sowie der intrakranialen und intraspinalen Dura. Ziel ist die Anregung des Liquorflusses, wodurch sich eine Auswirkung auf den Gesamtorganismus und den Bewegungsapparat ergibt.
- Die fasziale Osteopathie (S. 88) zur Behandlung des Muskel-Faszien-Systems. Schwerpunkte hierbei sind Gewebetechniken (Muskeln, Bänder, Sehnen). Es werden sanfte Techniken angewendet, um den Druck auf Nerven, Arterien, Venen und Lymphgefäße zu beheben und dadurch wieder die Voraussetzung für eine gesunde Physiologie zu schaffen.
- Die parietale Osteopathie (S. 40) zur Behandlung des Muskel-Skelett-Systems (Knochen, Wirbel, Gelenke, Muskel, Faszien). Traditionell stellt die parietale Osteopathie die Basis osteopathischer Behandlung dar. In der parietalen Osteopathie werden verschiedene Behandlungstechniken verwendet, um krankhafte Veränderungen des Muskel-Skelett-Systems zu finden und zu behandeln. Es gibt sowohl strukturelle Techniken mit relativ starkem Kraftaufwand als auch sanfte osteopathische Techniken. Im Kapitel „parietale Osteopathie" beschränken wir uns auf die sanften, energetischen Methoden.
- Die viszerale Osteopathie (S. 178) zur Behandlung der inneren Organe (Viszera). Schwerpunkt der Behandlung ist die Wiederherstellung der Beweglichkeit der Organe und der sie einhüllenden oder stützenden faszialen Gewebe wie beispielsweise des Peritoneums (Bauchfell). Die Funktion der Organe wird unterstützt und angeregt.

1.3 Tierärztliche Osteopathie

Die tierärztliche Osteopathie geht im Wesentlichen auf 2 Pioniere zurück:

Auf Pascal Evrard, Mitglied der belgischen Registrierung der Osteopathen (ROB) und der amerikanischen Akademie für Osteopathie (AAO). Er war Professor für Pferde-Osteopathie sowie Begründer der International School of Equine Osteopathy und arbeitete mit der veterinärmedizinischen Fakultät der Universität Lüttich (Belgien) zusammen. Außerdem auf Dr. Dominique Giniaux, Tierarzt. Er übertrug in den 70er-Jahren des letzten Jahrhunderts die Osteopathie auf Pferde.

Bedeutende Institute der Osteopathie sind unter anderen im Humanbereich die STILL ACADEMY und im Veterinärbereich TIAMO (Tierärztliches Institut für Alternative Medizin und Osteopathie).

Pferde-Osteopathie ist eine eigenständige Behandlungsmöglichkeit im Dienst der Gesundheit des Pferdes. Sie unterscheidet sich von Physiotherapie, Chiropraktik und Heilmassagen. Die Pferde-Osteopathie beachtet die enge Verflechtung des Haltungs- und Bewegungsapparates mit allen wichtigen Funktionskreisen des Körpers wie z. B. Atmung, Herz-Kreislauf-System (Durchblutung), Lymphfluss, Stoffwechsel und psychische Funktionen. Vorrangiges Ziel der Pferde-Osteopathie ist es, durch gezielte sanfte Handgrifftechniken Störungen der Körperfunktion zu beseitigen und zu vermeiden, Fehlentwicklungen zu korrigieren und Heilungsprozesse einzuleiten oder zu unterstützen. Physikalische Maßnahmen wie Massage, Wärme und Laser können unterstützend angewendet werden.

2 Behandlungsformen

2.1 Strukturelle Osteopathie

Innerhalb der genannten osteopathischen Bereiche gibt es verschiedene Behandlungsformen. So hat z. B. Giniaux hauptsächlich die strukturelle und fluide Osteopathie angewendet.

Unter struktureller Osteopathie versteht man alle Techniken, die sich mit der Mobilisation und der Korrektur von Blockierungen in Gelenken, Muskeln, Sehnen, Ligamenten und Faszien beschäftigen. Es geht um das Auffinden und um eine allgemeingültige Korrektur von Fehlstellungen im Körpergefüge.

Der strukturell arbeitende Osteopath geht mit einem der Situation angemessenen, manchmal auch intensiveren Kraftaufwand gegen die Spannungsverhältnisse, also auch häufig gegen die motorische „Barriere“, aus der Läsionsstellung heraus. So manipuliert er – im besten Sinn des Wortes – das Gewebe hin zu seiner vorgestellten Idealposition und Funktionalität. Die strukturelle Osteopathie bedient sich direkter Techniken mit gezielten Griffen und indirekter Techniken, die über Muskeln oder Reflexzonen wirken.

2.2 Fluide Osteopathie

Die fluide Osteopathie wirkt direkt auf Körperflüssigkeiten, deren Fluss gehemmt ist (zerebrospinale Flüssigkeit). Diese Art der Behandlung ist extrem sanft, es wird ohne Kraft gearbeitet.

3 Prinzipien der Osteopathie

3.1 Grundlagen

Insgesamt ist die Osteopathie ein in sich geschlossenes Medizinsystem, das den Prinzipien angewandter Anatomie, Physiologie und Pathologie folgt. Die osteopathische Behandlung folgt dabei den von Still entwickelten Prinzipien:

- Der Körper ist eine Einheit.
- Er ist immer als Ganzes an Gesundheit und Krankheit beteiligt.
- Der Körper verfügt über innewohnende Heilungskräfte.
- Struktur und Funktion stehen in gegenseitiger Abhängigkeit.

Die Osteopathie bedient sich zur Diagnose und zur Therapie der Hände. Ihr Ziel ist die **Wiederherstellung der Mobilität** und damit auch der Möglichkeit zur Selbstheilung. Der Weg dazu führt über die **Struktur des Körpers**. Strukturelle Störungen oder Mobilitätseinschränkungen haben Fernwirkungen auf alle Körpersysteme. Die Osteopathie umfasst die Beschäftigung mit allen Körperstrukturen: knöchernes Skelett, Muskeln, Faszien, innere Organe, endokrine Drüsen usw. Im Gegensatz zur Chiropraktik werden mit sehr geringem Kraftaufwand Dysfunktionen in Gelenken und anderen Gewebestrukturen korrigiert.

Die harmonisierenden Techniken der Osteopathie werden langsam, sanft und unter ständiger Beachtung der Gewebereaktion durchgeführt. Die sanfte Behandlung zielt darauf ab, neurovaskuläre, neuromuskuläre und neuroendokrine Regulationsmechanismen in Gang zu setzen und damit die Selbstheilung zu ermöglichen. Darüber hinaus wirkt sich die Behandlung auf das emotionale Wohlbefinden aus, wenn Körperspannungen gelöst werden, die mit seelischen Traumata korrespondieren.

Die osteopathische Therapie bezieht immer das ganze Lebewesen in die Behandlung ein: Sie versucht, dem Patienten in seiner körperlichen, emotionalen und geistigen Einzigartigkeit gerecht zu werden und das Behandlungsziel gemeinsam mit ihm zu erreichen.

3.2 Grundsätze und Regeln

! „Bewegung ist Leben." So lautet ein wichtiger Grundsatz der Osteopathie.

Bewegung ist Ausdruck von Lebenskraft, die sich als das Funktionieren des Körpers äußert. Allgemein verstehen wir unter der Beweglichkeit des Körpers die Motorik des gesamten Bewegungsapparates, die Atmung, den Herzschlag usw.

Der Osteopath überprüft, ob sich alles optimal bewegt. Von Bedeutung ist also nicht so sehr die Form eines Gelenks oder des Gewebes, sondern vielmehr wie es sich bewegt und wie es lebt. Der Therapeut setzt zur Untersuchung und zur Therapie ausschließlich seine Hände ein und beachtet dabei die folgenden Regeln:

3.2.1 Wechselbeziehung Struktur – Funktion

Strukturelle Störungen ziehen Funktionsstörungen nach sich. Da die verschiedenen Strukturen des Körpers (knöcherne, muskuläre und viszerale, das heißt die inneren Organe betreffende) zusammenarbeiten, können sich Störungen der einen Struktur auf eine andere auswirken. Ein **Beispiel**, wie sich die Funktion auf die Struktur auswirkt, ist das Überbein: Eine Veränderung der Belastung (Funktion) bewirkt falsche Spannungsverhältnisse der Muskeln und Faszien und ein Knochen bildet zur Stabilisierung ein Überbein (Struktur).

Arterielle Regel

Eine Störung der Versorgung mit Flüssigkeit (Blut, Lymphe, Liquor) wirkt sich negativ auf die Funktion des unterversorgten Organs aus.

Gesamtheit des Körpers

Defekte in einem bestimmten Bereich des Körpers können sich auf den Gesamtorganismus auswirken.

Fähigkeit zur Selbstheilung

Ziel des Therapeuten ist es, durch gezielte Stimulation die vorhandenen Blockierungen zu lösen und die Selbstheilungskräfte des Körpers zu aktivieren, um ihn auf Dauer zu stärken.

3.3 Erstellen der Diagnose

Die Feststellung von Störungen des Bewegungsapparates beim Pferd ist schwierig. Röntgenaufnahmen zeigen oft nicht alle Probleme. Vor allem geringfügige, aber oft schon schmerzhafte Veränderungen wie Wirbel- und Beckenblockierungen oder arthrotische und arthritische Prozesse sind auf dem Röntgenbild nicht oder erst spät erkennbar. Muskel-, Sehnen- und Faszienprobleme sind weder durch Röntgenaufnahmen noch durch Ultraschall oder andere bildgebende Verfahren festzustellen.

Die schulmedizinischen Untersuchungen wie Blut-, Urin- und Kotuntersuchungen, Röntgen- und Ultraschalldiagnostik müssen natürlich unbedingt zur Klärung der Krankheitsursache herangezogen werden. Jedoch stehen uns weitere einfache und aussagekräftige Methoden zur Verfügung. Zu diesen zählen unter anderem:

- Anamnese
- Adspektion (Beobachtung von Haltung, Haut, Muskeln, Bewegungsablauf usw.)
- Diagnose durch Palpation (Abtasten zum Feststellen von Verspannungen und Verhärtungen)
- Diagnose durch Triggerpunkte
- Mobilitätstest
- diagnostische Akupunktur (Hinweis- und Diagnosepunkte)

3.4 Anamnese

Jede Störung im Bewegungsapparat bereitet früher oder später Schmerzen. Doch im Gegensatz zu uns Menschen kann das Pferd sie nicht verbalisieren. Wir sind auf unsere eigenen Beobachtungen und die Beobachtungen der Besitzer angewiesen. Das größte Problem besteht darin, dass viele Pferdebesitzer selbst gravierende Probleme nicht erkennen und die Tiere für ihre Schmerzreaktionen sogar bestrafen. Nur wenn Probleme erkannt werden, kann auch für deren Lösung etwas getan werden.

Genaues Befragen ist deshalb der erste Schritt der Behandlung. Der folgende Fragenkatalog listet alle Fragen auf, die dem Besitzer gestellt werden sollten (► **Tab. 3.1**). Er ist zwar zeitaufwendig, erleichtert aber das Stellen der richtigen Diagnose.

! Um effektiv therapieren zu können, ist eine genaue Diagnostik erforderlich.

► **Tab. 3.1** Fragenkatalog zur Anamnese.

Frage	Hinweis auf ...
Zu welchem Zeitpunkt begannen die Symptome? Was war zu dieser Zeit? Ein Wettkampf oder vielleicht ein Stallwechsel?	–
Wie wird das Pferd eingesetzt? Welche Muskeln oder Muskelgruppen werden besonders beansprucht?	• Der **Verwendungszweck** ist wichtig für das Finden der beteiligten Muskeln. Schulpferde haben eher Rückenprobleme, Springpferde sind eher anfällig für Gelenk- und Sehnenprobleme usw.
Woher kommt das Pferd? Was hat es erlebt?	• Die **Vorgeschichte** des Pferdes gibt wertvolle Hinweise auf mögliche psychische Ursachen. Bei häufigem Besitzerwechsel und misshandelten Pferden sind die emotionalen Probleme Ursachen für die Verspannungen. Hier sollte zusätzlich zur manuellen oder energetischen Behandlung eine Therapie mit homöopathischen Mitteln oder Blütenessenzen eingesetzt werden.

▸ **Tab. 3.1** Fortsetzung.

Frage	Hinweis auf ...
Zeigt das Pferd Schmerzreaktionen? Macht das Pferd beim Satteln oder Putzen den Rücken hohl oder wölbt es ihn extrem auf? Legt es bei bestimmten Tätigkeiten die Ohren an? Zuckt es beim Putzen zusammen?	• Vor allem, wenn diese Verhaltensweisen früher nicht da waren, sind sie Hinweis auf Schmerzen. Beißen beim Putzen ist oft Hinweis auf schmerzhafte Zonen.
Hat das Pferd sogenannte „Untugenden"?	• **Weben** und **Koppen** sind meist Ausdruck von Schmerzen oder Verspannungen in der oberen Halswirbelsäule. Auch Langeweile kann eine Ursache sein. Die Diagnose „Langeweile" sollte aber erst gestellt werden, wenn alle strukturellen Ursachen behoben sind. • **Kopfschlagen** und **Kopfschütteln** können Hinweise auf Probleme in der oberen Halswirbelsäule sein. Aber auch ein zu enger Stirnriemen kann der Grund sein – vor allem, wenn das Symptom erst beim Reiten auftaucht. Durch die Anstrengung werden Gefäße im Kopf gedehnt und es kommt zum Stau von venösem Blut und Liquor. Auch eine Lichtempfindlichkeit oder Sonnenallergie kann Symptom gestauter Hirnflüssigkeit sein. Eine weitere harmlose, aber oft übersehene Ursache von Kopfschlagen und Schütteln sind Mähnenhaare, die unter dem Halfter eingeklemmt sind und zupfen. • **Stampfen in der Box** kann seine Ursache in einer Ischialgie haben. Das Pferd versucht, sich vom Schmerz zu befreien. Die Folge dieser „Untugend" ist dann oft eine Piephacke. Sie entsteht auch durch Boxenschlagen. • Bei allen Untugenden muss aber auch an **allergische Reaktionen** gedacht werden. Meist sind es Futterunverträglichkeiten. Wenn die osteopathische Behandlung keinen Erfolg zeigt, ändern Sie das Futter und vermeiden Sie möglichst Kraftfutter.
Hat das Pferd Angst vor „Gespenstern"? Scheut es vor jedem neuen Gegenstand, auch in gewohnter Umgebung?	• Hier sollte man an Sehstörungen denken. • Blockierungen oder Läsionen im kranialen System oder Leberfunktionsstörungen können dafür verantwortlich sein. • Auch ein blockiertes Atlantookzipitalgelenk kann zu solchen Reaktionen führen.
Reagiert das Pferd unwillig auf das Anziehen des Sattelgurtes?	• Das kann ein Hinweis auf eine Blockierung der Brustwirbel Th 3–Th 10 oder auf Blockierung des Zwerchfells, der Interkostalmuskulatur oder des M. trapezius sein. • Auch sich entwickelnde Probleme im Hufbereich zeigen sich reflexzonenartig im Bereich der Sattelgurt-Vorderseite in Höhe des Ellbogens.
Welche Tätigkeit verbessert, welche verschlimmert die Symptome?	• Wenn die Schmerzen in Ruhe besser werden, dafür danach die Muskulatur steif ist (das Pferd kommt steif aus der Box), kann die Ursache eine Kälte-/Nässe-Empfindlichkeit, aber auch Arthrose oder ein Bandscheibenproblem sein (mit daraus resultierender Schonreaktion der Muskeln). • Schmerzen, die beim Tragen (Sattel) auftreten, deuten ebenfalls auf Bandscheibenprobleme hin. Da das Pferd seinen Schmerz nicht äußern kann, ist es wichtig, die Reaktionen des Tieres beim Aufsatteln sowie Unterschiede der Bewegung beim Longieren oder Reiten genau zu beobachten. • Schmerzen und instabile Körperhaltung beim längeren Stehen (das Pferd ist unfähig, länger ruhig zu stehen) können ein Hinweis auf überdehnte Bänder sein. • Ständiges Entlasten eines Fußes kann ein Hinweis auf Meniskusprobleme, aber auch auf eine Hüft- oder Iliosakralgelenk-Blockierung sein.

▶ **Tab. 3.1** Fortsetzung.

Frage	Hinweis auf ...
Wie verhält sich das Pferd beim Beschlagen? Lässt es sich problemlos alle Füße aufnehmen?	• Wenn nicht, kann das an verkrampften Muskeln (häufig ist M. iliopsoas, der Lenden-Darmbein-Muskel, betroffen), blockiertem Iliosakralgelenk, aber auch an Knie- und Sprunggelenksproblemen liegen.
Legt sich das Pferd auffallend häufig hin oder verlagert es ständig das Gewicht von einem Bein auf das andere?	• Oft sind die Trachten zu niedrig. Die Statik muss verändert werden. • Auch Knieprobleme machen diese Symptome.

3.5 Adspektion

Beim ersten Blick ist schon sehr viel zu erkennen, sowohl Probleme im Bewegungsapparat als auch Störungen des Stoffwechsels. Die Statik des Pferdes kann wertvolle Hinweise auf die Ursache des Problems liefern (▶ **Tab. 3.2**).

▶ **Tab. 3.2** Wichtige Aspekte der Adspektion.

Merkmale	Hinweis auf ...
Sind Stellungsfehler vorhanden? Steht das Schulterblatt leicht schräg?	• Die falsche Winkelung der Hintergliedmaßen führt zu verkürztem Schritt. • Eine steil gestellte Schulter erlaubt keine raumgreifenden Bewegungen der Vorhand.
Wie ist die Haltung und Form des Halses? Hat das Pferd genügend Ganaschenfreiheit?	• Ein zu enger Bereich zwischen Unterkiefer und Atlas lässt eine Beizäumung nicht zu.
Wie ist die Form des Rückens? Sehr gerade? Senkrücken oder Karpfenrücken?	• Aus der Form des Rückens können wir auf muskuläre Verspannungen schließen.
Wie ist die Stellung der Gliedmaßen?	• Vorder-/Rückbiegigkeit, zehenweite/-enge, bodenweite/-enge Stellung deuten auf muskuläre und/oder fasziale Dysbalancen hin.
Hat das Pferd eine deutliche Neigung zu Sehnenproblemen? Ist das Pferd hinten überbaut?	• Das lässt durch die falsche Gewichtsverteilung auf Sehnenprobleme der Vorderbeine schließen. Oft liegt eine Leberfunktionsstörung vor. (In der TCM sind die Sehnen der Leber zugeordnet.)
Wie sieht die Wirbelsäule aus? Sind Erhebungen oder Absenkungen einzelner Wirbel oder Wirbelsäulenabschnitte zu erkennen?	• Probleme der Rückenmuskulatur und der Faszien.
Wie ist die Kruppenform? Ist die Kruppenmuskulatur symmetrisch?	• Eine ungleiche Höhe deutet auf ein gekipptes Becken hin. • Schwellungen, Vorwölbungen im muskulären Bereich sind Hinweise auf mechanisch bedingte primäre Läsionen, da durch die Muskelkontraktion eine palpable Schwellung des Muskelbauchs erzeugt wird. Einziehungen deuten oft auf eine organische Ursache hin.
Gibt es atrophierte Muskeln?	• Das zeigt dem Therapeuten, dass Muskeln nicht „benutzt“, also nicht oder falsch trainiert werden. • Der atrophierte M. trapezius pars thoracalis sowie der kraniale Teil des M. longissimus dorsi weisen auf einen schlecht passenden Sattel hin.
Wie sehen die Hufe aus?	• Ausgefranste Hufe und Hufspalten weisen auf Stoffwechselprobleme und energetische Störungen in den Meridianen hin. Wir sehen sie häufig im Zusammenhang mit Arthrose und Sehnenproblemen. Energetisch sind sie dann ein Hinweis auf eine Nierenschwäche.

▶ **Tab. 3.2** Fortsetzung.

Merkmale	Hinweis auf ...
	• Jede Fehlstellung führt erst zu Unbehagen, später zu Schmerzen, Fehlhaltungen und damit zu Muskelanspannungen im Rumpf und Rückenschmerzen. • Zu lange Zehen, oft in Verbindung mit zu niedrigen Trachten, verursachen eine ständige Dehnung der hinteren Sehnen und Bänder. Zunächst verkürzt das Pferd die Anschubphase der Hinterhand. Bei anhaltender Überlastung der Sehnen kommt es zu Sehnenschäden. • Zu kurze Zehen mit zu hohen Trachten beeinträchtigen das Abfedern und führen zu Verschleißerscheinungen der Gelenke.
Wie ist der Fellzustand?	• Stumpfes Fell und/oder Stichelhaare sind ein Hinweis auf Stoffwechselprobleme.
Passt der Sattel?	• Ein unpassender Sattel kann schwerwiegende Folgen nach sich ziehen. Lassen Sie gegebenenfalls den Sattel überprüfen, auch wenn noch keine sichtbaren Satteldruckstellen vorhanden sind. • Einige **wichtige Grundregeln**: – Der Sitz des Sattels sollte nicht zu weit hinten liegen. – Der vordere Rand darf nicht auf die Schulterblätter und die Schulterblattknorpel drücken. Sie sollten noch Ihre Hand darunterschieben können. – Unter der Sattelkammer soll noch Platz für die Dornfortsätze der Wirbel sein. Prüfen Sie das möglichst nach dem Reiten, wenn sich die Muskulatur durch die Bewegung verändert hat.
Sind die Beine angelaufen/geschwollen?	• Angelaufene Beine sind meist ein Zeichen für einen verzögerten Lymphabfluss. Die Ursache liegt oft in der Fütterung.

3.6
Reiterliche Probleme

Zeigt das Pferd Auffälligkeiten beim Reiten oder wenn es sich bewegt, so kann dies auch ein wichtiger diagnostischer Hinweis sein (▶ **Tab. 3.3**).

▶ **Tab. 3.3** Beobachtungen in Bewegung und beim Reiten.

Problem	Hinweis auf ...
Das Pferd wehrt sich gegen das Gebiss oder die Trense.	• Entzündungen in der Maulhöhle, Zahnfleischentzündungen, Zahnfisteln u. Ä. • weitere Möglichkeiten: Wolfszähne, scharfe Hakenzähne, Hengstzähne
Das Pferd steigt beim Abnehmen der Zügel.	• meist Zahnprobleme
Das Pferd ist nicht in der Lage, den Rücken aufzuwölben und in Dehnungshaltung zu gehen.	• Probleme in der Halswirbelsäule • verspannte Rückenmuskeln (häufig ist der M. iliopsoas betroffen)
Das Pferd lässt sich nicht rückwärts richten.	• Zahnprobleme • Beckenläsionen • Knieprobleme
Das Pferd ist immer hinter dem Zügel.	• Wolfszahn und Fehlstellungen der Vorbackenzähne • zu feste oder zu weit hinten liegende Kinnkette • Kiefergelenks- und/oder Zahnprobleme • Blockierungen der Halswirbel

▶ **Tab. 3.3** Fortsetzung.

Problem	Hinweis auf …
Das Pferd zeigt beim Reiten Kopfschlagen.	• zu enge Stirnriemen • Nasennebenhöhlenprobleme • kraniosakrale Läsionen, Halswirbelprobleme • Allergien
Der innere Hüfthöcker ist im Zirkel tiefer.	Wenn nicht, dann • ist das Sakrum oder das Iliosakralgelenk blockiert • oder der ganze Beckenring hat eine Fehlstellung.
Der Rücken ist fest und schwingt nicht.	• Ein fester, schmerzender Rücken kann durch abgesunkene Wirbel im Sattelbereich, durch unkorrekte Winkelung der Zehen oder falsche Hufkorrektur verursacht sein. • Kiefergelenksprobleme • Überprüfung des Sattels
Der Galopp ist unharmonisch. Das Pferd hat Probleme beim Gangwechsel.	• Blockierung des 6. Lendenwirbels bzw. des 14. Brustwirbels • Sakrum ist rotiert • Beckenfehlstellungen • Blockierung des Iliosakralgelenks
Seitliche Biegungen sind nicht möglich.	• Blockierung des 16. und 17. Brustwirbels • Blockierung des Sakrums • Ischialgie durch komprimierten Ischiasnerv. Durch hartes Training wird sich das Tier vielleicht unter Schmerzen fügen. Die Biegung wird trotz alledem unbefriedigend bleiben und als Folge werden sich weitere sekundäre Läsionen entwickeln. • seitliche Faszienkette blockiert oder seitliche Muskeln auf einer Seite verkürzt
Es ist nicht genügend Schub aus der Rückhand vorhanden.	• blockiertes Sakrum oder Iliosakralgelenk • schwache Muskeln, vor allem M. psoas, Unterschenkelflexoren und M. biceps femoris • falsche Winkelung des Hüftgelenks
Das Pferd berührt im Schritt die Vorderfüße mit den Hinterfüßen (Greifen).	• Verspannungen des breiten Rückenmuskels blockieren die Protraktion (Vorwärtsbewegung) der Vorhand. • Der Druck des Sattelgurtes kann ebenso zur Beeinträchtigung der Vorhandbewegung führen. • Mangelnder Raumgriff der Hinterhand hat seine Ursache in Störungen des Mauls. Die Übertragung der diagonalen Bewegungswelle von hinten nach vorne ist nicht möglich. • verspannte Kruppenmuskeln oder zu schwache Oberschenkelmuskeln
Das Pferd kann nicht taktrein gehen.	• Verspannungen • Schmerzen
Das Pferd hat Probleme mit der Anlehnung.	• Störung im Kiefergelenk • Probleme mit der Ohrspeicheldrüse • mangelnde Ganaschenfreiheit • Blockierung des Atlantookzipitalgelenks
Das Pferd kann den Hals nicht strecken.	• Blockierung zwischen Os occipitale und Atlas • Verspannungen der Hals-, Schlund- und Nackenmuskeln
Das Pferd stolpert häufig mit den Vorderbeinen.	• Hinweis auf Blockierung des 7. Halswirbels und/oder blockierte Wirbel im Widerrist • hypertoner M. supraspinatus • allgemeines Stolpern kann mit Blockierung des Zungenbeins zusammenhängen
Das Pferd zeigt eine Lahmheit der Vorhand.	• viele mögliche Ursachen, z. B. Huferkrankung oder Störungen im Nervensystem • häufig jedoch: Blockierung des 7. Halswirbels (Pferd legt Kopf zur schmerzfreien Seite) oder Blockierung des Schultergelenks

► **Tab. 3.3** Fortsetzung.

Problem	Hinweis auf ...
Das Pferd zeigt eine Lahmheit der Hinterhand.	• Gelenkentzündungen • Beckenrotationen und Kippungen • Blockierung des Iliosakralgelenks • Kniegelenkprobleme • Problem des diagonalen Vorderbeins
Das Pferd trägt in der Bewegung den Schweif schief. Es schlägt mit dem Schweif.	• Beides kann ein Zeichen für Schmerzen in der hinteren Wirbelsäule und im Sakrum oder für einseitig verspannte Schwanzheber sein. • Schmerzen durch verdeckte Wolfszähne oder Hakenzähne • Kiefergelenksprobleme und Kieferfehlstellungen • organische Probleme z. B. im Dickdarm oder in der Gebärmutter
Das Pferd stellt während der Arbeit seine Hinterhand seitlich ab.	• Lendenwirbel blockiert

3.7 Grundlagen der osteopathischen Behandlung

3.7.1 Die Vorbereitung

Bevor mit der Behandlung begonnen wird, ist es wichtig, fühlen zu lernen. Lernen Sie, die „Sprache" des Gewebes zu verstehen und im wahrsten Sinne des Wortes zu „begreifen". Die Kunst der Osteopathie ist das Warten und Zuhören. Warten, bis Impulse, Bewegungen in unseren Händen ankommen, und „zuhören", was uns das Gewebe sagt, und zu erkennen, was zu tun ist. Wir müssen lernen, unsere Wahrnehmung auf die Hände zu konzentrieren. Wenn wir nur noch Hände sind und Kopf und Verstand ausgeschaltet haben, empfangen wir die Botschaften des Gewebes.

Das heißt aber nicht, dass Osteopathie und kraniosakrale Osteopathie nur Handauflegen bedeuten. Wichtige Voraussetzung ist das Wissen um die anatomischen Verhältnisse und Strukturen, damit wir erkennen, wo etwas nicht stimmt, und dem Körper die richtigen Impulse geben können. Die Kenntnisse über Anatomie und Physiologie sind eine Fähigkeit der linken Hirnhemisphäre. Verstand und logisches Denken sind hier zu Hause. Für die Wahrnehmung aber, für das Spüren und Fühlen, benötigen wir die rechte Hemisphäre, die Intuition. Wir brauchen zuerst das Wissen über die Strukturen, die wir palpieren, müssen aber dann lernen, die Logik und den Verstand „auszuschalten" und der Wahrnehmung der rechten Hirnhälfte zu vertrauen. Logik und Verstand sind zwar sehr nützlich, würden hier aber nur stören. Beide würden Sie entweder an Ihren Feststellungen zweifeln lassen oder Sie zu bestimmten Schlussfolgerungen führen, die Sie vielleicht aufgrund der Symptome oder der Adspektion erwarten.

Das ist nicht ganz einfach, weil wir gelernt haben, nur unserem Verstand zu glauben. Upledger und Vredevoogt beschreiben dies in ihrem Lehrbuch so:

„Wir dürfen nicht zulassen, dass unser Intellekt die Entwicklung unserer palpatorischen Fähigkeiten behindert. Wenn man beginnt zu zweifeln oder analytisch zu interpretieren, wird man die feine Sprache des Gewebes nicht mehr wahrnehmen."

Entspannung

Der Wahrnehmung vertrauen ist eines der wichtigsten Dinge bei allen Arten der Osteopathie, insbesondere der faszialen und der kraniosakralen Osteopathie. Entspannung ist dafür die erste Voraussetzung.

Sorgen Sie dafür, dass Sie entspannt sind. Jede Spannung wirkt sich auf Ihre Wahrnehmung aus und blockiert die Empfindungen. Sie werden sogar die Spannungen und Schmerzen des eigenen Körpers von den Botschaften des untersuchten Körpers nicht mehr unterscheiden können. Nur durch Entspannung gelingt es, in den Alpha-Zustand zu kommen.

In der Entspannung verändert sich die elektrische Hirnspannung. Die Beta-Wellen verwandeln sich in die langsamen Alpha-Wellen. In dieser Phase öffnet sich das Tor zum Unterbewussten und wir sind offen für die Informationen, die wir vom Patienten erhalten.

Der Kraniosakralrhythmus wird langsamer. Spannungen des Therapeuten lösen sich. Er wird sensibler. Auch das Pferd kann bei einem völlig entspannten Therapeuten in den Alpha-Zustand gelangen.

Nur wenn sich der Therapeut leer macht, ist er wach und aufnahmefähig für die Information der Gewebe. Wir siedeln die Osteopathie, so wie wir sie anwenden, bei den energetischen Therapieformen an. Das bedeutet, dass auch die Energie von Kosmos und Erde in die Therapie mit einfließt. Der Therapeut ist der Kanal zwischen Kosmos und Erde und lässt die Energie zum Patienten fließen (▸ **Abb. 3.1**). Nicht seine eigene Energie ist die heilende Energie, sondern er ist nur der Kanal.

Zur Entspannung eignen sich z. B. Yoga, autogenes Training, Qi Gong und Entspannung nach Jacobson. Als besonders gut geeignet empfinden wir die Qi-Gong-Übungen. Viele dieser Übungen wirken positiv auf das Fasziensystem und lösen damit Spannungen des Therapeuten. Beim Qi Gong wird viel Wert auf die Haltung und die Atmung gelegt. Beides ist in der Pferde-Osteopathie wichtig.

Einfache Atemübung als Vorbereitung:

- Sitzen Sie bequem. Hören Sie, wenn möglich, Entspannungs-Musik.
- Schließen Sie die Augen, lassen Sie Ihren Atem fließen, nicht forcieren. Es geschieht von selbst.

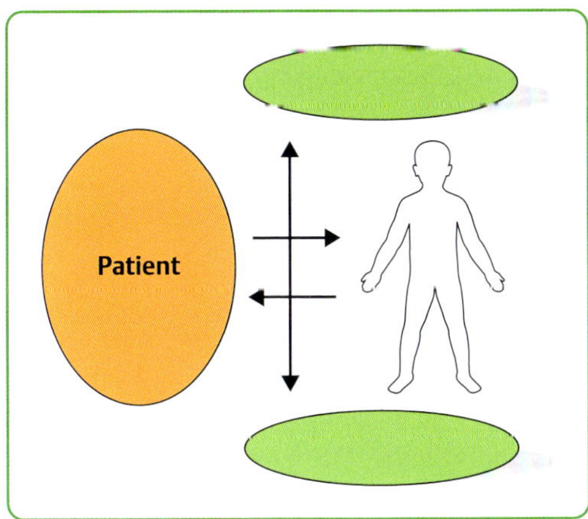

▸ **Abb. 3.1** Der Therapeut als Mittler zwischen Kosmos und Erde.

- Atmen Sie weich und tief in den Bauch ein. Spüren Sie, wie Sie beim Einatmen positive Energie aufnehmen.
- Atmen Sie aus und lassen Sie das Ausatmen sanft in das nächste Einatmen übergehen.
- Spüren Sie, wie sich Ruhe in Ihnen ausbreitet.
- Spüren Sie, wie sich beim Ausatmen alle Spannung löst. Sie lassen los. Sie fühlen sich sicher, geborgen und geliebt. Licht, Ruhe und Energie breiten sich in Ihnen aus.
- Atmen sie weiter weich und tief.
- Verlängern und vertiefen Sie den Atem.

Lernen Sie, auf Ihre Wahrnehmung zu achten und ihr zu vertrauen. Versuchen Sie, sich nur auf das zu konzentrieren, was Sie in Ihren Händen spüren.

Der Kontakt zum Pferd

Zu Beginn der osteopathischen Behandlung ist es wichtig, Kontakt zum Pferd aufzunehmen. Der Therapeut sollte sich bewusst sein, dass er in die Aura des Pferdes eintritt. Der Therapeut sollte sich nicht sofort auf die zu behandelnden Strukturen „stürzen“, sondern erst ein Vertrauensverhältnis schaffen. Das Pferd begrüßen, es beim Namen nennen, ihm in die Augen schauen. Berührung, sanfte Massage am Hals und ein inneres Gespräch mit dem Tier gehören unbedingt zur Therapie. Pferde sollten in einer ihnen vertrauten Umgebung behandelt werden. In einer fremden Umgebung sind sie oft verspannt und unruhig, meist sogar ängstlich. Das Pferd sollte nicht durch das Halfter fixiert werden. Die Person, die das Pferd hält, hindert das Pferd am Weglaufen, lässt aber Bewegungen zu, denen der Therapeut folgt.

3.8 Diagnose

3.8.1 Palpation (Fühlen und Berühren)

Nach der Vorbereitung und der Anamnese erfolgt die Palpation. Das Abtasten sollte für den Pferdeosteopathen selbstverständlich sein. Hierbei lassen sich viele Hinweise auf eventuell zugrunde liegende Ursachen finden (▸ **Tab. 3.4**). Aber auch dem Pferdebesitzer kann die Reaktion des Pferdes wichtige Hinweise geben.

▸ **Tab. 3.4** Wichtige Aspekte der Palpation.

Merkmale	Hinweis auf ...
Wie fühlen sich die einzelnen Körperzonen an? Gibt es kalte oder warme Regionen?	• Kälte deutet eher auf chronische Prozesse hin. • Wärme zeigt akute, entzündliche Prozesse.
Sind Verhärtungen oder Schwellungen zu spüren?	• Verhärtungen können sowohl Myogelosen als auch Narben sein. • Schwellungen können durch Blutergüsse, Lymphansammlungen oder Insektenstiche entstehen.
Ist die Haut verschiebbar?	• Durch „Rollen“ der Haut zwischen den Fingern können Veränderungen des Gewebes festgestellt werden. Unverschiebbare, verhärtete Stellen, die sich anfühlen, als seien sie fest mit dem darunterliegenden Gewebe verbunden, können auf Muskelverspannungen, Myogelosen, Faszienverklebungen, aber auch auf organische Ursachen hinweisen.

Palpation bedeutet Untersuchung durch Berührung. Osteopathie heißt, Berühren und Fühlen. Ohne diese Voraussetzungen ist eine osteopathische Therapie nicht möglich. Zuerst kommt die Berührung. Durch Berührung nehmen wir nicht nur Kontakt zum Körper und seinen Strukturen, sondern auch mit dem „Inneren“ des Patienten, mit seiner Seele auf. Wir lassen uns auf ihn ein. Sie sollte deshalb nicht mechanisch oder gar gedankenlos sein, sondern mit Respekt und liebevoller Zuwendung verbunden sein. Der Patient fühlt die Zuwendung und fasst Vertrauen, ohne das Heilung nicht möglich ist. Kinder entwickeln erst durch Berührungen der Haut eine Vorstellung vom „Ich“. Berührung ist Voraussetzung für die physische und psychische Entwicklung des Menschen. Die Untersuchung durch den Arzt erfolgte vor der Entdeckung von Röntgen und Labordiagnostik ausschließlich durch Inspektion und Palpation. In der Osteopathie ist diese Fähigkeit wieder gefragt.

Die Palpation der Muskulatur geschieht durch eher sanften bis mäßigen Druck der Fingerkuppen. Vergleichen Sie gesunde Stellen im Gegensatz zu Stellen mit verspannten Muskeln.

Grundsätzlich kann jeder Muskel betroffen sein. Beim Pferd zeigen sich Muskelprobleme vermehrt an folgenden Regionen:

- Atlasbereich
- Widerrist
- Hals-Schulter-Region
- rund um das Ellbogengelenk
- Lenden-Kreuzbein-Bereich
- Hüftgelenk
- Hinterhandmuskulatur
- Harte verspannte Kaumuskeln sind ein Hinweis auf ein blockiertes Kiefergelenk oder auf Probleme des 2. Halswirbels. Das Pferd nimmt dann bei der Arbeit das Gebiss nicht an.

Auch die Kibler-Falten-Palpation ist eine effektive Methode, Störungen im Muskel- und Bindegewebe festzustellen. Eine Hautfalte wird zwischen Daumen und Zeigefinger genommen und „gerollt“. Wenn dies nicht möglich oder schmerzhaft ist, deutet es auf Verklebungen zwischen Haut, Faszien und Muskulatur hin.

3.8.2 Triggerpunkte

Triggerpunkte sind Stellen im Muskel, bei denen das Pferd bei Palpation mit Schmerz reagiert. Der Schmerz strahlt in andere Gebiete aus, die mit dem betreffenden Muskel nicht unbedingt in neurologischem Zusammenhang stehen müssen. Beim Pferd ist das Ausstrahlen nicht feststellbar. Trotzdem sprechen wir generell bei schmerzhaften Punkten von Triggerpunkten. Triggerpunkte können sich an jedem Teil des Muskels befinden. Meist findet man sie jedoch in Ansatz- oder Ursprungsnähe.

Die Palpation der Triggerpunkte geschieht mit festem Druck der Fingerspitzen oder des Daumens. Begonnen wird an gesunden Stellen mit mäßigem Druck, bis sich das Tier an die Untersuchung gewöhnt hat. Schmerzhafte Zonen finden sich häufig im Verlauf der Rücken- und Kruppenmuskeln.

3.8.3 Diagnostische Akupressur

Diagnosepunkte aus der klassischen Akupunktur können helfen, Ursachen für Probleme schnell zu finden (▶ Tab. 3.5 und ▶ Abb. 3.2).

Sie sind besonders geeignet, um Lahmheit und Schmerzen zu lokalisieren. Hierzu werden die Zustimmungspunkte, die Alarmpunkte und einige wenige andere Akupunkturpunkte verwendet. Bei

▶ **Tab. 3.5** Wichtige Diagnosepunkte der Wirbelsäule.

Akupunkturpunkt	betroffene Region/Erkrankung
Bl 10	• Schmerz im Hinterbein der gegenüberliegenden Körperseite • Funktionsstörung im gleichseitigen Kopfgelenk
Bl 16	• steife oder schmerzende Wirbelsäule • Hinweis auf eine chronische Blockierung des zervikothorakalen Übergangs
Bl 18	• Probleme im Muskelbereich
Bl 19	• entzündete, wunde Bänder • Lahmheit im Hüftgelenk durch Problem der Vor- oder Mittelhand, Seitwärtsbiegung schwierig • chronische Blockierung des zervikothorakalen Übergangs
Bl 20	• Lahmheit im Knie- und Sprunggelenk • Spat • Probleme mit dem Bindegewebe
Bl 22	• schmerzhafter Halswirbel • Hinweis auf mögliche Funktionsstörungen im Genitalbereich
Bl 24	• schmerzhafter Brust- und Lendenwirbelbereich
Bl 25	• Probleme im hinteren Vorderfußbereich (Sehnen, Bänder, Strahlbein, Hufbein) • evtl. Hinweis auf Erkrankung der gegenüberliegenden Vorhand, Verdacht erhärtet durch schmerzhaften Di 16 • Schmerz der Kruppenmuskeln, Hinweis auf eine Blockierung des lumbosakralen Übergangs
Bl 28	• verrenkter Halswirbel (meist kontralateraler Atlas) • Zerrung von M. semimembranosus und M. semitendinosus (Rückseite Oberschenkel), Blockierung des gleichseitigen Iliosakralgelenks
Bl 36 + Bl 37	• Schmerzen im Kniebereich
Bl 39	• Schmerzen im Sprunggelenksbereich
Ni 5	• Schilddrüsenprobleme, Unfruchtbarkeit
Ni 23	• schmerzhafter Brust- und Lendenwirbelbereich • schmerzhaftes Sprunggelenk
He 9	• Probleme in hinteren Vorderfußbereich (Sehnen, Sesambein), oft mit Ängstlichkeit, Nervosität
Dü 9	• lahme Schulter
Dü 16	• Lahmheit der Hinterbeine • starke Muskelschmerzen
Dü 19	• Problem im gleichseitigen Kiefergelenk
3E 14	• lahme Schulter
3E 15	• schmerzhaftes Unterstützungsband • blockierte Halsbasis • meist aber Probleme des gesamten Halses
3E 16	• Ovulationsprobleme, Zysten, Hoden
KS 1	• Huf- und Sohlenerkrankungen
KS 6	• Ganglion stellatum
Ma 25	• Magengeschwüre
Lu 1	• Schmerz am Griffelbein, Karpalgelenk, Gleichbein

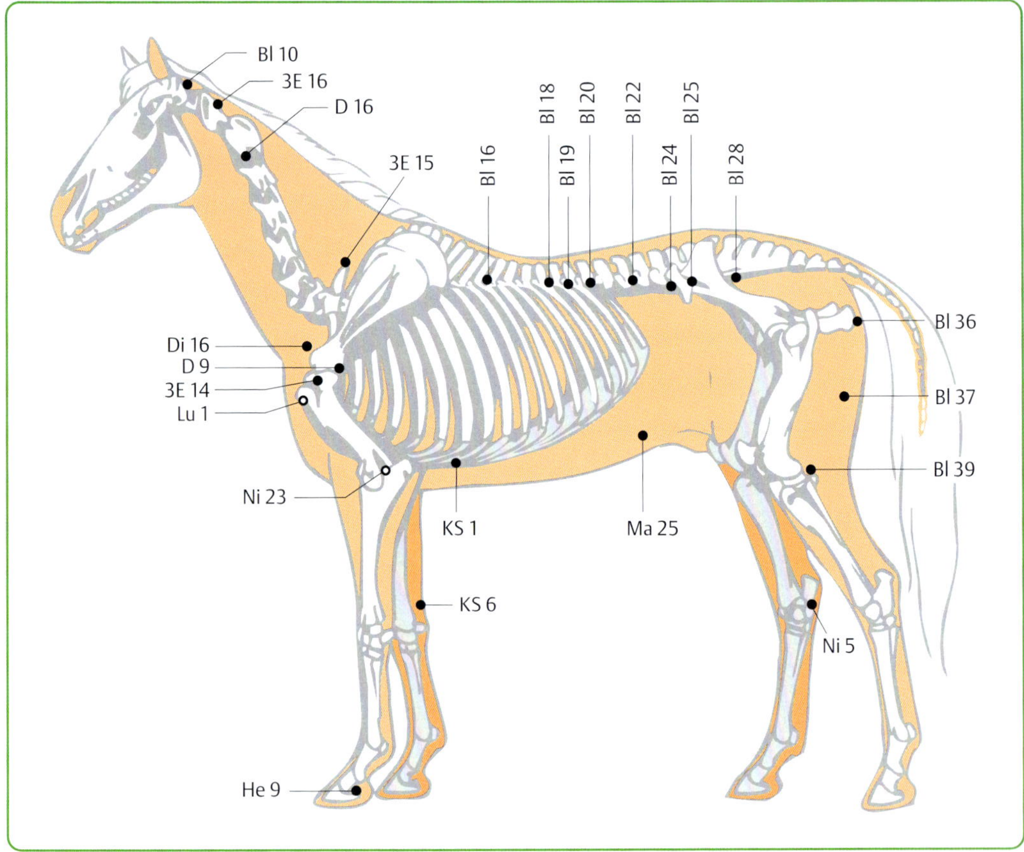

▸ **Abb. 3.2** Diagnosepunkte der Akupunktur. Bl – Blase, D – Dünndarm, 3E – Dreifacher Erwärmer, KS – Kreislauf-Sexualität, Ma – Magen, Ni – Niere, He – Herz, Lu – Lunge.

Druckschmerz geben sie Hinweise auf die betroffenen Strukturen.

Als mögliche Reaktionen des Pferdes können leichtes Muskelzucken, Zurückschrecken von der Druckstelle und Einziehen des Rückens auftreten. Bei einem starken Schmerz will das Pferd den Therapeuten abschlagen oder beißen.

3.8.4 Ergänzende Tests

Applied Kinesiology

Der **Muskeltest** der Applied Kinesiology ist ein wertvolles Instrument, um Wirbel- und Beckenblockierungen exakt lokalisieren zu können. Über die verschiedenen Muskelreaktionen können zudem sowohl die Ursachen als auch die beste Therapieform festgestellt werden.

Nogier-Test

Der **Reflexe Auriculocardiaque** (RAC) wurde von Dr. Paul Nogier im Jahr 1968 entdeckt. Es handelt sich dabei um einen sympathischen Hautreflex. Der Name wurde deshalb gewählt, weil eine Beteiligung des Herzens an seiner Entstehung vermutet wurde. Der genaue physiologische Hintergrund des Phänomens ist bisher nicht vollständig geklärt. In der Ohr-Akupunktur wird seitdem eine Veränderung der Pulswelle am Radialispuls als Indikator zum Auffinden von gestörten Akupunkturpunkten gebraucht. Diese kann aber auch zum Auffinden anderer blockierter Bereiche verwendet werden.

3.9 Der Ablauf einer Behandlung

Ein Osteopath behandelt das gesamte Tier, nicht einzelne Symptome. Das heißt, auch bei offensichtlichen Gelenk-Problemen beginnen wir nicht am Gelenk, sondern untersuchen und therapieren den gesamten Bewegungsapparat.

Wir beginnen mit der parietalen Osteopathie, mit dem Bewegungsapparat mit den muskulären und knöchernen Strukturen. Der zweite Schritt ist die fasziale Osteopathie. Der dritte Schritt ist die kraniosakrale Osteopathie. Wir arbeiten also vom „Groben" ins „Feine". Noch feiner sind rein energetische Techniken wie Akupunktur, Akupunktmassage, Farbtherapie u. Ä., die den Abschluss bilden.

3.9.1 Kraftaufwand

Osteopathie ist subtil und sanft. Starke Kräfte bewirken eine muskuläre Anspannung, die eine sanfte Therapie unmöglich macht. Druck erzeugt Gegendruck. In den verschiedenen Osteopathie-Schulen gibt es große Unterschiede, was die aufzuwendende Kraft betrifft. Das Spektrum reicht von rein mentalen Methoden bis zu kräftigen, strukturellen Techniken, auch am Schädel. Sehr anschaulich haben Baier-Wolf und Kienle in ihrem Buch „Craniale Osteopathie und Applied Kinesiology" den Kraftaufwand beschrieben:

„Man stellt sich ein Stück dünner Zellophanfolie vor, die auf der Oberfläche einer Schüssel mit Wasser schwimmt. Die Kraft, die man braucht, um die Folie über das Wasser zu schieben, ohne irgendwelche Verformungen in seiner Oberfläche hervorzurufen, ist genau die Kraft, die bei der Palpation und Behandlung des craniosacralen Rhythmus benötigt wird."

Alle in den folgenden Kapiteln beschriebenen Tests und Korrekturen werden, bis auf wenige Ausnahmen, ohne Kraft ausgeführt.

3.10 Die osteopathische Läsion

3.10.1 Was ist eine Läsion?

Als **Läsion** (oder auch Dysfunktion) wird in der Osteopathie nahezu jegliche Schädigung, Verletzung oder Störung zweier benachbarter Strukturen bezeichnet. Es handelt sich um einen Bewegungsverlust eines Gelenks oder Wirbels, um eine ertastbare Einschränkung der Beweglichkeit der Gewebe. Läsionen oder Dysfunktionen sind Zustände mit eingeschränkter Mobilität mit und ohne offensichtliche Fehlstellungen, aber auch Bereiche mit Hypermobilität. Nicht jede Funktionsstörung ist an einer Fehlstellung erkennbar.

Eine Läsion kann sich auch im Bindegewebe befinden. Die Eigenbewegung des Gewebes ist eingeschränkt. Upledger bezeichnete die Läsionen im Gewebe als „Energiezyste". Durch ein Trauma wie Verletzung oder Schlag, aber auch durch Überlastung und Fehlbelastung dringt die Energie je nach Stärke der Kraft und abhängig von der Gewebedichte mehr oder weniger tief ins Gewebe und sammelt sich dort.

! Die osteopathische Läsion drückt sich durch einen Bewegungsverlust aus, der in allen anatomischen Strukturen wie Knochen, Muskeln, Sehnen, Eingeweiden, Faszien, Bindegewebe usw. zum Ausdruck kommen kann.

Eine **Restriktion** ist eine Bewegungseinschränkung. Sie kann ligamentär, muskulär, faszial, membranös oder viszeral sein.

Der Begriff **Blockierung** bezeichnet in der manuellen Medizin eine reversibel eingeschränkte Beweglichkeit eines Gelenks oder Wirbelsegments (auch „reversible segmentale Dysfunktion" genannt). Eine Luxation ist eine Verrenkung, eine Subluxation eine Fehlstellung. Oft wird im Zusammenhang mit Gelenken und Wirbeln der Begriff „Blockade" verwendet. Eine Blockade ist ein totaler Bewegungsverlust. Aber die Definition ist nicht einfach. Auch in der Fachliteratur werden die Begriffe „Blockade" und „Blockierung" häufig im gleichen Sinn verwendet. Die Osteopathie spricht keinesfalls von verrenkten oder gar ausgerenkten Wirbeln. Ziel der Osteopathie und auch der kraniosakralen Osteopathie ist die Herstellung der Beweglichkeit. Der Osteopath „renkt nicht ein".

! Die Begriffe Läsion, Restriktion und Blockierung werden im gleichen Sinne verwendet.

3.10.2 Point of Balance

Die Bewegung einer Struktur, eines Wirbels oder eines Gelenks muss in alle Richtungen möglich sein. Bewegung im Gewebe steht nie still, weshalb man auch nicht von einer eigentlichen Mittelstellung ausgehen kann. Man geht aber von einem gedachten Balancepunkt (Point of Balance) in der Mitte der Bewegung aus. Bei einer Läsion ist dieser Balancepunkt verschoben. Wir spüren dies bei der Palpation durch einen auf einer Seite größeren Bewegungsspielraum. Die andere Seite ist nicht oder nur als kurze Amplitude wahrzunehmen. Auf der Seite der Läsion ist eine größere, aber pathologische Beweglichkeit zu spüren. Dieser Bewegungsverlust kann sowohl bei einer Gelenkstruktur als auch bei einem Muskel oder in Faszien auftreten.

Der Point of Balance ist der gedachte Punkt, an dem der primäre Atemrhythmus die Richtung verändert. Hier wechselt z. B. die Flexion in die Extension und die Innenrotation in die Außenrotation. Jede Einwirkung, Dysfunktion, Läsion beeinträchtigt die bindegewebigen Strukturen.

! Der Point of Balance ist das Gleichgewicht im Bewegungsspielraum ligamentärer, membranöser, faszialer oder gelenkiger Strukturen.

Wenn sich dieser Balancepunkt in der Mitte des Bewegungsspielraums befindet, ist die Spannung der Strukturen im Gleichgewicht (▶ **Abb. 3.3a**).

Wird die Struktur über ihren Bewegungsspielraum hinaus bewegt, entsteht ein Ungleichgewicht in der ligamentären oder membranösen Spannung. Die Fähigkeit, die Bewegung in eine Richtung zu begrenzen, ist geschwächt. Die Spannung der Gelenke ist aus dem Gleichgewicht und es kommt zu einer vermehrten Beweglichkeit der betroffenen gelenkigen Struktur.

Bei einer Läsion verschiebt sich der Point of Balance. Es entsteht ein Ungleichgewicht der Spannungsverhältnisse (▶ **Abb. 3.3b**). Auf der Seite der Läsion kommt zu einer größeren, aber pathologischen Zunahme des Bewegungsspielraums durch abnorme Kontraktion der Strukturen (z. B. hypertone Muskeln, kontrahierte Bänder). Auf der anderen Seite haben sich eine Barriere, ein Beweglichkeitsverlust und eine reaktive Zunahme der Spannung gebildet.

Beim Bewegungstest kann sich B leichter nach A bewegen, während die Beweglichkeit nach C eingeschränkt ist. Bei der indirekten Behandlung begleiten wir die Struktur in Richtung der größeren Beweglichkeit (in Richtung A) und achten darauf, dass sich die membranöse Spannung an B in bestmöglichem Gleichgewicht befindet.

Dadurch kann sich ein neues Spannungsgleichgewicht zwischen A und C einstellen. Jede Bewegung in Richtung des Point of Balance erhöht das

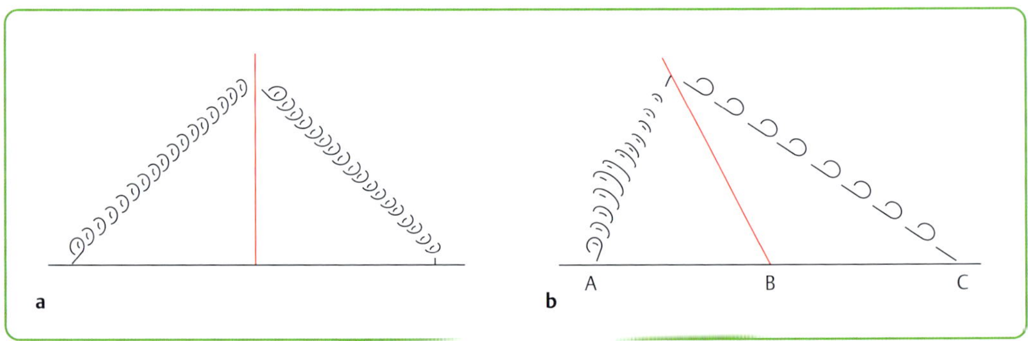

▶ **Abb. 3.3** Point of Balance.

a Point of Balance ist in der Mitte. Kraft und Ausmaß der Bewegung sind im Gleichgewicht. Durch die gleiche Spannung der Feder auf beiden Seiten ist eine Bewegung in beide Richtungen möglich.

b Point of Balance ist verschoben. Zunahme der Beweglichkeit in Richtung A, Verlust der Spannung. Verlust der Beweglichkeit in Richtung C, Zunahme der Spannung.

Spannungsgleichgewicht im Gelenk. Jede Bewegung weg von Punkt B verändert das Spannungsgleichgewicht und die Gelenke werden so lange im pathologischen Point of Balance gehalten, bis eine Lösung der Ligamente wahrgenommen wird.

Der Point of Balance ist der wichtigste Faktor in der kraniosakralen Behandlung. Ziel der kraniosakralen Arbeit ist es, die Balance in allen Körperstrukturen wiederherzustellen.

Die Wiederherstellung der Balance kann durch direkte und indirekte Korrekturen geschehen. In den meisten Fällen wird **indirekt korrigiert**, das heißt, wir verstärken die Läsion, um als Reflex eine Lockerung, ein Nachgeben der Strukturen zu erreichen.

Strukturelle Veränderungen in Muskeln und Gelenken führen zu Veränderungen im kollagenen und elastischen Gewebe wie Sehnen, Bändern, Faszien und anderen, die Gelenke oder Wirbel umgebenden Weichteilstrukturen. Haben einige dieser Veränderungen ein bestimmtes Stadium überschritten, sind sie nicht mehr in der Lage, sich spontan aufzulösen. Bevor es so weit kommt, sind manuelle und energetische Techniken am wirkungsvollsten, um eine normale Funktion wiederherzustellen.

Wenn Muskulatur oder Faszien durch Kompensationsmechanismen verkürzt sind, werden die betroffenen Gelenke oder Wirbel in ihrer Bewegung eingeschränkt. Knochen und Gelenke können nur so gut funktionieren, wie die umgebenden Weichteilstrukturen es zulassen.

3.10.3 Entstehung von Läsionen

Bei einer Läsion oder Restriktion kommt es zu einer Änderung der Eigenschaft des Gewebes (plastische und elastische), damit ist die Regulationsfähigkeit des Gewebes schlechter oder geht ganz verloren.

Anatomischer Zusammenhang

Je weniger eine Läsion kompensiert werden kann, desto wichtiger wird sie klinisch. Das kann sich in lokalen Symptomen, viel häufiger in nicht lokalen Symptomen äußern.

Die Restriktion oder ihre Folgen müssen überschwellig werden, um Symptome zu verursachen. Jeder hat Läsionen, die jedoch kompensiert werden. Erst durch zusätzliche Belastung, Medikamente usw. treten Symptome auf. Natürlich gibt es auch Summationseffekte, das heißt ein Zusammenkommen von verschiedenen Läsionen (z. B. in Abständen wiederholte Verletzung des Knies).

Palpatorisch findet sich bei einer Restriktion zunächst eine Spannungszunahme und eine Verquellung der betroffenen Gewebe. Bei einer **Bewegungsprüfung** ändern sich die Barrieren, das Endgefühl oder die Ruhelage (Point of Balance).

Besteht eine Läsion über längere Zeit, verändert sich das Gewebe morphologisch. Die kollagenen Fasern nehmen zu und die Elastinfasern werden verformt. Sie verlieren ihre Anpassungsfähigkeit und Dynamik. Dadurch wird die Restriktion im Gewebe festgeschrieben und es altert vorzeitig. Die Funktionsverluste werden so formbestimmend, dass Still sagte: *„Form und Funktion bedingen sich gegenseitig.“*

Die von einer Restriktion ausgehenden zentripedalen Kräfte können so stark werden, dass der Patient die Fähigkeit verliert, zu entspannen. Der Muskeltonus ist dann deutlich erhöht. Der Effekt kann reflektorisch über das limbische System noch verstärkt werden, wenn mit der Entstehung der Läsion emotionaler Stress wie z. B. Angst verbunden ist. Das limbische System ist ein Teil des Gehirns, das eine wichtige Funktion für Emotionen, für die Steuerung von Verhaltens- und Denkprozessen und für das Gedächtnis hat. Läsionen und Blockierungen sind abhängig von der Reizstärke oder von der Regulationsfähigkeit des Organismus. Abhängig von der Reizstärke oder von der Regulationsbreite des Organismus ist eine Restriktion anfänglich meist reversibel und funktionell.

Läsionen können durch **physische**, **psychische** (unterdrückte Gefühle), **mechanische** oder **chemische** Reize entstehen. Zu den physischen Ursachen zählen Traumata oder Fehlbelastung (z. B. Schonhaltung), chemische Ursachen können Medikamente, Fütterung/Ernährung, Hormone und toxische Einwirkungen (z. B. Schimmelpilze) sein. Es können also sowohl äußere als auch innere Faktoren zu Restriktionen führen.

Äußere Einflüsse

Der Anpressdruck bzw. die Kompression in den Gelenken steigert sich um ein Vielfaches, der Gelenkspalt wird enger. Es kommt zu einer Abnutzung und einem Bandscheibenprolaps. Überlastungen sämtlicher beteiligter Gewebestrukturen sind die Folge, was zu Arthrose in den Gelenken führt. Einschränkungen bzw. Veränderungen der Muskelspannung sind durch haltungsbedingte, traumatische oder toxische Herkunft möglich. Sie können zu einer plötzlichen Anspannung der weichen Gewebe führen.

Innere Einflüsse

Stress wirkt sich auf die intrakraniellen oder interspinalen Membranen aus und führt in der Folge zur Störung der wechselseitigen Spannungszustände. So hat Stress/Anspannung in der Dura Auswirkungen auf andere Membranen, was wiederum eine Anspannung im Steißbein oder Becken zur Folge hat.

3.10.4 Auswirkungen von Läsionen

Läsionen oder Restriktionen können reversibel oder irreversibel sein. Je frischer sie sind, desto besser sind sie reversibel. Läsionen können sich in unterschiedlichen Strukturen auswirken:

- Sie können in Gelenken Blockierungen verursachen.
- In den Faszien bewirken sie Verklebungen oder Narben.
- In den Knochen bewirken sie einen Umbau z. B. bei der Frakturheilung.
- In den viszeralen Gleitflächen (z. B. Pleura) kann es zu Anschoppungen kommen.

3.10.5 Läsionsketten

Alle beteiligten Strukturen passen sich an die veränderte Situation an. Es kommt zur Veränderung der Muskelspannung, zur strukturellen Veränderung von Bändern, Faszien und Bindegewebe. Wenn keine Behandlung erfolgt, sind die Folgen eine dauernde Kompensation und Auswirkung über Muskel- und Faszienketten in andere Körperbereiche.

Es gibt auf- und absteigende Läsionen (Läsionsketten). Häufige absteigende Läsionsketten sind: Kiefergelenk bis 3. und 4. Halswirbel, Schulter – Sternum – Diaphragma, Becken. Eine häufige aufsteigende Läsionskette ist: Sprunggelenk bis Knie – Iliosakralgelenk – Lendenwirbelsäule – Schulter – Vorderextremität.

3.10.6 Einteilung von Läsionen

Läsionen werden nach Typ und Ursache eingeteilt. Jede Veränderung des Rhythmus, des Volumens und der Liquorfluktuation sowie jede Änderung gelenkiger Strukturen und des weichen Gewebes (Bindegewebe, Faszien, Muskeln, Nerven, Membranen) ist eine Läsion.

Einteilung nach Typ

Läsionen werden nach den folgenden 5 Kriterien eingeteilt:

- Form (Schädel, Suturen)
- Dichte
- Compliance (Ersatz für den Ausdruck Mobilität. Qualität der Antwort des Gewebes auf eine Krafteinwirkung.)
- Mouvement Respiratoire Tissulaire (MRT). Damit ist die autonome, rhythmische Bewegung gemeint, die Sutherland den „Primary Respiratory Mechanism“ (S. 128) genannt hat.
- Gewebezug. Damit ist die Gesamtheit der Spannungen im kraniofaszialen Bereich gemeint, beinhaltet nicht nur die kraniosakrale Verbindung. Es gibt darüber hinaus 5 Achsen:
  - anteriore infrahyoidale muskuloaponeurotische Achse
  - viszerotracheale Achse
  - vertebrale Achse
  - Dura-Mater-Spinalis-Achse
  - dorsolaterale muskuloaponeurotische Achse

Einteilung nach Ursache

Die Ursache von Läsionen kann primär oder sekundär sein.

Primäre Läsionen
Diese sind meist traumatisch bedingt oder die Folge einer Serie von Mikrotraumata.

Sekundäre Läsionen

Diese haben als Ursache eine Dysfunktion in einem anderen Körperabschnitt. Eine weitere Art der sekundären Läsion entsteht durch eine veränderte neurologische Funktion, die von einem gestörten viszerosomatischen Reflex funktioneller Störungen oder Erkrankungen innerer Organe herrührt. Die sekundäre Dysfunktion ist die Adaptation an eine Störung in einem anderen Bereich. Die Adaptation ist zunächst die normale physiologische Reaktion auf eine Belastung. Erst eine Adaptation, die sich nicht ausbalancieren lässt, wird als unphysiologische Kompensation weiter bestehen.

Einteilung nach Lebensabschnitt

Eine weitere Einteilung erfolgt nach dem Lebensabschnitt. Hierbei wird in intrauterine, postnatale oder während des Wachstums entstandene Perioden unterschieden.

4 Osteopathische Techniken

4.1 Grundlagen

Als strukturelle Osteopathie kann man alle manuellen Techniken der Physiotherapie und Osteopathie bezeichnen. Die fluiden Techniken sind die sanftesten kraniosakralen Manipulationen, welche die Verbesserung der Liquorzirkulation zum Ziel haben.

Wir werden zum allgemeinen Verständnis die einzelnen Techniken kurz beschreiben. Da aber viele der Techniken für die Behandlung des Pferdes nicht geeignet sind, werden wir im praktischen Teil nur einzelne, problemlos anwendbare Möglichkeiten für die Therapie der Gelenke herausgreifen.

! Die Grundlage der osteopathischen Behandlung ist die ständige Anpassung an die Reaktion des Gewebes.

Je nach Technik kann diese Anpassung in Bezug auf Rhythmus, Richtung, Kraft, Dauer und Anzahl von Wiederholungen der Manipulation variieren.

Grundsätzlich gibt es 3 verschiedene Techniken, die aber von Schule zu Schule variieren.

- rhythmische Techniken
- Impulstechniken
- langsame Belastungstechniken (sanfte Dehnungstechniken mit anhaltendem Zug oder Druck). Die faszialen Techniken (S. 104) werden zu den langsamen Belastungstechniken gezählt.

4.2 Rhythmische Techniken

Rhythmische Techniken sind Verfahren, bei denen die rhythmische Komponente die Grundlage ist. Es handelt sich um Wiederholungsvorgänge. Sie dienen hauptsächlich zum Lockern von Geweben. Zu den rhythmischen Techniken gehören:

- Weichteilmassage
- Dehnungen und Traktionen
- Inhibition (Behandlung kleiner Areale mit kontinuierlichem Druck)
- Federung
- mehrmaliger, langsamer Druck auf einen knöchernen Punkt
- Artikulation (Wiederholte passive Bewegung, bei der normalerweise Hebel um Drehpunkte benutzt werden. Durch den Hebel lässt sich die Wirkung verstärken, ohne Kraft auszuüben. Bei den meisten Artikulationstechniken ist eine bestimmte Lagerung und Positionierung der Gelenke oder Gliedmaßen erforderlich, sodass diese Techniken oft beim Pferd nicht angewendet werden können.)
- Vibration
- Vibrationstechnik (meist über Hohlorgane, z. B. Nebenhöhlen, um Drainage und Durchblutung zu verbessern)
- Effleurage (langsame, rhythmische Bewegung mit geringem Druck als Drainage von oberflächlichem Gewebe)

4.3 Strain-Counterstrain-Techniken

Diese Techniken werden auch **harmonisierende Techniken** genannt. In den verschiedenen Osteopathie-Schulen gibt es noch weitere unterschiedliche Bezeichnungen (z. B. Muscle Energy). In manchen Schulen wird auch die indirekte Technik so bezeichnet.

Bei der Strain-Counterstrain-Technik werden bestimmte druckschmerzhafte Muskel- und Sehnenpunkte behandelt. Es gibt ca. 200 derartige „Tender Points“. Mit einer speziellen Lagerungstechnik werden diese Tender Points vollständig entspannt und anhaltend aufgelöst. Beim Pferd ist die Technik weniger geeignet.

4.4 Impulstechniken

Bei Impulstechniken wird eine Kraft mit hoher Geschwindigkeit über eine kleine Amplitude ausgeübt. Die Krafteinwirkung wird auf einen bestimmten Punkt, Bereich oder eine Struktur fokussiert. Die Technik erfordert genauere physiotherapeutische und osteopathische Vorkenntnisse. Auf eine genauere Beschreibung wird hier verzichtet.

4.5 Dehnungsübungen

Dehnungsübungen sollten weniger als Therapie, sondern als tägliches Aufwärmprogramm verstanden werden. Sie bereiten das Pferd auf das Umsetzen raumgreifender Bewegungen vor. Nach der Arbeit fördern sie die Durchblutung und den Abfluss venösen Blutes aus den Muskeln. Muskelkontraktionen wird dadurch vorgebeugt. Idealerweise macht der Besitzer die Übungen mit dem Pferd, da wie bei jedem Sport die Regelmäßigkeit die Wirkung ausmacht.

Das Problem besteht hier darin, dass der Besitzer, aber auch ein unerfahrener Therapeut, Blockierungen übersieht und Bewegungen erzwingt, die das Pferd aufgrund von Läsionen nicht ausführen kann. Dabei besteht vor allem bei Schmerzzuständen die Gefahr, dass als Reaktion Muskeln verspannen. In der Folge wird die Wirkung verringert oder es bilden sich andere Verspannungen und Läsionen. Wirkungsvoller sind die sanften osteopathischen Techniken, die mit weniger Kraft arbeiten und sich der Gewebereaktion anpassen. Hierbei wird ein reaktiver Muskelhypertonus vermieden.

4.6 Kraniosakrale (fluide) Techniken

4.6.1 Direkte Technik

Bei der direkten Technik manipulieren wir direkt in die gewünschte Richtung, das heißt zur Normalposition. Die direkte Technik wird bei akuten traumatischen Dysfunktionen angewendet.

Beispiel: Das Pferd ist gestolpert und lahmt nun offensichtlich durch eine überdehnte Beugesehne. In diesem Fall kann das Fesselgelenk direkt in die exakte Position gebracht werden.

4.6.2 Indirekte Technik

Die meisten kraniosakralen Techniken sind indirekte Techniken. Wir haben damit die besseren Erfahrungen gemacht. Aber auch bei Wirbel- und Gelenk-Korrekturen wenden wir bevorzugt indirekte Techniken an.

Bei der indirekten Technik gehen wir in die Läsion hinein. Der Therapeut begleitet die Bewegung bis zur Barriere, zum Ende des Bewegungsausschlages, und zwar in die Richtung, die „besser geht". Also die Richtung, bei der die Amplitude größer, die Frequenz kräftiger und der Bewegungsspielraum größer, aber pathologisch ist. Am Ende der Bewegung wird auf die Gewebeentspannung gewartet. Diese Entspannung wird in der Osteopathie **Release** genannt. Erst dann sollte die Bewegung erneut getestet werden. Sie wird jetzt gleichmäßiger sein. Dies wird gegebenenfalls einige Male wiederholt, bis das Gefühl entsteht, die Bewegung nach beiden Seiten ist gleich groß und gleich stark ausgeprägt.

Beispiel: Die Torsion wird geprüft. Der rechte Keilbeinflügel hebt sich rechts leichter, die Crista nuchae neigt sich nach rechts. Die Bewegung von Os sphenoidale und Os occipitale wird begleitet und an der Bewegungsgrenze auf das Release gewartet.

4.6.3 Exaggeration

Exaggeration (Übertreibung) ähnelt der indirekten Technik. Hierbei geht man über das Ende der Bewegung, über die Barriere hinaus. Die Läsion wird verstärkt und dort auf die Entspannung des Gewebes gewartet, bevor man in die direkte Therapierichtung geht.

! Die Exaggeration sollte erst angewendet werden, wenn der Therapeut sicher im Palpieren ist.

Man kann die indirekte Technik und die Übertreibung mit einer klemmenden Schublade vergleichen. Wir würden in so einem Fall nicht mit Gewalt versuchen, die Schublade herauszuziehen, sondern sie nochmals zurückschieben und es dann erneut versuchen.

4.6.4 Disengagement und Dekompression

Die Techniken (S. 166) dienen der Trennung von 2 Strukturen (z. B. von 2 Knochen, einer Sutur oder eines Gelenks).

4.6.5 Unwinding

Unwinding (Freiwinden) ist eine dem Myofaszial Release (S. 106) ähnliche Art der Gewebebefreiung, bei der mit sanftem, tiefem Kontakt zum Gewebe Spannungen und Widerstände gelöst werden. Sie wird bevorzugt bei Diaphragmata, Muskeln und Faszien angewendet. Doris Kay Halstead vergleicht das Unwinding mit den Bewegungen eines Delfins oder den Dehnungen und Streckungen einer Katze, wenn sie sich erhebt. Die meisten Tiere lockern sich, wenn sie nach längerer Ruhe wieder in Bewegung kommen wollen. Wir Menschen besitzen zwar auch die Fähigkeit, wenden sie aber nicht mehr an. Viele Beschwerden des Bewegungsapparates würden so gar nicht erst entstehen.

4.6.6 V-Spread

Diese kraniosakrale Methode ist eine energetische Korrektur. Auf die zu behandelnde Struktur wird eine Hand aufgelegt und die Hand zu einem V gespreizt. Auf der gegenüberliegenden Seite wird mit 1 oder 2 Fingern Energie in Richtung der zu behandelnden Struktur „geschickt".

Wenn die Energie ankommt, wird das V noch mehr gespreizt und dabei das Gewebe gedehnt. Nach ca. 1 min spürt man auf der Seite der Restriktion eine Erweichung des Gewebes oder ein Pulsieren.

Einsatzmöglichkeiten sind am Kopf, an Suturen und Gelenken (► **Abb. 5.54**).

4.6.7 Stillpoint

Als Stillpoint wird ein Anhalten der kraniosakralen Bewegung und der Gewebebewegung bezeichnet. Durch dieses Anhalten wird dem Gewebe Gelegenheit gegeben, sich neu zu organisieren und Spannungen zu lösen.

Der Therapeut begleitet zunächst die Amplitude der Flexion/Extension bzw. der Innen-/Außenrotation und vergleicht die beiden Phasen miteinander. Er folgt der Richtung mit dem größeren Bewegungsausschlag und verhindert nun das Zurückgehen in die andere Richtung. Dies geschieht mit äußerst geringem Kraftaufwand und wird einige Male wiederholt, bis es zu einem Stillstand des Rhythmus kommt.

Gewöhnlich wird vor dem Eintreten des Stillpoints der Rhythmus unregelmäßig, schwankend. Oft kündigt er sich durch ein starkes Pulsieren an. Die Pferde werden in diesen Sekunden oft nervös, trippeln auf der Stelle umher und die Atmung verändert sich.

Mit dem Stillpoint entspannt sich das Gewebe. Auch das Pferd zeigt jetzt deutliche Zeichen der Entspannung. Der Therapeut hält nun die Struktur, bis der Rhythmus von selbst wieder einsetzt. Das kann einige Sekunden bis zu einigen Minuten dauern.

Der Stillpoint kann an jeder Stelle des Körpers ausgelöst werden. Er kann von selbst entstehen.

Wenn dieses Weichwerden, Entspannen oder das Wiedereinsetzen der Bewegung spürbar wird, wird Bewegung wieder zugelassen und erneut das Ausmaß der Bewegung geprüft. Es wird eine Veränderung des Rhythmus und der Frequenz eintreten.

4.6.8 Kompressions-Traktions-Technik

Bei stark blockierten Gelenken und Suturen wird zunächst die Blockierung verstärkt, indem die Strukturen zuerst noch mehr „zusammengeschoben" werden, um sie dann in die entgegengesetzte Richtung zu dekomprimieren.

4.6.9 Die Gewebeentspannung, das „Release" (Befreiung)

Die wichtigste Empfindung bei der osteopathischen Arbeit ist die Gewebeentspannung, die Wahrnehmung des Moments, in dem die Spannung oder die Restriktion sich löst. In diesem Moment wird das Gewebe weich und durchlässig, Faszien werden länger, Muskeln entspannen sich, Blockaden lösen sich auf.

4.7

Reaktionen des Pferdes auf die Behandlung

Pferde haben ein extrem sensibles vegetatives Nervensystem und reagieren deshalb im Allgemeinen sehr gut auf die osteopathischen und kraniosakralen Techniken.

Folgende Reaktionen werden beobachtet:

- Wenn das Pferd kaut, ist das ein Hinweis, dass sich eine Blockierung löst.
- Gähnen zeigt eine größere, meist sehr alte Läsion.
- Weißer, eitriger oder wässriger Nasenausfluss während und/oder nach der Behandlung.
- Das Pferd beginnt zu zittern.
- Es tritt lokales oder generalisiertes Schwitzen auf.
- Der Atem verändert sich, wird schneller oder langsamer, in seltenen Fällen kann es auch zu einer kurzfristigen Hyperventilation kommen.
- Die Ausdehnung des Brustkorbs vergrößert sich.
- Es kommt zu Verschlimmerungen, die mit der sogenannten **Erstverschlimmerung** in der Homöopathie vergleichbar sind.
- Alte Narben können aktiv werden. Sie sondern wässriges Sekret ab.
- Das Pferd verdreht den Hals, streckt Gliedmaßen oder nimmt ungewöhnliche Körperpositionen ein. Versuchen Sie, so weit wie möglich, diese Positionen und Bewegungen zuzulassen. Das Pferd löst dadurch Spannungen, die durch diese Positionen entstanden sind. So kann es beispielsweise vorkommen, dass ein Pferd sich bei einem Sturz nach vorne den Hals seitlich verdreht hat. Während der Behandlung, vor allem bei den Diaphragma- und Faszientechniken, nimmt es genau diese Position wieder ein, um die Wirbelsäule zu deblockieren. In der humanen Osteopathie wird diese Technik angewendet, um alte Traumata aufzulösen. Dabei wird der Körper genau in die Position gebracht, die er beim Unfall innehatte. Dies ist beim Pferd nicht machbar, aber es kommt bisweilen vor, dass das Pferd genau dies von alleine tut.

Bei der Behandlung sollte das Pferd möglichst unangebunden stehen. Wenn es machbar ist, soll es Blickkontakt zu seinen Kameraden haben, damit es nicht nervös wird. Es soll keine Möglichkeit haben, zu fressen, damit seine Reaktionen deutlich erkennbar sind (also auch kein Streicheln, Massieren o. Ä. um das Maul herum). Der Besitzer oder ein Helfer hält es locker am Halfter. Wenn das Pferd Ausweichbewegungen macht, den Kopf senkt oder nach oben streckt, soll möglichst nicht am Halfter gezerrt werden. Es soll sich nach Möglichkeit drehen können. Der Behandler folgt so weit wie möglich der Bewegung, ohne den Kontakt mit dem zu behandelnden Gewebe zu verlieren.

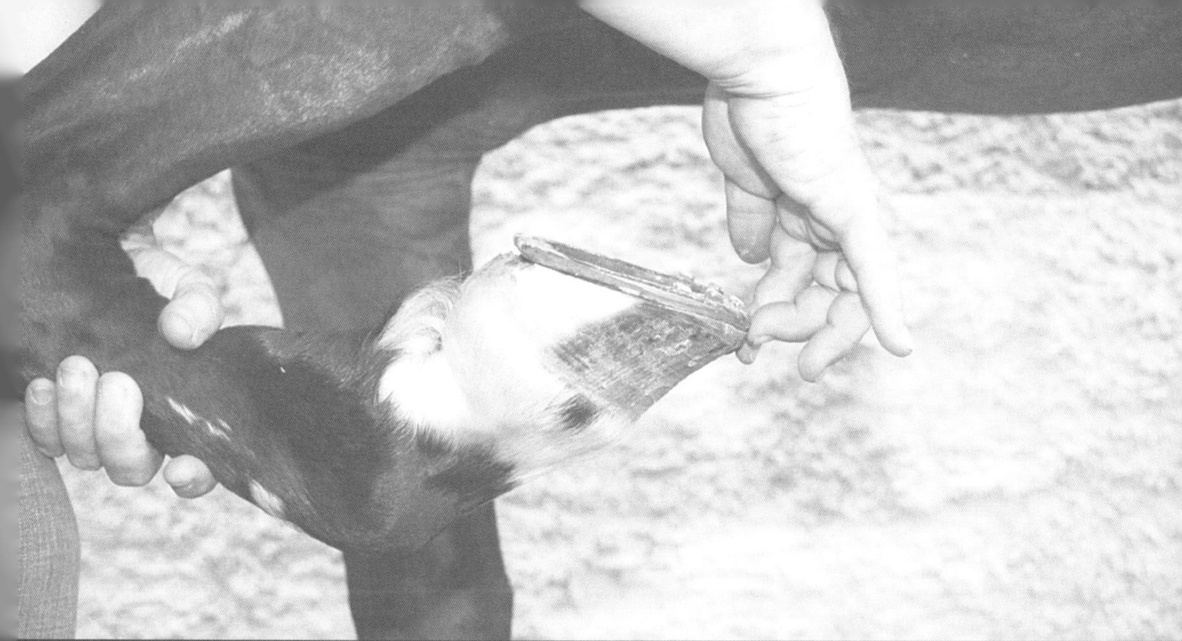

Teil 2 Parietale Osteopathie

5 Behandlung einzelner Strukturen

5.1 Dysfunktionen der Muskulatur

Bei jeder Bewegung sind sowohl die knöchernen als auch die muskulären und bindegewebigen Strukturen beteiligt. In jedem Muskel befinden sich kontraktile Fasern, die sich aus den fadenförmigen **Aktin-** und **Myosin-Filamenten** zusammensetzen. Bei einem elektrischen Signal, das vom Zentralnervensystem über efferente Nervenbahnen auf den Muskel übertragen wird, werden die Aktin- und Myosin-Filamente ineinandergeschoben und verkürzen dadurch den Muskel. Bei der Beugung eines Gelenks wird ein Muskel, der Agonist, kontrahiert, während sein Gegenspieler (Antagonist) gedehnt wird. Für die richtige Kontraktion im richtigen Augenblick, für die Anpassung, Bewegung und Haltung sind Propriozeptoren verantwortlich, die für die Korrektur hypertoner Muskeln von großer Bedeutung sind.

Das Zusammenspiel von Agonisten und Antagonisten sowie von Nerven und Propriozeptoren ist die Grundlage für die Erhaltung der körperlichen Balance. Wenn der Tonus mancher Muskeln zu hoch oder zu niedrig ist, gerät die Struktur aus dem Gleichgewicht. Die Folge sind Haltungsfehler und Haltungsschäden.

Eine harmonische Bewegung ist nur bei optimalem Zusammenspiel aller Muskeln und Muskelgruppen möglich. Die meisten Probleme des Pferdes sind muskulär bedingt. Muskelverspannungen und Rückenprobleme sind häufiger anzutreffen als echte Gelenk- oder Wirbelschäden oder Krankheiten wie Arthritis oder Arthrose. Dabei spielt die Ausbildung des Pferdes eine – meist unbewusste – Rolle. Die Muskeln reagieren als Erstes auf richtiges oder falsches Training. Die Muskeln des Halses reagieren auf alle Manipulationen mit dem Zügel oder dem Halfter. Sie reagieren sehr sensibel auf falsche Reitweise. Der sogenannte „falsche Knick", die Beugung des Halses im Bereich des 3. Halswirbels, entsteht durch eine Hyperflexion (übertriebene Beugung des Halses). Schlaufzügel und andere Hilfsmittel führen zu Verspannungen der Nackenmuskulatur und des Nackenbandes, die sich über das Rückenband und Faszienketten auf den Rücken und die Hintergliedmaße fortsetzen.

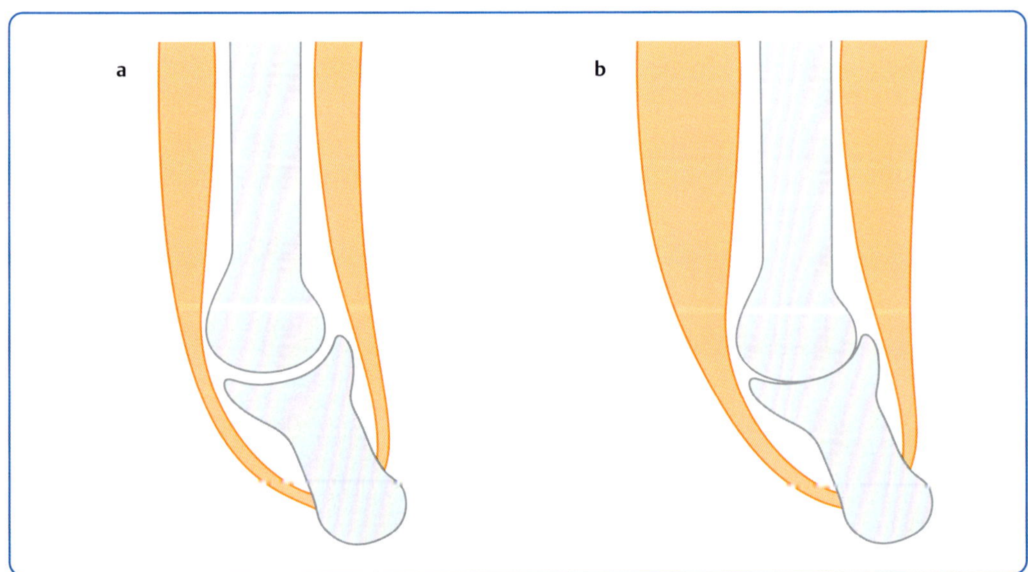

▶ **Abb. 5.1** Einfluss des Muskeltonus auf Gelenke.
a Der Tonus der Muskeln ist normal, das Gelenk ist frei beweglich.
b Hypertone Muskeln komprimieren das Gelenk.

Praxistipp

Die osteopathische Therapie ist nur wirklich dauerhaft effektiv, wenn auch die Ausbildung des Pferdes und die Reitweise korrekt sind.

Parallel zur rein osteopathischen Behandlung ist die Behandlung der beteiligten Muskulatur sinnvoll, da extreme Muskelspannungen dazu führen, dass die knöcherne Struktur in ihren alten Läsionszustand zurückgleitet. Hypertone, kontrahierte Muskeln können ein Gelenk in seiner Bewegung einschränken (▸ **Abb. 5.1**). Wenn nur die reine Gelenkbeweglichkeit durch Manipulation wiederhergestellt wird, die Muskulatur aber unberücksichtigt bleibt, wird die Korrektur nicht lange anhalten.

5.1.1 Korrektur

Die Behandlung der Muskulatur zielt auf verschiedene Wirkungen ab. Zum einen wird die Blut- und Lymphzirkulation verbessert, zum anderen wird durch die manuelle Manipulation die Beweglichkeit der Muskeln verbessert.

Direkte Muskeltechniken

Bei diesen Methoden arbeiten wir direkt am Muskel. Wir beeinflussen die Muskeln über Nervenrezeptoren. Über diese Nervenrezeptoren kann entweder eine Tonisierung oder Sedierung der Muskeln erreicht werden.

Massagetechniken wirken auf die Struktur: Wir erreichen eine bessere Durchblutung sowie eine Lymphdrainage.

Massage

Das „Handwerkszeug" der Massage sind unsere Hände. Wir können sie auf verschiedene Weise einsetzen. Eine Massage kann erfolgen mit:

- Fingern
- Handflächen
- Handkanten
- Fäusten

Eine Massage mit den Fingern, sehr sanft ausgeführt, wirkt beruhigend und entspannend, während ein stärkerer Druck auf eine Gelose oder einen Triggerpunkt mechanisch auf ein Gewebe einwirkt.

Die **Druckstärke** richtet sich nach dem zugrunde liegenden Problem. Für eine vorbeugende Massage oder eine reine Entspannungsmassage reichen sanfte Streichungen mit den Fingerkuppen oder der flachen Hand. Man erreicht hier eine Druckstärke von 100–500 g. Eine mechanische Beeinflussung des Gewebes ist aber nur durch stärkeren Druck zu erreichen.

Sanfte Massagetechniken, Streichen mit der Handfläche oder die sanften kreisenden Techniken von Linda Tellington Jones kommen schon auf 1–1,5 kg. Bei **Knetmassagen** wenden wir eine Druckstärke zwischen 4–5 kg an.

Außer den klassischen Massagetechniken gibt es direkte und indirekte neuromuskuläre Methoden, Muskeln zu stärken oder zu entspannen.

Triggerpunktbehandlung

Triggerpunkte sind schmerzhafte Zonen im Muskel, die in andere Regionen ausstrahlen. Da wir beim Pferd diese Ausstrahlung nicht feststellen können, wäre vielleicht Schmerz- oder Stresspunkt die exaktere Bezeichnung. Bleiben wir aber beim allgemein üblichen Ausdruck „Triggerpunkt".

Die einfachste Methode, Muskeln zu entspannen, ist die **direkte Triggerpunktbehandlung**. Wir suchen einen schmerzenden Punkt im Muskel. Wenn das Pferd Schmerzreaktionen zeigt, bleiben wir mit Daumen oder 2 übereinandergelegten Fingern im schmerzenden Punkt und warten, bis das Pferd abkaut oder gähnt. Das kann 0,5–2 min oder länger dauern. Beim erneuten tiefen Druck sollte die Reaktion deutlich schwächer oder ganz verschwunden sein. Diese Technik ist einfach und kann auch von den Pferdebesitzern angewendet werden.

Triggerpunkte als Test

Triggerpunkte „zeigen", welche Methode anzuwenden ist. Durch Zufall haben wir festgestellt, dass Triggerpunkte sofort auf die richtige Behandlungsmethode ansprechen.

Beispiel: Bei der Palpation wird ein Triggerpunkt festgestellt. Nach der probeweisen Behandlung mit der Spindelzellmethode reagiert der Punkt nicht mehr – der Muskel selbst zeigt die geeignete Therapie.

Neuromuskuläre Muskeltechniken

Spindelzelltechnik

Bei dieser Methode wird mit den Spindelzellen gearbeitet. Spindelzellen sind Rezeptoren des sogenannten Eigenreflexbogens. Bei einer Muskelaktion werden die nervalen Impulse der Spindelzellen (Dilatatorrezeptoren) auf die motorische Endplatte übertragen. Neuromuskuläre Spindelzellen senden kontinuierlich Signale an das zentrale Nervensystem über die Längenausdehnung und Längenveränderungen eines Muskels. Wenn ein Muskel (Agonist) aktiviert ist, dann hemmen seine Spindelzellen seine Antagonisten (reziproke Hemmung).

Durch Überbeanspruchung funktioniert die Längenveränderung nicht mehr. Der Muskel bleibt in seiner verkürzten Position, es entstehen Schmerzen und Triggerpunkte im Muskelbauch. Die Knochen eines Gelenks werden zusammengepresst und in der Folge entsteht Arthrose.

Entspannung (Sedierung) eines Muskels

Ein hypertoner Muskel kann sediert werden, indem der Muskelbauch kräftig zusammengedrückt wird (▸ **Abb. 5.2**). Durch das Zusammendrücken wird der Muskel noch weiter verkürzt, was als Reflex das Loslassen bewirkt. Die Methode kann wie folgt angewendet werden:

- Zur gezielten Lockerung von Muskeln um ein blockiertes Gelenk.
- Bei Feststellung von harten, verspannten Muskeln.
- Zur Entspannung reaktiver Muskeln (S. 43).

Stärkung (Tonisierung) eines Muskels

Um einen zu weichen, hypotonen Muskel zu stärken, wird der Muskelbauch kräftig in Richtung Ansatz und Ursprung auseinandergezogen. Der Muskel erhält über die Spindelzellen das Signal, sich zu verkürzen.

Diese Technik wird angewendet zur:

- Stärkung der Gegenspieler, wenn ein Muskel sediert wurde.
- Verbesserung von Bewegungsabläufen. (Ist beispielsweise die Protraktion der Hinterhand unbefriedigend, werden der M. quadriceps femoris und der M. biceps femoris durch die Spindelzelltechnik gestärkt. Die Gegenspieler, hauptsächlich M. glutaeus medius, M. semimembranosus und M. tendinosus, werden entspannt. Voraussetzung ist die Kenntnis der einzelnen Muskelaktionen.)

Die Spindelzelltechnik kann auch angewendet werden, um die Bewegungsabläufe zu verbessern (▸ **Abb. 5.3**). Für diesen Zweck ist es ratsam, erst die Entspannungstechnik anzuwenden, das heißt, der Antagonist muss sich verlängern. Wenn er das nicht kann, ist Bewegung nur eingeschränkt möglich.

Beispiel: Für die Protraktion (Vorwärtsbewegung) der Hinterhand müssen die Mm. quadriceps femoris kontrahieren, M. glutaeus und M. tensor fasciae latae müssen sich verlängern. Durch die Spindelzelltechnik sind die Antagonisten wieder in der Lage, sich zu verlängern und die Bewegung zuzulassen.

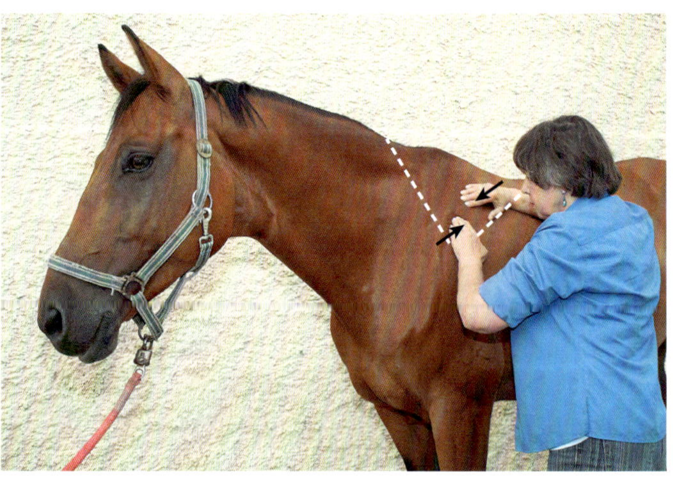

▸ **Abb. 5.2** Entspannung des M. trapezius durch die Spindelzelltechnik.

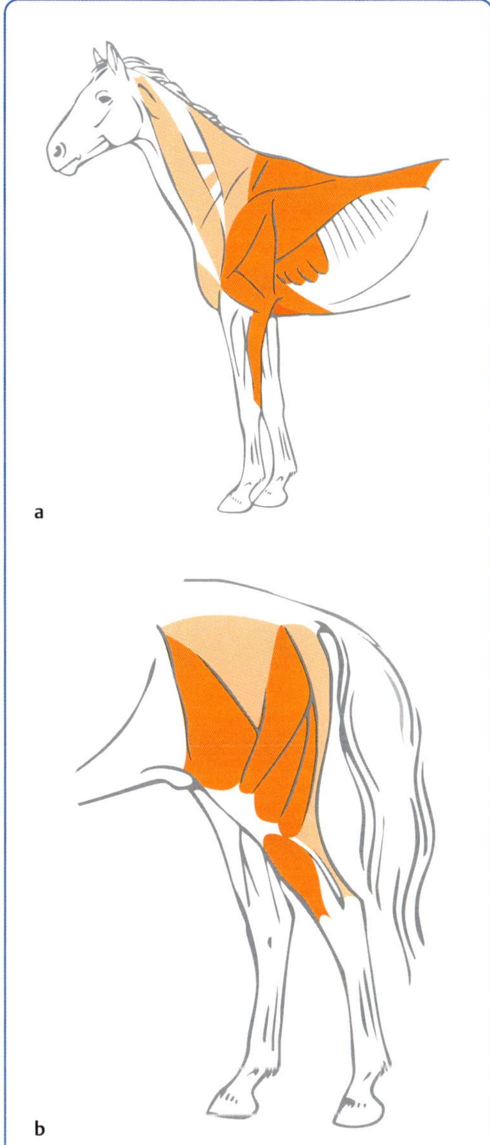

▶ **Abb. 5.3** Spindelzelltechnik zur Verbesserung der Protraktion.

a Um die Protraktion der Vorhand zu verbessern, werden die hell markierten Muskeln gestärkt, die dunkel markierten entspannt.

b Um die Protraktion der Hinterhand zu verbessern, werden die dunkel markierten Muskeln gestärkt, die hell markierten entspannt.

Behandlung reaktiver Muskeln

Wenn Schmerzpunkte im Muskel trotz Behandlung immer wieder auftauchen, kann das verschiedene Gründe haben:

- Sattel nicht passend
- Reitfehler
- Der Reiter hat selbst ein blockiertes Iliosakralgelenk und sitzt daher schief auf dem Pferd. Das Pferd muss kompensatorisch die Muskeln auf einer Seite anspannen, um die einseitige Belastung auszugleichen. Hier hilft nur, den Reiter zur osteopathischen Behandlung zu schicken.
- Stoffwechselprobleme. Meist ist eine Azidose (Übersäuerung) die Ursache. Eine Entsäuerungskur ist in solchen Fällen zu empfehlen.
- reaktive Muskeln

Normalerweise ist ein Muskel aktiviert, während sein Antagonist gehemmt ist (reziproke Fazilitierung). Wenn aber nach der Kontraktion eines Muskels ein oder mehrere andere Muskeln dauerhaft geschwächt werden, spricht man von **reaktivem Zustand** (▶ Abb. 5.4). Eine unkorrekt funktionierende neuromuskuläre Spindelzelle kann Impulse senden, die so übermäßig stark sind, dass jede Aktivität des Muskels einen oder mehrere Antagonisten dauerhaft hemmt. Dieser Zustand wird als reaktiver Muskel bezeichnet.

Die reagierenden Muskeln befinden sich in einem reaktiven Zustand. Der Muskel, der die anderen dauerhaft hemmt, wird als „Reaktor" oder als Primary Muscle bezeichnet. Die Muskeln, die durch den kontrahierten Reaktor in ihrer Funktion gehemmt sind, sind die „reaktiven Muskeln" (▶ Tab. 5.1).

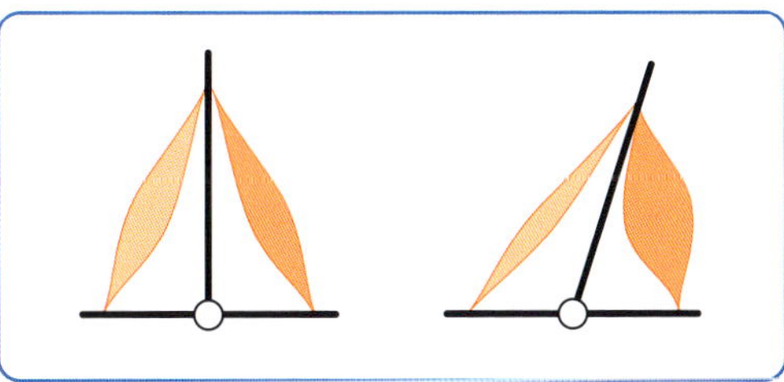

▶ **Abb. 5.4** Reaktive Muskeln.
Links: Die Muskulatur ist in Balance, Bewegungen in beide Richtungen sind möglich.
Rechts: Der kontrahierte Muskel hemmt seinen Gegenspieler und muss daher entspannt werden.

▸ **Tab. 5.1** Beispiele für reaktive Muskelbeziehungen.

reaktiver Muskel	Reaktor
Adduktoren	M. tensor fasciae latae, M. glutaeus medius, M. glutaeus maximus
M. deltoideus, anteriorer Teil	M. rhomboideus, Brustmuskeln, M. latissimus dorsi
M. supraspinatus	M. rhomboideus
M. trapezius, Brustteil	Brustmuskeln, oberer M. trapezius
Diaphragma	M. psoas
Halsmuskeln	gegenüberliegender M. psoas
Brustmuskeln	M. glutaeus maximus
M. glutaeus medius	Adduktoren, Bauchmuskeln, lange Rückenmuskeln
M. trapezius, Widerristteil	Brustmuskeln
M. trapezius, Halsteil	M. latissimus dorsi, M. biceps brachii, gegenüberliegender oberer M. trapezius, Nackenflexoren
M. triceps brachii	M. biceps brachii
M. psoas	Adduktoren, Diaphragma, M. glutaeus maximus, gegenüberliegende Nackenflexoren, M. longissimus dorsi
M. quadriceps	M. gastrocnemius, M. semimembranosus, M. semitendinosus, gerader Bauchmuskel
M. latissimus dorsi	M. trapezius, kranialer Teil, gegenüberliegende Mm. semimembranosus und semitendinosus, M. deltoideus
M. longissimus dorsi	Bauchmuskeln, M. glutaeus maximus, M. semimembranosus und M. semitendinosus
M. semimembranosus und M. tendinosus	gegenüberliegender M. latissimus dorsi, M. quadriceps, M. popliteus, M. longissimus dorsi

Reaktive Muskeln entstehen oft durch Unfälle, aber auch jeder ständig angespannte Muskel neigt dazu, sich zu verkrampfen, hart und schmerzhaft zu werden.

Folgende **Symptome** geben Hinweis auf reaktive Muskeln:

- harte Stellen im Muskel
- Schmerzen nach Behandlung
- Probleme sind durch Behandlung zwar behoben, tauchen aber sofort danach wieder auf. (Schmerzpunkt wurde erfolgreich mit Druckpunktmassage oder Spindelzelltechnik behandelt, aber schon eine halbe Stunde später ist der Punkt wieder schmerzhaft.)

Zu den **Ursachen** reaktiver Muskeln zählen:

- Traumata, Verletzungen (auch schon lange zurückliegend)
- Überanstrengung
- plötzliches Strecken
- plötzliche Kontraktion

Nicht der schmerzende Muskel, sondern der oder die Antagonisten werden durch die Spindelzelltechnik sediert. Nach der Behandlung sollte auch der Schmerzpunkt deutlich besser sein.

Fallbeispiel

Eine 3-jährige Stute, Vollblüter im Rennsport, zeigte nach Überanstrengung zunächst einen steifen Gang und eine eingeschränkte Protraktion der Vorhand. Nach Massagen durch einen Physiotherapeuten trat zunächst eine Besserung ein. Aber nach Wiederaufnahme des Trainings lahmte sie nach einigen Tagen offensichtlich.

Es zeigten sich ein Triggerpunkt im Widerrist und auffallend viele im Bereich der Brustwirbelsäule (langer Rückenmuskel und M. latissimus dorsi). Wir behandelten nach allen Regeln der Kunst osteopathisch, vorrangig die Triggerpunkte der Brustwirbelsäule. Die Behandlung schlug zunächst gut an, aber bald war alles wieder wie davor.

Bei genauerer Nachfrage stellte sich heraus, dass die Stute als 1-Jährige ausgerutscht und auf die Seite gefallen war. Danach hatte sie einige Zeit Probleme, den Kopf zu heben. Sie musste sich sehr anstrengen, um den Kopf aufgrund des verspannten M. trapezius heben zu können. Kompensatorisch entstanden Rückenprobleme (Schmerzpunkte der Brustwirbelsäule).
Erst die Sedierung des M. trapezius (Reaktor) durch die Spindelzelltechnik brachte die Lösung. Die Punkte in der Brustwirbelsäule waren daraufhin ohne Behandlung verschwunden. Die langen Rückenmuskeln und der M. latissimus dorsi waren nur reaktiv auf die Kontraktion des M. trapezius. Die Vorwärtsbewegung der Vorhand war wieder möglich.

Golgi-Sehnen-Technik

Golgi-Sehnen sind Rezeptoren, die im Sehnenbereich lokalisiert sind. Die Golgi-Sehnen sind für die Spannung eines Muskels zuständig. Bei der Golgi-Sehnen-Technik wird ein zu stärkender Muskel im Sehnenbereich in Richtung Muskelbauch, ein zu sedierender Muskel in Richtung Ansatz/Ursprung auseinandergezogen. Diese Methode wird beim Pferd allerdings sehr selten angewendet.

Massage von Ansatz und Ursprung

Als Ursprung wird die relativ unbewegliche Anheftungsstelle des Muskels bezeichnet, die an dem Knochen befestigt ist, der sich bei der Kontraktion des Muskels nicht bewegt. Der Ansatz ist der beweglichere Teil, der an dem Knochen befestigt ist, der sich bei der Kontraktion bewegt.

Die Massage von Ansatz und Ursprung ähnelt der Golgi-Sehnen-Technik. Im Gegensatz zur Golgi-Sehnen-Technik werden Ansatz und Ursprung quer zur Faserrichtung massiert. Diese Technik ist meist bei lokalen Muskelschmerzen angezeigt. Ansatz und Ursprung des Muskels werden mit kräftigem Druck für 20–30 sec massiert.

Indirekte Muskeltechniken

Indirekte Techniken arbeiten nicht am Muskel selbst. Energetische Maßnahmen wie Akupunktur, Akupressur, Akupunktmassage oder die Massage von Reflexzonen können zur Stärkung bzw. zur Entspannung eines Muskels führen. Jede Beseitigung der Ursache, etwa das Auflösen von psychischem Stress oder von Ernährungsfehlern, gehört ebenfalls zur indirekten Muskelbehandlung.

Wir befassen uns zunächst mit 2 Arten von Reflexzonen, die sehr wirkungsvoll die Muskulatur beeinflussen: den **neurolymphatischen** und den **neurovaskulären** Reflexzonen.

George Goodheart (1919–2008), der Begründer der Kinesiologie, entdeckte, dass sich die Reaktion eines Muskels sofort nach Massage dieser Zonen verbesserte, obwohl er am Muskel selbst nicht gearbeitet hatte.

Behandlung neurolymphatischer Reflexpunkte

Die Behandlung der neurolymphatischen Reflexpunkte ist eine osteopathische Technik. Diese Punkte sind Reflexzonen, die zu einer Verbesserung des Lymphabflusses führen. Die Reflexzonen sind auch als **Chapman-Reflexzonen** bekannt.

Francis Chapman, amerikanischer Osteopath und Schüler Stills, stellte im Laufe seiner jahrzehntelangen therapeutischen Praxis fest, dass Störungen innerer Organe regelmäßig Verquellungen und schmerzhafte Zonen an immer denselben Stellen hervorrufen. Die Stimulation dieser Zonen und Punkte wirkt sowohl positiv auf das zugeordnete Organ als auch auf den Muskel. Während der Massage der neurolymphatischen Zonen kann es zu Reaktionen des Gewebes in Form lokalen Schwitzens kommen. Gestaute Lymphe wird freigesetzt.

In der Osteopathie sind diese Reflexzonen weitgehend in Vergessenheit geraten. Sie wurden meist als diagnostisches Hilfsmittel genutzt. Bisher haben sie hauptsächlich in der „Applied Kinesiology" Beachtung gefunden. Goodheart, Begründer der Applied Kinesiology, konnte diese Zuordnungen auf Muskeln ausweiten. Es gelang ihm, jedem Organ 1–4 Muskeln zuzuordnen und die Funktion der Muskeln durch die Massage der Reflexpunkte zu verbessern.

Es wird angenommen, dass die Massage der Punkte und Zonen die Nerven stimuliert, die für eine verbesserte lymphatische Entsorgung von Organen und Körperarealen zuständig sind. Deshalb werden sie **neurolymphatische Zonen** genannt.

Wir haben mit diesen Punkten bei Pferden sehr gute Erfahrungen gemacht. Sie können sowohl spezifisch zur Verbesserung einzelner Muskeln als unspezifisch für eine allgemeine Lymphdrainage, z. B. bei Allergien, angewendet werden.

Die Punkte befinden sich größtenteils parasternal und paravertebral in den Interkostalräumen (▶ Abb. 5.5). Diese Punkte und Zonen sind bei einer Störung im zugeordneten Organ schmerzhaft und zeichnen sich durch feste Beschaffenheit aus. Sie können sowohl als Diagnose- als auch als The-

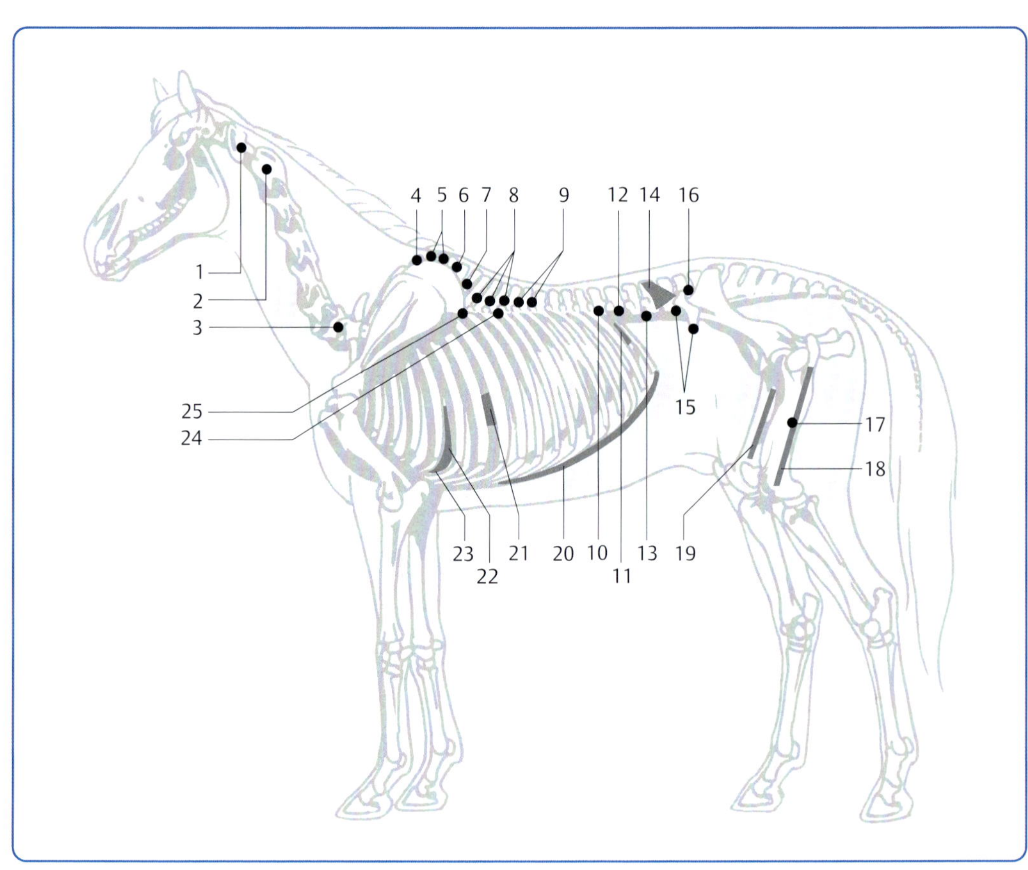

▶ **Abb. 5.5** Neurolymphatische Reflexzonen.
1 M. supraspinatus (Konzeptionsgefäß) **2** Hals- und Nackenmuskeln (Magen-Meridian), M. biceps brachii (Magen-Meridian) **3** M. trapezius (Halsteil, Nieren-Meridian) **4** Zwischen Th 2 und Th 3: M. teres minor (3E-Meridian), M. teres major (Gouverneursgefäß), M. subscapularis (Herz-Meridian), M. glutaeus medius und M. glutaeus superficialis (Kreislauf-Meridian) **5** M. deltoideus (Lungen- und Gallenblasen-Meridian) **6** M. popliteus (Gallenblasen-Meridian), M. pectoralis descendens (Magen-Meridian), M. rhomboideus (zw. Th 5 und Th 6, Leber-Meridian), M. pectoralis profundus (Leber-Meridian) **7** M. triceps brachii (zw. Th 7 und Th 8, Milz-Pankreas-Meridian), M. trapezius (Brustteil, Milz-Pankreas-Meridian), M. latissimus dorsi (Milz-Pankreas-Meridian) **8** M. quadriceps femoris (Dünndarm-Meridian) **9** M. soleus, M. gastrocnemius (zw. Th 10/11/12, 3E-Meridian) **10** M. infraspinatus (auf letzter Rippe, 3 E-Meridian) **11** M. quadratus lumborum (Dickdarm-Meridian) **12** M. iliacus (Nieren-Meridian) und M. psoas, M. quadratus lumborum (Dickdarm-Meridian) **13** M. longissimus dorsi (2. LW, Blasen-Meridian) **14** M. tensor fasciae latae (Dickdarm-Meridian) **15** M. iliacus (Nieren-Meridian) und M. psoas **16** M. peronaeus (Blasen-Meridian), M. semimembranosus (Dickdarm-Meridian), M. semitendinosus (Dickdarm-Meridian), M. glutaeus medius und M. glutaeus superficialis (Kreislauf-Meridian), Abdominalmuskeln (zw. L 5 und Tuber coxae, Dünndarm-Meridian), M. quadratus lumborum **17** M. popliteus (Gallenblasen-Meridian) **18** M. glutaeus medius und M. glutaeus superficialis (Kreislauf-Meridian), M. tensor fasciae latae (Dickdarm-Meridian) **19** Oberschenkel innen (Schambein nicht zugänglich): Abdominalmuskeln (Dünndarm-Meridian), M. biceps femoris (Dickdarm-Meridian), M. quadratus lumborum (Dickdarm-Meridian), M. semimembranosus (Dickdarm-Meridian), M. semitendinosus (Dickdarm-Meridian) **20** M. quadriceps femoris (Dünndarm-Meridian) **21** M. triceps brachii (zw. 7. und 8. Rippe [nur links], Milz-Pankreas-Meridian), M. trapezius (Brustteil, Milz-Pankreas-Meridian), M. latissimus dorsi (Milz-Pankreas-Meridian) **22** M. rhomboideus (zw. 5. und 6. Rippe [nur rechts], Leber-Meridian), M. pectoralis descendens (Magen-Meridian), M. teres minor (3 E-Meridian), M. teres major (rechts, Gouverneursgefäß), M. pectoralis profundus (nur rechts) **23** M. pectoralis descendens (links, Magen-Meridian) **24** Diaphragma (Lungen-Meridian) **25** Adduktoren (Dünndarm-Meridian)

rapiepunkte verwendet werden. Sie werden mit leichtem Druck massiert. Bei sehr schmerzhaften Punkten ist es sinnvoll, sie zuerst nur mit leichtem Druck zu halten, bis sich der Schmerz aufgelöst hat, und dann erst zu massieren.

Behandlung neurovaskulärer Reflexpunkte

Was die neurolymphatischen Punkte für das Lymphsystem sind, sind die neurovaskulären Punkte für die Blutversorgung. Diese Punkte wurden auch als **Bennett-Reflexe** bekannt, nach dem amerikanischen Osteopathen Dr. Bennett. Er konnte nachweisen, dass die Stimulation dieser Zonen die Blutversorgung in bestimmten Organen verbessert. Die Stimulation der Punkte erzeugt ein deutliches Pulsieren, das nicht mit dem Herzschlag identisch ist. Man hat eine Frequenz von 70–74 Schlägen/min festgestellt. Die Herkunft des Pulses konnte bisher nicht befriedigend erklärt werden. Es wird angenommen, dass er von der rhythmischen Kontraktion der feinen Muskelschicht verursacht wird, die jede Blutkapillare umgeben.

Wieder war es Goodheart, der diese Punkte neu entdeckte und erfolgreich in die Methoden der Applied Kinesiology integrierte. Er experimentierte mit diesen Punkten und konnte feststellen, dass sich die Temperatur peripherer Körperzonen deutlich erhöhte. Über Muskel-Organ-Zusammenhänge konnte er auch diesen Punkten Muskeln zuordnen und deren Funktion verbessern.

Die meisten der Punkte befinden sich am Kopf (▶ **Abb. 5.6**). Die Behandlung der Punkte wird unterschiedlich beschrieben. Die meisten kinesiologischen Richtungen empfehlen, die Punkte nur mit 2 oder 3 Fingerkuppen leicht zu berühren und ohne Massage zu halten, bis unter den Fingerspitzen das feine Pulsieren zu spüren ist. Goodheart und seine Schüler üben an der Haut über dem Punkt einen sanften Zug in verschiedene Richtungen aus, bis dieses Pulsieren eintritt. Wir haben mit beiden Methoden gute Erfolge, glauben aber, dass mit dem leichten Zug ein Myofaszial Release der Kopfhaut kombiniert ist und die Wirkung verstärkt wird.

Anfangs kann es schwierig sein, dieses Pulsieren wahrzunehmen. Anfänger haben zuweilen Probleme, ihren eigenen Puls vom therapeutischen Puls der vaskulären Zone zu unterscheiden. In diesem

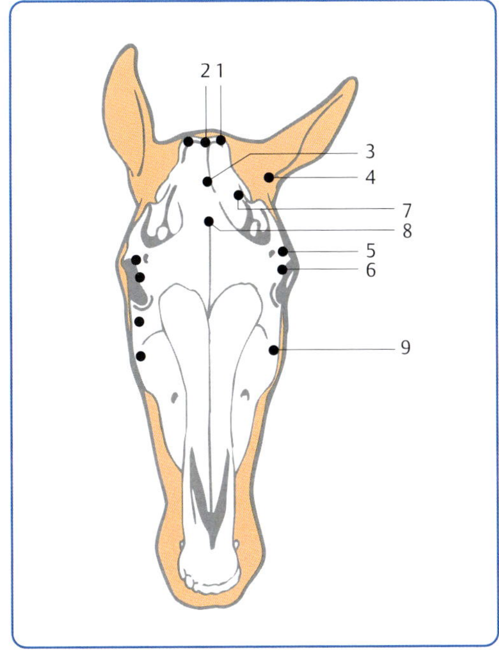

▶ **Abb. 5.6** Neurovaskuläre Reflexzonen.
1 M. psoas, M. glutaeus maximus **2** Adduktoren, M. semimembranosus und M. tendinosus **3** M. serratus, M. gastrocnemius, M. biceps femoris, M. trapezius **4** M. latissimus dorsi, M. triceps brachii **5** M. pectoralis profundus **6** M. longissimus dorsi, M. pectoralis descendens, M. supraspinatus, M. biceps brachii **7** Abdominalmuskeln, M. glutaeus medius, M. quadratus lumborum, M. iliacus, M. tensor fasciae latae **8** M. deltoideus, M. rhomboideus, M. supraspinatus, Diaphragma **9** Hals- und Nackenmuskel

Fall sollten die Punkte etwa 1–2 min gehalten werden. Das Pferd zeigt zudem durch Kauen, wenn die Wirkung eintritt.

Fallbeispiel

Eine unserer Osteopathie-Schülerinnen war gerade mit der Behandlung eines Pferdes beschäftigt, als ein anderes Pferd eine Kolik bekam. Der Tierarzt wollte „ausräumen“, aber das Tier ließ niemanden an sich heran. Es schlug wild um sich, schlug sich gegen den Bauch. Eine Sedation des Tieres wollte die Besitzerin nicht. Der Tierarzt zog unverrichteter Dinge wieder ab.

Die einzige Zone, an die unsere Schülerin herankam, war der Kopf. Spontan berührte sie die neurovaskulären Punkte für Dickdarm und Dünndarm für mehrere Minuten. Das Pferd setzte steinharte Äpfel ab, die Kolik war aber noch nicht vorüber. Sie hielt die Punkte nochmals 10 min. Wieder dasselbe. Nach dem 3. Mal beruhigte sich das Tier, äpfelte wieder, und als der Tierarzt doch noch einmal kam, war alles vorbei.

5.2 Blockierungen der Wirbelsäule

Spinalnerven werden an den Stellen, an denen sie den Wirbelkanal verlassen, von Verlängerungen des Duraschlauches umhüllt. Diese Umhüllung wiederum geht in fasziales Gewebe über. Diese Struktur erklärt, weshalb das Augenmerk auf alle Strukturen, Wirbel, Faszien und Bindegewebe des gesamten Körpers gerichtet sein sollte.

Die Ursachen von Blockierungen der Wirbelsäule beim Pferd sind vielfältig. Probleme der Wirbelsäule können z. B. entstehen durch:

- Veränderungen der Statik
- Muskelspannungen
- Verletzungen an einem peripheren Gelenk
- Überlastung
- Reitfehler
- schlecht passende Sättel
- Stoffwechselprobleme
- Haltungsfehler

! Rückenprobleme entstehen auch aus Mangel an Bewegung.

All diese Ursachen führen dazu, dass sich Muskeln unphysiologisch verspannen und/oder knöcherne Strukturen nicht an ihrem Platz sind und damit in ihrer Bewegung eingeschränkt werden. Leider werden die meisten Rückenprobleme erst im chronischen Zustand bemerkt.

Wenn der Reiter in Harmonie mit sich und mit seinem Pferd ist und es nicht nur als Sportgerät betrachtet, wird er behutsam mit ihm umgehen. Und er wird merken, wenn sein Tier Schmerzsignale zeigt.

Oft haben Stellungsfehler Auswirkungen auf die Wirbelsäule (▸ Tab. 5.2).

Es gibt verschiedene Dispositionen für Rückenprobleme:

- Ein kurzer Rücken neigt zu knöchernen Veränderungen. Sie kommen hierbei eher in der Mitte des Rückens vor.

▸ **Tab. 5.2** Stellungsfehler und Auswirkungen auf die Wirbelsäule.

Stellungsfehler	Wirkung
zu kurze Trachten	Die gesamte Rückenlinie ist permanent überdehnt.
unterschiedlich lange Beine	Das Ungleichgewicht in der Bewegung wird über den Rücken ausgeglichen.
schiefes Becken	Es kommt zur dauerhaften einseitigen Überlastung.
hinten überbautes Pferd	Das Gewicht liegt vermehrt auf der Vorhand.
vorne überbautes Pferd	Das Pferd hat Schwierigkeiten, den Schwung der Hinterhand auf den Rücken zu übertragen.

- Pferde mit langem Rücken neigen eher zu Weichteilveränderungen. Diese kommen in der Mitte des Rückens und weiter kaudal vor.
- Großrahmige Warmblüter mit schwachen Kruppen neigen zu Zerrungen im Iliosakralgelenk.
- Der Springsport schädigt den Rücken mehr als der Dressursport.

5.2.1 Symptomatik

Fehlstellungen oder Wirbelblockierungen können über die aus dem jeweiligen Wirbelkörper austretenden Nerven zu Veränderungen in peripheren Strukturen, Geweben und Organen führen. Viele sogenannte Verschleißerscheinungen haben ihren Ausgangspunkt in Rotationsblockierungen im Bereich der Lendenwirbel L4–L5 und S1. Blockierungen in diesem Bereich führen durch ihre Verbindung über das Lig. iliolumbale zum Becken zu Beckentorsionen und damit zu Dysbalancen der gesamten Wirbelsäule. Durch die Überlastung und spätere Kompensierung der entstandenen Schon- oder Fehlhaltung kommt es zu degenerativen Veränderungen der Knochenstrukturen, obwohl die Ursache rein muskulär ist.

Des Weiteren können Irritationen der Wirbelsäule vegetative Störungen, z. B. Veränderung der Magensäureproduktion, Blasenfunktionsstörungen oder die Anfälligkeit für Infektionskrankheiten, unterhalten. Umgekehrt können erkrankte Organe durch ständige Afferenzen eine Überlastung des betroffenen Nervensegmentes auslösen. Irritationen des Dünn- und/oder Dickdarms führen beispielsweise zu lumbalen Schmerzen. Lang anhaltende Blockierungen führen zu Stoffwechselablagerungen, zu Myogelosen und Verhärtungen entlang der Wirbelsäule. Solche Veränderungen sind meist schon ein Hinweis auf die Lokalisation der Wirbelblockierungen. Blockierungen der Wirbelsäule sind beim Menschen und beim Pferd gleichermaßen häufig anzutreffen.

Sanfte manuelle Techniken an der Wirbelsäule sprechen die kutiviszeralen Verbindungen, also die Verbindungen zwischen Rückenmarksnerven, Hautzonen und Organen an und bewirken eine Lymphdrainage und die Entstauung von Gefäßen. Die viszerale Osteopathie geht den Weg über die Organe. Indem Störungen in der Beweglichkeit der Organe gelöst werden, wird eine Wirkung auf die Wirbelsäule erzielt.

Jeder Sportler hat seinen Physiotherapeuten oder Masseur. Wenn wir auch dem „Sportler" Pferd vorbeugend regelmäßig physiotherapeutische oder osteopathische Behandlungen zukommen lassen, werden viele Rückenprobleme verhindert! Blockierungen der Wirbelsäule können strukturelle, reiterliche und organische Auswirkungen haben (▸ **Tab. 5.3**).

5.3 Rücken – Test und Korrektur

5.3.1 Test der Beweglichkeit der Wirbelsäule

Bei der Bewegungsprüfung werden Bewegung und Beweglichkeit der einzelnen Abschnitte der Wirbelsäule überprüft. Wenn eine Prüfung nicht oder nicht zufriedenstellend funktioniert, sind fasziale, muskuläre oder andere pathologische Einschränkungen vorhanden. Diese sollte dann nach der Behandlung erneut überprüft werden. Die Beweglichkeit der einzelnen Wirbel wird separat geprüft.

▸ **Tab. 5.3** Auswirkungen von Blockierungen der Wirbelsäule.

blockierter Wirbel	wichtigste beteiligte Nerven	Auswirkungen		
		strukturelle	reiterliche	organische und sonstige
Halswirbel				
C 1	N. cervicalis mit Ramus ventralis und Ramus dorsalis (innerviert M. rectus capitis, M. obliquus capitis, M. splenius und M. longus capitis) N. occipitalis (innerviert den Ohrmuschelrücken) N. hypoglossus (Ganglion cervicale des Sympathikus)	• Genickblockierung • Kiefergelenksprobleme • kraniosakrale Läsionen • Probleme mit dem Os hyoideum • C 1-Blockierung oft kombiniert mit einer L 1-Blockierung	• Schwierigkeit, Hals zu beugen • asymmetrische Bewegung der Hinterhand • Pferd geht hinter Zügel	• Verhaltensstörungen • Sehstörungen • Kopfschmerzen • Schilddrüse (Zweig des N. cervicalis) • Bezug zu Zähnen und Nase
C 2	N. cervicalis II (sensible Zweige zu dem M. sternocephalicus) N. auricularus magnus und N. caudalis N. facialis (über Fasern des N. cutaneus colli)	• Blockierung des Os hyoideum • Kiefergelenksprobleme • Blockierungen der Hals- und Nackenmuskeln • C 2-Blockierung oft kombiniert mit einer L 4-Blockierung	• Pferd wehrt sich gegen Gebiss • Kopfschlagen • Headshaking • Probleme beim Kauen	• Kauprobleme • Zahnprobleme

▶ **Tab. 5.3** Fortsetzung.

blockierter Wirbel	wichtigste beteiligte Nerven	Auswirkungen		
		strukturelle	reiterliche	organische und sonstige
C 3	N. cervicalis III	• Probleme mit Os hyoideum • Kiefergelenksprobleme • C 3-Blockierung häufig kombiniert mit einer L 3-Blockierung	• geht schief im Galopp • schwankender Galopp	–
C 4	N. cervicalis IV (M. longus capitis, M. longus colli, M. scaleni)	• steife, schmerzende Halsmuskeln • Probleme mit Os hyoideum • Kiefergelenksprobleme	–	• hormonelle Störungen
C 5	N. cervicalis V N. phrenicus (vorderste Wurzel)	• Zwerchfell • Brustorgane • Probleme mit Os hyoideum	• Widersetzlichkeit beim Gurtanziehen • wenig Aufrichtung	• Atemprobleme (wegen Innervierung durch den N. phrenicus) • Zwerchfellspannung • Asthma • Herzprobleme
C 6	N. cervicalis VII N. cervicalis VI (Teil des Armgeflechts)	• Halsmuskeln und Teil der Rückenmuskeln • Probleme an Halsbasis	• steife Bewegung der Vorhand • wenig Aufrichtung	–
C 7	N. cervicalis VII N. cervicalis VIII N. cervicalis VI–VIII bilden Armgeflecht M. spinalis, M. semispinalis, M. rhomboideus, M. serratus ventralis	• Zwerchfell • Brustorgane (N. phrenicus)	• Pferd kann Kopf nicht senken • keine aktive Vorhand • unharmonischer Bewegungsablauf • wenig Aufrichtung	• Durchblutungsstörungen der Vorhand • Sehnenprobleme • Probleme der Hufrolle • Probleme des Hufes der Vorhand
Brustwirbel				
Th 1	Ganglion cervicothoracicum mit Geflechten zu Herz, Lunge	• Lahmheit der Schultergliedmaßen • Zervikobrachialgie • Schmerzen im zervikothorakalen Übergang	• mangelhafte Aufrichtung	• Durchblutungsstörungen der Vorhand • Sehnenaffektionen • Herz- und Lungenprobleme (Sympathikus)
Th 2	Nn. thoracici versorgen mit ihren motorischen Ästen die kurzen Rückenmuskeln	• steif in der Schulter • Schulterlahmheit	• kurzer Schritt • Stolpern	–
Th 3–Th 10	Nn. thoracici versorgen mit ihren ventralen Ästen Haut und Interkostalräume	• Rückenprobleme	• Pferd legt sich auf Zügel	• Herz- und Lungenprobleme • Atembeschwerden

▶ **Tab. 5.3** Fortsetzung.

blockierter Wirbel	wichtigste beteiligte Nerven	Auswirkungen		
		strukturelle	**reiterliche**	**organische und sonstige**
			• wehrt sich gegen das Satteln (Sattel prüfen!)	
Th 11	–	• Zwerchfellblockierung • Blockierung des Sternums	• Buckeln • festgehaltener Rücken	• Lymphabflussprobleme • Magenprobleme • aufgeblähter Bauch
Th 12	Th 12–Th 18: sympathisches System, Vereinigung zu Ganglion coeliacum, Ganglion mesentricum craniale und Ganglion mesentricum caudale zur Versorgung der Verdauungsorgane	• Rückenprobleme • steifer, schmerzender Rücken • Kissing Spines • Bandscheiben	–	• Gastritis • Koppen • Kolik
Th 13	–	• Rippen	• Biegung nicht möglich	–
Th 14	–	• Bauch- und Rückenmuskeln	• Probleme im Galopp • Probleme bei Versammlung	• Störungen der Leber • generalisierte Muskelentzündungen
Th 15	–	• Bauch- und Rückenmuskeln	• oft zu wenig Ausdauer	• übermäßiges Schwitzen • Nachschwitzen in der Box
Th 16	–	• Bauch- und Rückenmuskeln	• Pferd traversiert • zu wenig Schwung in Hinterhand	–
Th 17	–	• Bauch- und Rückenmuskeln	• zu wenig Schwung in Hinterhand	• Störungen der Nebennieren • Ödeme • Durchblutungsstörungen
Th 18	N. costoabdominalis (M. psoas und M. quadratus lumborum)	• mangelhafte Beugung in der Hüfte (M. psoas)	• wenig Schub aus Hinterhand • Hankenbeugung unzureichend	–
Lendenwirbel und Sakrum				
L 1	Nn. lumbales innervieren mit dorsalen Ästen Haut und Rückenstrecker der Lendenwirbelsäule, die ventralen Äste führen zum Plexus lumbosacralis für die Bauchmuskeln, die	• steife Muskeln im Bereich der Lendenwirbelsäule	• verkürzter Schritt der Hinterhand	• hormonelle Störungen • Störungen der Geschlechtsorgane

▶ **Tab. 5.3** Fortsetzung.

blockierter Wirbel	wichtigste beteiligte Nerven	Auswirkungen		
		strukturelle	reiterliche	organische und sonstige
	Muskeln des Beckens und der Hintergliedmaße			
L2	–	• Ischialgie • Lumbalgie • steife Muskeln in Lendenwirbelsäule	• Rückentätigkeit mangelhaft	• Erkrankungen der Niere
L3	–	• Ischialgie • Lumbalgie • steife Muskeln in Lendenwirbelsäule	• Rückentätigkeit mangelhaft	• Darmprobleme • Kolik • Durchfall • übel riechende Pferdeäpfel
L4	–	• Schwäche der Adduktoren • Schwäche der Bauch- und Beckenmuskulatur • Probleme im Übergang zwischen Mittel- und Hinterhand	• Lahmheit der Hinterhand	• Störungen der Fortpflanzungsorgane
L5	–	• Becken • Knie • Sprunggelenk • Probleme im Übergang zwischen Mittel- und Hinterhand	• mangelnder Schub aus Hinterhand	• Blasenstörungen • Störungen der Fortpflanzungsorgane
L6	–	• Becken • Knie • Sprunggelenk • Probleme im Übergang zwischen Mittel- und Hinterhand	• weicher Rücken aufgrund mangelnder Spannung des Bauches • kein Aufwölben des Rückens • mangelhaftes Untertreten der Hinterhand • keine Hankenbeugung	• Gebärmuttererkrankungen
Sakrum	Kreuzgeflecht liegt in der Beckenhöhle und verzweigt sich in N. glutaeus caudalis und N. glutaeus cranialis und N. cutaneus femoris zu den Muskeln der Hinterbacke	• Schwäche der Kruppen- und Oberschenkelmuskeln • Lahmheiten der Hinterhand • Blockierungen des Hüftgelenks • Probleme in Atlas, Becken, Sprunggelenk	• mangelnder Schub aus Hinterhand • steife Hinterhand	• Erkrankungen des Euters • Lähmung des Rektums, Penis, Vulva • Zurückhalten der Nachgeburt

Halswirbelsäule

Beweglichkeit des Halses (seitenvergleichend)

Der Hals des Pferdes wird langsam nach beiden Seiten bewegt. Auf welche Seite geht es besser? Korrigiert wird mit der Spindelzelltechnik (S. 42). Die Entspannung kann auch durch die Faszienmassage (S. 104) unterstützt werden.

Beispiel: Die Biegung nach rechts ist unbefriedigend. Die Muskeln rechts können nicht kontrahieren, die Halsmuskeln links sind verkürzt. Die Halsmuskeln, vor allem der M. brachiocepalicus rechts, werden gestärkt. Die Halsmuskeln links werden entspannt. Das Entspannen hat Priorität, da verkürzte, verspannte Muskeln sich nicht dehnen können (▸ **Abb. 5.7**).

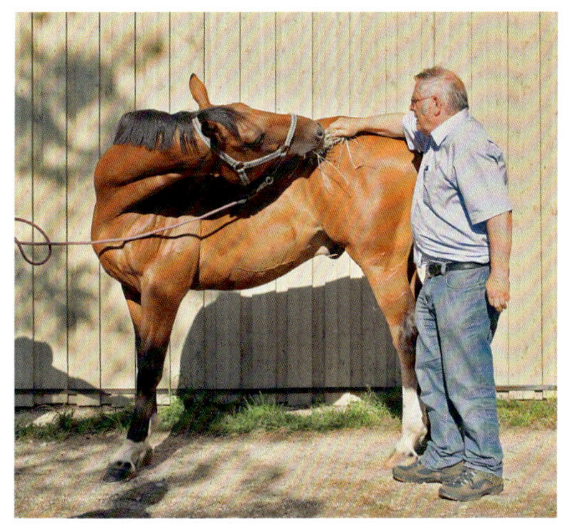

▸ **Abb. 5.8** Test zur Lateralflexion der Wirbelsäule.

Dehnung des Halses

Man hält eine Karotte zwischen die Vorderbeine des Pferdes. Kann es den Hals genügend dehnen? Bei eingeschränkter Dehnung wird das Nackenband geknetet und ggf. der Trapezmuskel entspannt. Auch durch die Faszienmassage (S. 104) der Halsmuskulatur wird eine Dehnung erreicht.

Brustwirbelsäule

Seitliche Biegung (Lateralflexion)

Diese wird mit dem „Karottentest" geprüft. Eine Karotte, ein Stück Apfel oder etwas Heu wird in die Nähe des Hüfthöckers gehalten. Das Pferd sollte in der Lage sein, mit seinem Maul den Hüfthöcker zu berühren (▸ **Abb. 5.8**). Sind Muskeln oder Faszien verkürzt, so schafft es dies nicht. Zur Korrektur wird die Seite, die sich dehnen muss, mit der Faszienmassage oder Fasziendehnung (S. 105) entspannt.

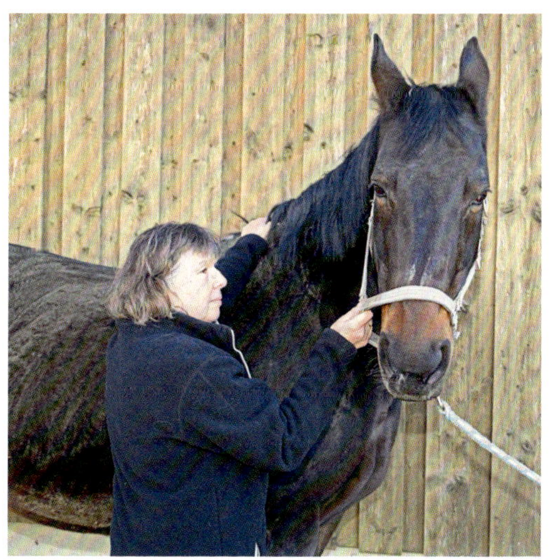

▸ **Abb. 5.7** Test der Beweglichkeit des Halses.

Bei eingeschränkter Seitbiegung erzählen die Besitzer, dass das Pferd auf dem Zirkel, in Wendungen Probleme hat.

Flexion und Extension (Beugung und Streckung)

Hierbei wird mit 2 Stäbchen getestet, mit denen seitlich der Wirbelsäule entlanggefahren wird. Am unbedenklichsten ist diese Prüfung, wenn sie von 2 Personen ausgeführt wird. Bei normaler Rückenbeweglichkeit geht die Wirbelsäule erst in die Extension (der Rücken senkt sich, ▸ **Abb. 5.9a**) und danach in die Flexion (die Wirbelsäule wölbt sich auf, ▸ **Abb. 5.9b**). Der Test wird in manchen Schulen so gelehrt, dass die testende Person hinter dem Pferd steht und mit 2 Stäbchen arbeitet (▸ **Abb. 5.10**).

> **Praxistipp**
>
> Dieser Test ist aber bei unruhigen Pferden, vor allem bei rossigen Stuten, nicht zu empfehlen (Unfallgefahr).

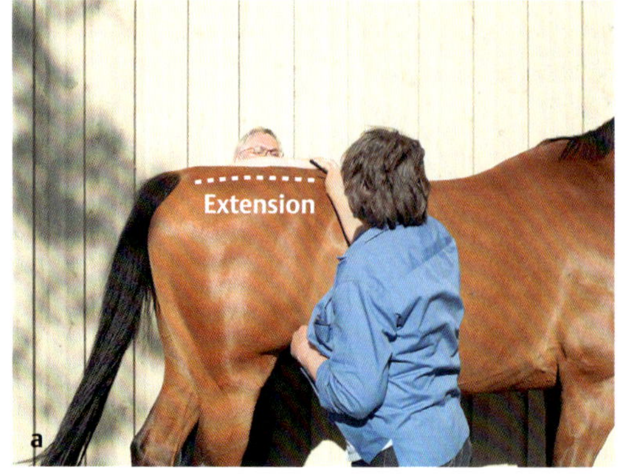

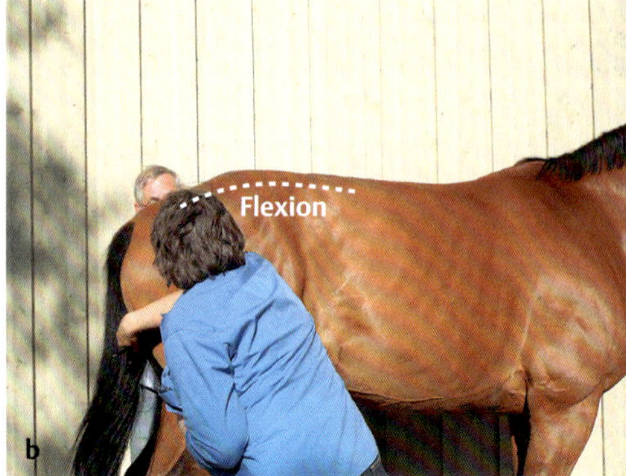

▶ **Abb. 5.9** Test der Beugung und Streckung der Wirbelsäule.
a Extension.
b Flexion.

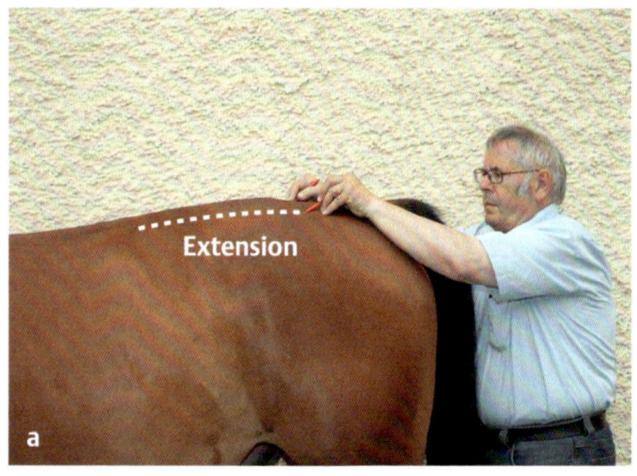

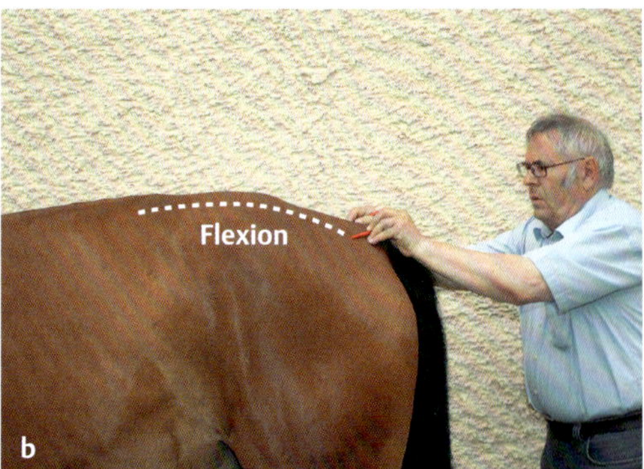

▶ **Abb. 5.10** Alternativer Test der Beugung und Streckung der Wirbelsäule.
a Extension.
b Flexion.

Beweglichkeit der Lendenwirbelsäule

Mit diesem Test prüfen wir die Beweglichkeit der Lendenwirbelsäule. Eine Hand fixiert die letzten Rippen, während die andere Hand die Schweifwurzel umfasst und einen Zug zur Seite ausführt (▶ Abb. 5.11). Dabei sollte der Eindruck entstehen, dass der gesamte Beckenbereich flexibel ist und sich zur Seite biegen lässt.

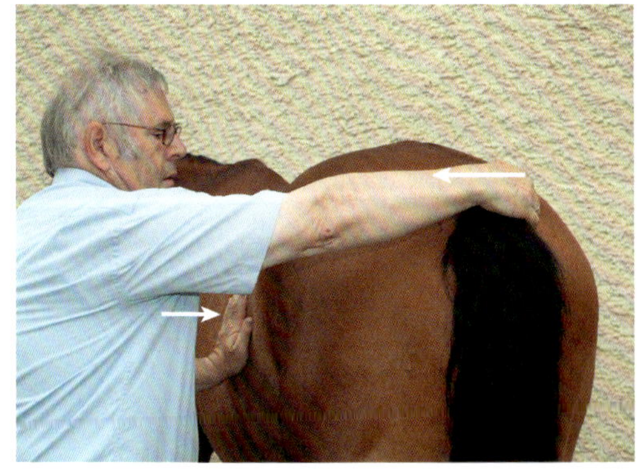

▶ **Abb. 5.11** Test der Beweglichkeit der Lendenwirbelsäule.

5.4 Rücken-Korrektur

Bei eingeschränkter Flexion oder Extension ist die Korrektur die Fasziendehnung (S. 105) und die Faszienmassage des langen Rückenmuskels. Zusätzlich wird mit den indirekten Techniken gearbeitet. Bei eingeschränkter Lateralflexion (Karottentest) werden die Mm. latissimus dorsi, longissimus dorsi und trapezius durch die Faszienmassage (S. 104) oder Spindelzelltechnik (S. 42) auf der Seite, die sich dehnen muss, entspannt. Bei eingeschränkter Beweglichkeit der Lendenwirbelsäule werden die Lendenfaszien gedehnt (S. 105).

5.5 Blockierungen der Wirbel

Bei Seitbiegung der Wirbelsäule in die eine Richtung rotiert der Wirbel in die andere Richtung! In der Osteopathie wird die Rotationsrichtung stets vom ventralen Wirbelkörper aus betrachtet. Das heißt, bei einer Seitbiegung nach links rotiert der Wirbelkörper nach rechts, der Dornfortsatz nach links. Bei einer Rotationsblockierung rechts wäre die Wahrnehmung eines nach links „verschobenen“ Dornfortsatzes vorhanden.

Bei einer Wirbelblockierung ist der Wirbel nicht verrenkt oder verschoben, sondern in seiner Beweglichkeit nach rechts oder links blockiert. Probleme bei seitlichen Biegungen sind die Folge. Trab und Galopp sind steif, das Pferd springt im Galopp um oder hat Probleme mit dem Angaloppieren. Oft können leichte Abweichungen nur durch Veränderungen der Muskelspannung erkannt werden. Zu jedem blockierten Wirbel gehört ein Band oder ein Muskel, der die Bewegung behindert. Veränderungen der Muskelspannung sind erste Hinweise auf Wirbelblockierungen. Bei geschulter Sensitivität kann man diese Veränderungen fühlen, wenn man mit den Fingern rechts und links der Dornfortsätze den Rücken entlangfährt. Gibt es Stellen, an denen Wirbel nach rechts oder links verschoben erscheinen, nach unten abgesunken oder nach oben stehen? Gibt es Stellen, an denen die Rückenmuskulatur auf einer Seite verhärtet, auf der anderen Seite zu weich erscheint (▸ Abb. 5.12)?

5.5.1 Test und Korrektur

Bei allen Manipulationen am Pferd muss man bedenken, dass sowohl Gelenke als auch Wirbel und vor allem das Becken sehr feste, mit starken Bändern und Sehnen fixierte Strukturen sind. Diese können mit der sanften Kraft der Osteopathie logisch betrachtet nicht bewegt werden. Man muss sich darüber im Klaren sein, dass lediglich Impulse gesetzt werden. Dem Gewebe wird sozusagen der Weg gezeigt, wie es sich entspannen kann, damit die knöchernen Strukturen folgen können.

Die Korrektur kann entweder direkt oder indirekt erfolgen.

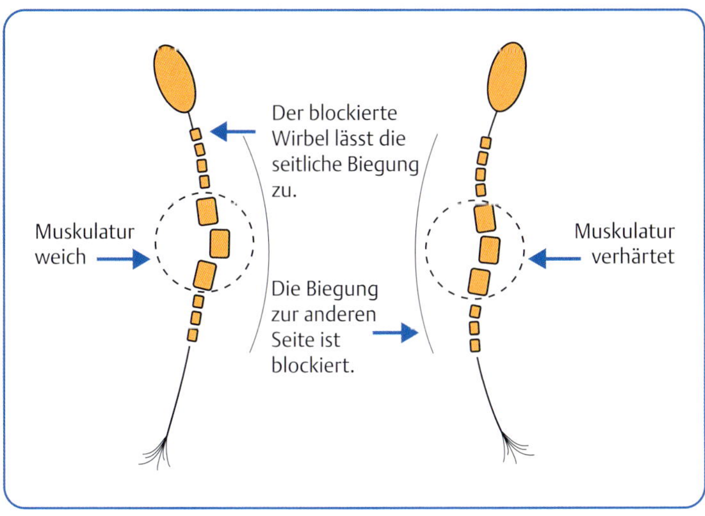

▸ **Abb. 5.12** Einschränkung der Bewegungsfreiheit bei einer Wirbelblockierung. (nach Giniaux D. Osteopathie beim Pferd. Stuttgart: Enke; 2002 verändert von Brigitte Salomon)

Indirekte Korrektur

Der Wirbel (Dornfortsatz) wird auf der Seite, zu der die Bewegung gut geht, gehalten, und es wird gewartet, bis sich ein Gefühl von Entspannung einstellt (Release). Danach wird der Wirbel in die Richtung manipuliert, in der die Bewegung blockiert war (▸ Abb. 5.13).

Beispiel: Beim Impuls nach rechts ist eine weiche Bewegung möglich, der Rücken geht mit der Bewegung mit. Nach links hat man den Eindruck, man müsste, um die Bewegung zu erreichen, mehr Kraft aufwenden. der Rückenmuskel spannt sich an. Zur Korrektur wird der Wirbel am Endpunkt der guten Bewegung, also rechts, gehalten, bis sich ein Gefühl von Entspannung einstellt. Danach wird er sanft nach links gedrückt.

Direkte Korrektur

Hier wird sofort in die Korrekturrichtung mobilisiert (▸ Abb. 5.13). Aber bei beiden Methoden darf der Therapeut nicht über die Barriere, also das Ende des Bewegungsspielraumes hinaus, manipulieren. Das hätte eine Muskelanspannung zur Folge und die Korrektur wäre wirkungslos.

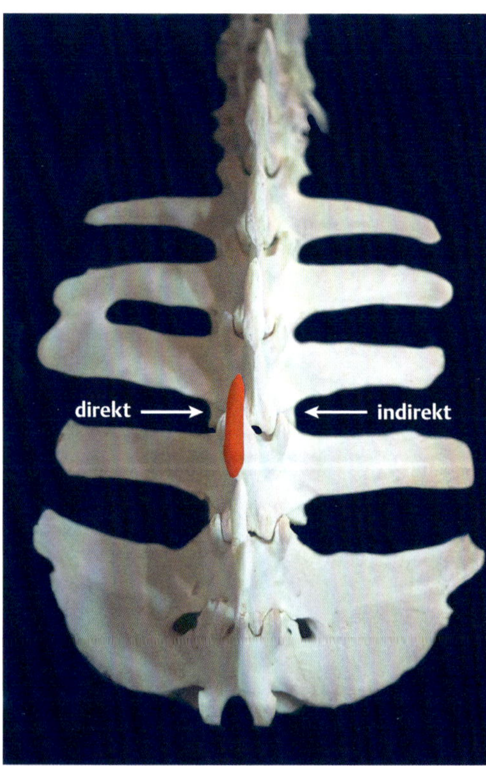

▸ **Abb. 5.13** Wirbelkorrektur.

Wenn die Blockierung noch nicht lange besteht, kann es genügen, das Pferd noch mehr zur freien Seite zu biegen und einige Minuten in dieser Stellung zu halten. Danach geht die blockierte Richtung wieder besser, das heißt, der Karottentest wird zur Therapie.

> **Praxistipps**
> Die direkte Methode eignet sich bei akuten, die indirekte Methode eher bei chronischen, schon lange bestehenden Problemen.

Test und Korrektur können in der Osteopathie nicht getrennt werden. Beides geht ineinander über. Wir werden aus diesem Grund jeweils beide zusammen erläutern.

5.6 Blockierungen des Atlantookzipitalgelenks

Das Atlantookzipitalgelenk ist die Verbindung zwischen Halswirbelsäule und Schädelbasis.

M. rectus capitis, M. splenius capitis und M. semispinalis setzen am Nackenband an. M. obliquus cranialis und M. splenius capitis haben zusätzlich Ansatzfasern am Mastoid des Os temporale. Eine Anspannung der Muskeln ist die häufigste Ursache von Blockierungen der ersten beiden Halswirbel.

Zwischen Os occipitale und Atlas können als Folge diverser Ursachen Blockierungen auftreten:

- Hyperflexion der Halswirbelsäule (Rollkur)
- Traumata (Stürze, ständiges Reißen am Halfter, Schlaufzügel, Ausbinder und sonstige Hilfszügel)
- ständige muskuläre Anspannung
- Misshandlungen
- psychische Komponenten
- körperliche Überforderung

Durch den Hilfszügel am Kopfstück kann eine Kompression auftreten, die zu vermindertem Liquorfluss und damit zur Störung des gesamten Kraniosakralsystems führt. Durch emotionalen Stress und Angst verspannen sich die Nackenmuskeln und „frieren" buchstäblich in der verkürzten Position ein.

5.6.1 Symptomatik

Meist geht mit der Blockierung des Atlantookzipitalgelenks eine Blockierung des Kiefergelenks einher, vor allem durch einen hypertonen M. occipitomandibularis.

Hypertone Mm. rectus capitis dorsalis und lateralis, die am Atlas und an der Schädelbasis befestigt sind, führen zur Einengung und Bewegungseinschränkung in diesem Gebiet. Symptome sind Schmerzen in der Halswirbelsäule oder im gesamten Körper.

Anatomischer Zusammenhang

Jede Blockierung des Atlas führt zu einer Gegenblockierung im Brust- und/oder Lendenwirbelbereich.

Folgende Symptome können auftreten:

- Probleme bei der Biegung des Halses.
- Das Pferd hält den Kopf schief. Auch das Schiefhalten des Schweifes kann ein Hinweis sein.
- Koordinationsstörungen (Stolpern, Gleichgewichtsprobleme)
- epilepsieartige Symptome
- Hahnentritt
- vegetative Störungen

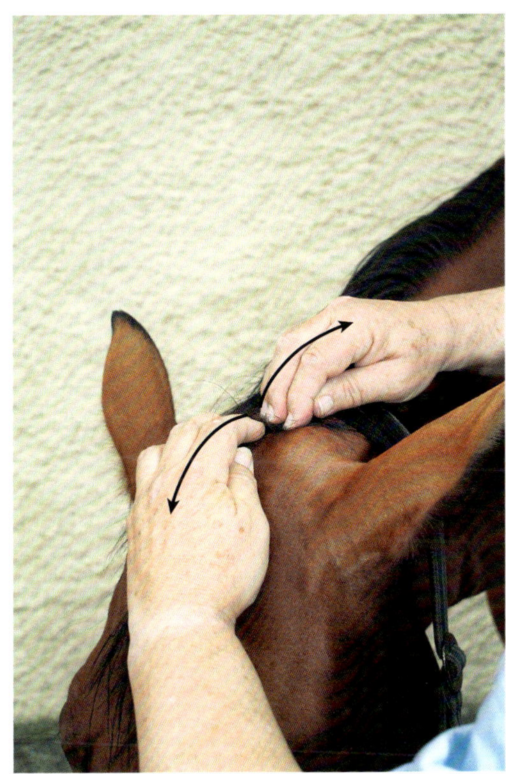

▶ **Abb. 5.14** Okziput Release.

5.6.2 Korrektur

Okziput Release

Liegt eine Blockierung im Atlantookzipitalgelenk vor, genügt die Behandlung von Atlas und Axis nicht. Zum Lösen der Blockierung gleiten die Finger einer Hand hinter die Crista nuchae des Os occipitale nach unten in Richtung Halswirbel, die andere Hand kommt von kaudal (▶ **Abb. 5.14**). Mit den Fingerspitzen wird nun die Stelle so lange sanft massiert, bis die Muskulatur nachgibt und die Finger in das Gewebe eindringen können. Dann wird mit den Fingern beider Hände eine Dehnung zwischen Os occipitale und Atlas ausgeführt.

5.6.3 Zusätzliche Maßnahmen

- Das Nackenband wird durch Kneten entspannt.
- Die Hals- und Nackenmuskeln, vor allem M. rectus capitis, M. splenius capitis und M. brachiocephalicus, können durch die Spindelzelltechnik (S. 104) oder Faszienmassage (S. 104) entspannt werden.
- Test des Iliosakralgelenks und der Schweifwirbel.
- Test und Korrektur des Sternums.

5.6.4 Test und Korrektur der Halswirbel

Eine Hand liegt auf dem Halswirbel, während der Kopf des Pferdes zur Seite des Testers bewegt wird. Wenn sich beim Test zu einer Seite ein Widerstand aufbaut, wird dasselbe zur freien Seite wiederholt und am Ende der Bewegung bis zur Entspannung gehalten. Danach wird die zuvor blockierte Seite erneut geprüft. Auch diese Korrektur ist sanft. Zusätzlich sollten die Halsmuskeln entspannt werden.

Atlas

Um den 1. Halswirbel osteopathisch korrigieren zu können, ist es wichtig, seine Bewegung zu kennen. Die physiologische Bewegung ist das dorsal-ventrale Gleiten (Kippbewegung) und das seitliche Gleiten oder Lateroflexion. Der Atlas kann osteopathisch geprüft werden, indem der Tester unter dem Hals des Pferdes steht und seine Hände von beiden Seiten oben auf den Wirbel legt (▶ Abb. 5.15). Die Aufmerksamkeit ist zunächst auf die Nackenmuskeln gerichtet. Ist der Tonus auf beiden Seiten gleich? Differenzen sind oft mit Atlas-Blockierungen vergesellschaftet. Gibt es eine Höhendifferenz? Ist der Abstand zwischen der Vorderkante des Atlasflügels und dem Unterkieferast gleich? Unterschiede deuten auf eine Blockierung in der Lateralflexion hin. Dann „verschmelzen die Hände mit dem Wirbel und mobilisieren sanft/energetisch in die Richtung der Lateralflexion, die „besser geht" und hält bis zum Release. Das ist meist die Seite, auf der der Abstand Atlasflügel – Unterkiefer enger ist. Die Korrektur ist indirekt. Das heißt, der Wirbel wird auf der Seite der besseren Beweglichkeit, am Ende des Bewegungsausmaßes bis zum Release gehalten und danach in die zuvor blockierte Richtung bewegt.

Axis

Beim 2. Halswirbel, dem Axis, steht die Rotation im Vordergrund (der Axis macht hauptsächlich eine Rotationsbewegung). Die Hände verschmelzen wieder mit dem Wirbel, die Aufmerksamkeit ist auf die Rotation gerichtet (▶ Abb. 5.16). Die Korrektur ist indirekt, in die Richtung der besseren Beweglichkeit. Eine andere Möglichkeit besteht darin, mit einer Hand von unten um die Nase zu greifen und eine leichte Rotation mit dem Kopf auszuführen, während die andere Hand auf dem Axis liegt (▶ Abb. 5.17). Das Pferd sollte bei der Prüfung keinen Widerstand aufbauen, sondern die Bewegung weich zulassen. Dieser Test ist mit äußerster Vorsicht durchzuführen. Es genügt eine kleine Bewegung. Der Tester spürt sofort, ob das Pferd „mitgeht" oder ein Widerstand entsteht. **Den Test nie über die Barriere hinaus ausführen!** Die Korrektur ist bei dieser Art des Testens auch indirekt. Der Hals wird in die Richtung einige Sekunden gehalten, in welche die Rotation möglich ist. Wenn das Pferd das nicht akzeptiert, wird wie beim Atlas geprüft. Der Wirbel wird indirekt in die Rotation mobilisiert. Die Korrektur ist indirekt, in die Richtung der besseren Beweglichkeit.

▶ **Abb. 5.15** Test und Korrektur der Atlas-Stellung und -Bewegung.

▶ **Abb. 5.16** Test und Korrektur der Axis-Stellung und -Bewegung, Variante 1.

▸ **Abb. 5.17** Test des Axis, Variante 2.

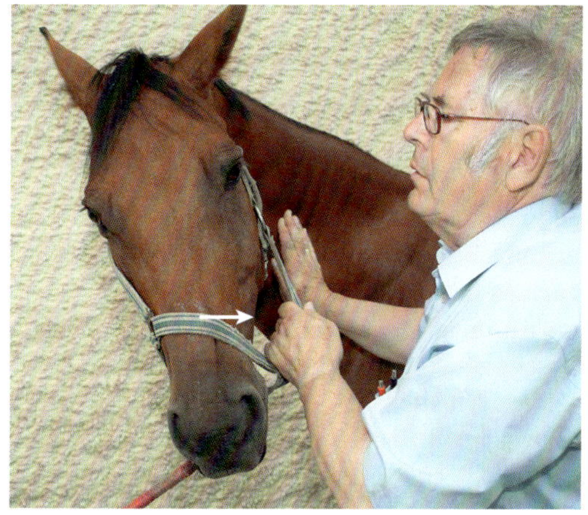

▸ **Abb. 5.18** Test und Korrektur des 3.–6. Halswirbels.

Halswirbel 3–6

Die Beweglichkeit der Halswirbel 3–6 wird geprüft, indem eine Hand Kontakt zum Wirbel aufnimmt, während die andere Hand den Kopf des Pferdes am Halfter sanft zur Seite zieht. Es sollte ein weiches Gefühl entstehen. Korrektur wie beim Test in Richtung der freien Bewegung (▸ **Abb. 5.18**).

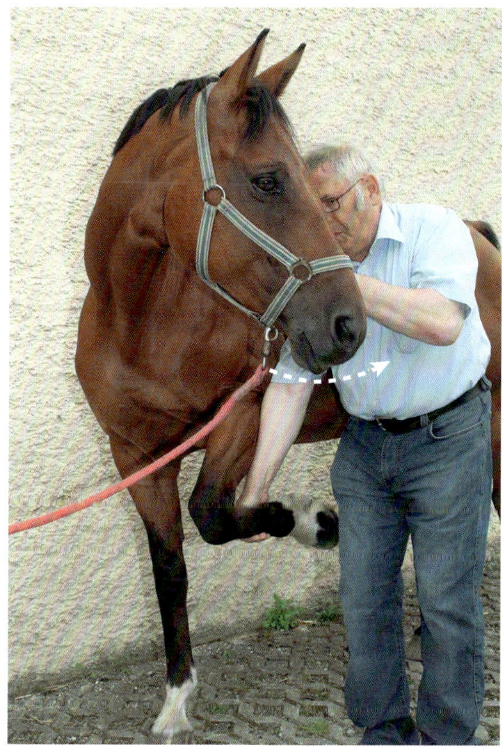

▸ **Abb. 5.19** Test des 7. Halswirbels.

Halswirbel 7

Der 7. Halswirbel wird getestet, indem eine Hand das Vorderbein anhebt, während die andere Hand den Kopf des Pferdes am Halfter in Richtung Therapeut zieht (▸ **Abb. 5.19**). Bei einem blockierten 7. Halswirbel verliert das Pferd dabei das Gleichgewicht. Es möchte auf allen 4 Füßen stehen und stellt das angehobene Bein ab.

Korrigiert wird osteopathisch indirekt. Das heißt, das Bein wird wie beim Test aufgenommen und der Hals zu der Seite bewegt, auf der der Test möglich ist, das Pferd ruhig stehen bleibt. Eine andere Möglichkeit der Korrektur ist, das Vorderbein anzuheben, nach vorn zu strecken und sanft zu schütteln. Dabei wird der HW 7 gelockert.

Brustwirbel

Ein geübter Osteopath kann einen blockierten Brustwirbel feststellen, indem er mit den Fingern sanft Wirbel für Wirbel nach lateral zu beiden Seiten bewegt (▶ Abb. 5.20). Sanft im Sinne der energetischen Osteopathie bedeutet, dass ein Zuschauer keine Bewegung sieht. Bei einem freien Wirbel entsteht der Eindruck, Bewegung ist in beide Richtungen möglich. Der Test kann auch mit leichtem Druck ausgeführt werden.

Dabei entsteht das Gefühl, der ganze Rücken schwingt mit der Bewegung mit. Bei einem blockierten Wirbel müsste man wirklich Kraft aufwenden, um die Bewegung zu indizieren.

Behandlung tiefer sitzender oder höher stehender Wirbel

Ein sogenannter „fester" Rücken wird oft durch **tiefer sitzende Wirbel** verursacht. Das Pferd hat Schmerzen und kann den Rücken nicht aufwölben. Wenn ein Wirbel nach unten abgesunken ist, wird er durch die beiden angrenzenden Wirbel in dieser Position fixiert (▶ Abb. 5.21). In diesem Fall müssen wir die beiden angrenzenden Wirbel nach unten und außen mobilisieren, um Platz für den blockierten Wirbel zu schaffen.

Beim **höher stehenden Wirbel** behandeln wir ebenfalls die benachbarten Wirbel und üben gleichzeitig einen sanften Druck auf den hoch stehenden Wirbel nach unten aus. Oft sind die benachbarten Wirbel gekippt oder rotiert. Die Korrektur wird erleichtert, wenn eine 2. Person während der Korrektur den Rücken des Pferdes hebt, indem sie mit den Fingerkuppen gegen die Bauchmuskulatur klopft oder mit festem Druck über die Kruppe und das Os ischium abwärts streicht.

Rezidivierende Wirbelblockierungen sind meist nicht auf Fehler bei der Behandlung, sondern auf nicht beachtete myofasziale Spannungen zurückzuführen, die den oder die Wirbel immer wieder in die falsche Position bringen. Spannungen im Muskel-Faszien-System an den distalen Extremitäten sind oft die Ursache. Über Muskelketten wird beispielsweise die durch ein „übertretenes" Sprunggelenk entstandene Spannung auf die Wirbelsäule übertragen und kann maßgeblich an Bandscheibenvorfällen beteiligt sein.

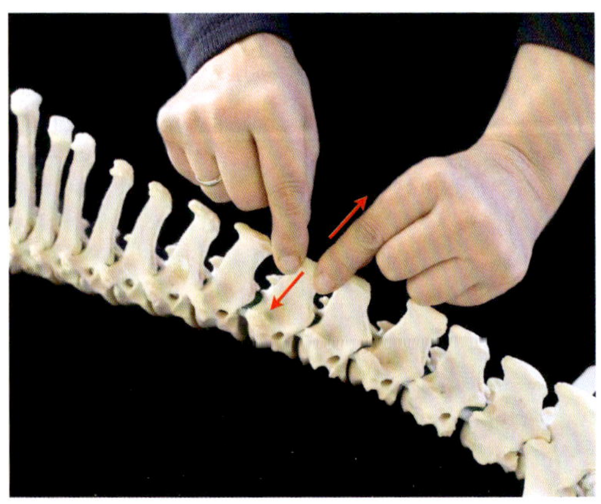

▶ **Abb. 5.20** Test und Korrektur der Brustwirbel.

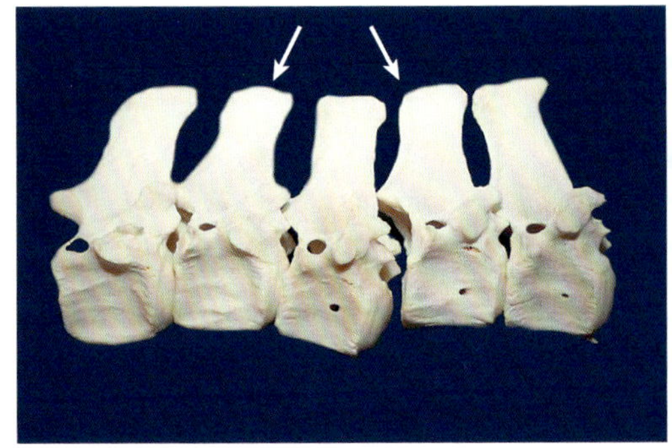

▶ **Abb. 5.21** Tief sitzender Wirbel.

Praxistipp

Ein gewissenhafter Osteopath beachtet nicht nur die Knochenstrukturen, sondern immer auch die beteiligten Muskeln, Faszien, Membranen und das Bindegewebe.

Fallbeispiel

Ein 3-jähriger Andalusier hatte eine leidvolle Vergangenheit: Er wurde schwer misshandelt und wanderte durch viele Hände, da Ataxie diagnostiziert wurde und er als unreitbar galt.

Neben einer totalen Kompression der Synchondrosis sphenobasilaris (S. 132), kurz SSB, fanden wir das Iliosakralgelenk und etliche Wirbel blockiert. Während der Behandlung eines Lendenwirbels streckte er sein linkes Hinterbein erst waagerecht nach hinten, dann bewegte er es nach rechts und stellte es neben das rechte Bein. Er half durch diese Aktion, die Blockierung in der Lendenwirbelsäule zu lösen.

Schon nach der 1. Behandlung war eine deutliche Besserung der Bewegung zu sehen. Eine Ataxie war nicht mehr erkennbar.

5.7 Sternum

Das Sternum (Brustbein) der Haussäugetiere besteht aus mehreren aneinandergereihten Knochenstücken, die aber im Laufe des Lebens verknöchern. Klar abgrenzbar sind Manubrium mit Cartilago manubrii (Knorpel) sowie Korpus und knorpelige Cartilago xyphoidea (Schwertfortsatz oder Xiphoid). Zwischen Manubrium und Korpus sowie Korpus und der Cartilago xyphoidea befinden sich Synchondrosen. Auf beiden Seiten des Korpus sind die Gelenkgruben für die echten Rippen angeordnet (für das erste Rippenpaar gibt es eine gemeinsame Grube). Der gesamte Brustkorb steht in Kontakt mit dem Sternum.

Über Ligamente hat das Sternum wichtige Verbindungen zum Larynx und zum Herzen. Zum Pharynx und zum Perikard hat es über die Ligg. sternopericardiaca Kontakt. Über diese Ligamente ist das Herz am Sternum fixiert. Eine wichtige fasziale Verbindung stellt die prävertebrale Faszie dar, die vom Schädel zu den Schwanzwirbeln zieht. Diese umhüllt den M. longus colli und den M. longus capitis sowie die Brustmuskeln und wird weiter kaudal zur Faszie der Wand des Brustkorbs. Vom Perikard und der Vena jugularis (Drosselvene) gibt es bindegewebige Verbindungen. Allein diese Verbindungen machen die organische und vegetative Problematik deutlich: Kardiopathien, Kehlkopfspasmen, Asthma, um nur einige zu nennen.

Das Sternum ist eine extrem beanspruchte Zone, die unter dem Einfluss von aufsteigenden und absteigenden Belastungen steht (▸ Abb. 5.22 und ▸ Abb. 5.23). Durch das Lig. sternopericardiaca ist das Herz am Sternum befestigt. Eine Fixierung des Sternums kann Herzprobleme, Atemnot und dämpfigkeitsähnliche Zustände vortäuschen. Durch seine faszialen Verbindungen zum Zwerchfell und seine knöchernen Verbindungen zur Wirbelsäule ist es zudem bei vielen Arten von Läsionen beteiligt. Es nimmt am primären Atemrhythmus mit einer kranial-kaudalen Bewegung teil und folgt somit allen kraniosakralen Läsionen.

Die Verbindung des Sternums zum kraniosakralen System besteht faszial und muskulär. Schon der Name der Muskeln lässt auf diese Verbindung schließen: M. sternocephalicus, M. sternomandibularis, M. sternohyoideus. Der M. subclavius verbindet das Sternum mit dem Schulterblatt. Alle Brustmuskeln sind am Sternum befestigt (▸ Abb. 5.23).

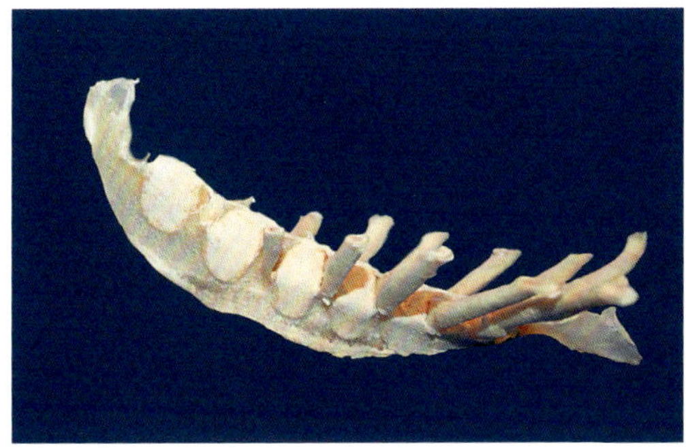

▸ **Abb. 5.22** Sternum.

Anatomischer Zusammenhang

Viele Probleme des Halses und der Vorhand sind durch die muskulären Verbindungen des Sternums erklärbar.

Außerdem sind die Linea alba und die Bauchmuskeln zu erwähnen. Die Linea alba zieht vom Sternum bis zum Schambein. An ihr entspringt der M. obliquus internus abdominis, der am Hüfthöcker ansetzt. Seitlich am Sternum entspringen ein weiterer Bauchmuskel, der M. transversus abdominis, der an der Lendenwirbelsäule ansetzt, und der M. rectus abdominis, der zum Schambein zieht und die direkte Verbindung zum Becken darstellt. Man erkennt, dass das Sternum auch bei Beckenfehlern, thorakalen Problemen und Problemen der Wirbelsäule beteiligt ist. Die wichtigste muskuläre Verbindung ist das Zwerchfell. Es setzt am knorpeligen Xiphoid an. Bei Problemen des Zwerchfells sind nicht nur die gesamte Statik, der Brustkorb und die Wirbelsäule, sondern auch das Sternum betroffen. Andererseits kann ein blockiertes Sternum die Beweglichkeit des Zwerchfells beeinträchtigen und beispielsweise Atemprobleme verursachen. Der Kontakt zum Fasziensystem ergibt sich aus der Linea alba und den Muskelfaszien.

5.7.1 Symptomatik

Bei Stürzen wird das Sternum oft gestaucht, was zur Beeinträchtigung der Atmung, zu unerklärli-

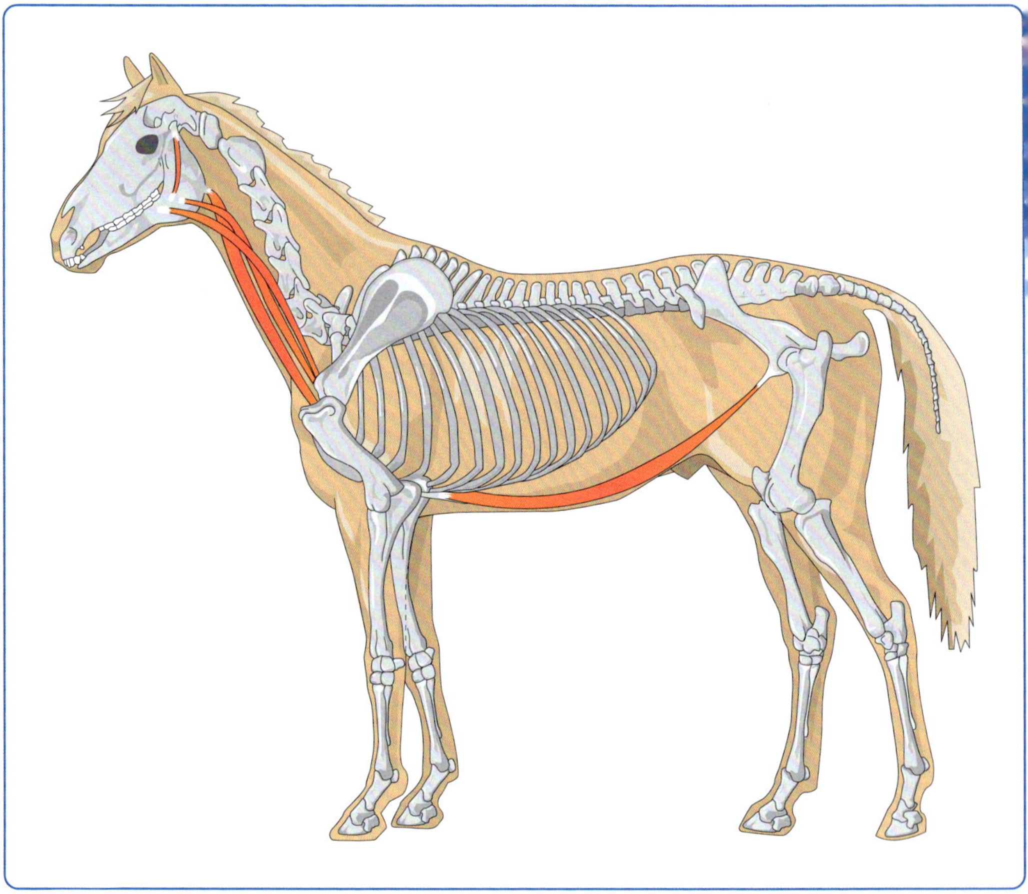

▸ **Abb. 5.23** Muskuläre Verbindungen des Sternums.

chem Lahmen der Vorhand, aber auch zu asthmaähnlichen Symptomen führen kann. Bei Blockierung der Thorax-Apertur darf das Sternum nicht vergessen werden.

5.7.2 Blockierungen des Sternums

Wie jeder Wirbel kann auch das Sternum in alle Richtungen blockiert sein. Häufig sind Läsionen in der Lateralflexion, d. h. durch unphysiologische Muskelzüge kommt es zu einer Seitwärtsbewegung oder einer Blockierung der Flexions- oder Extensionsbewegung (▸ Abb. 5.24 und ▸ Abb. 5.25).

5.7.3 Test und Korrektur

Das Sternum folgt den Extensions-Flexions-Bewegungen des kraniosakralen Systems. Über die Mus-

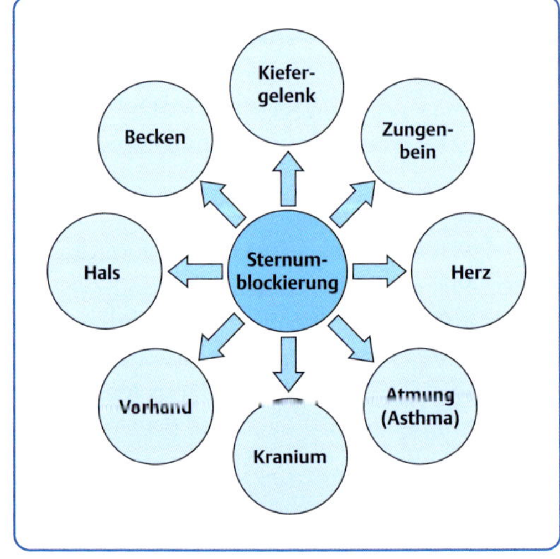

▸ **Abb. 5.24** Auswirkungen der Sternumblockierungen.

keln steht es mit diesem System in Verbindung. Bei muskulären Restriktionen ist einerseits das Sternum, andererseits der Unterkiefer und das kraniale System blockiert. Ein blockiertes Sternum wiederum hat ebenso Auswirkungen auf das Kranium.

Das Sternum weist dieselben Läsionen wie die SSB (S. 132) auf. So finden wir z. B. bei einer Seitneigungsläsion der SSB auch eine Seitneigung des Sternums. Die wichtigste Verbindung zum kranialen System besteht über die Faszien. Ignatio Tambè, Doktor der Osteopathie und Pionier der Applied Kinesiology, meint sogar, man müsste aufgrund der Wichtigkeit des Sternums die kraniosakrale Therapie in „kranio-sakro-sternale Therapie" umbenennen. Myofaszial Release (S. 106) der am Sternum ansetzenden Muskeln vervollständigt die Behandlung.

Die Sternum-Behandlung erfolgt in 2 Schritten.

Passive Prüfung der Flexions-Extensions-Bewegung

Mit 2 Händen wird Kontakt zu Basis (Manubrium) und Spitze (Xiphoid) des Sternums aufgenommen (▶ Abb. 5.25). Der Therapeut fühlt sich in die Flexions-Extensions-Bewegung hinein (passive Prüfung) und korrigiert indirekt. Dies tut er, indem er mit der besseren Beweglichkeit bis zur Barriere mitgeht und auf das Release wartet, bevor er die zuvor blockierte Bewegung aktiviert.

Aktive Prüfung der lateralen Beweglichkeit

Es wird Kontakt zum Manubrium aufgenommen und geprüft, ob eine laterale Beweglichkeit vorhanden ist (▶ Abb. 5.26). Bei einer unphysiologischen Seitwärtsbewegung wird dieser gefolgt und indirekt korrigiert.

Fallbeispiel

Ein 8-jähriges Springpferd ging seit ca. einem halben Jahr, nach Abräumen eines Planken-Sprungs, vorne rechts lahm. Die bisherigen Untersuchungen ergaben kein konkretes Ergebnis.

Osteopathisch wurde außer einigen blockierten Halswirbeln und einer Blockierung des Iliosakralgelenks zunächst nichts festgestellt. Nach Wirbel- und Beckenkorrektur trat eine Verbesserung ein, die aber nicht befriedigte. Bei der 2. osteopathischen Überprüfung konzentrierten wir uns auf die Faszien der vorderen Extremitäten und stellten myofasziale Restriktionen vom Fesselgelenk aufwärts fest. Es trat eine weitere Verbesserung ein.

Erst die Behandlung des Sternums, das bei dem Aufprall gegen die Planken in einer Rotationsläsion blockiert war, brachte die Lösung. Das Pferd ging von diesem Zeitpunkt an lahmfrei.

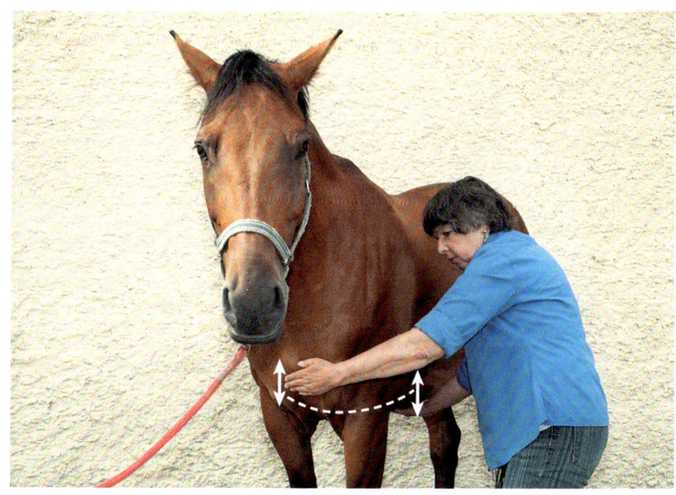

▶ **Abb. 5.25** Korrektur des Sternums. Prüfung der Flexions-Extensions-Bewegung.

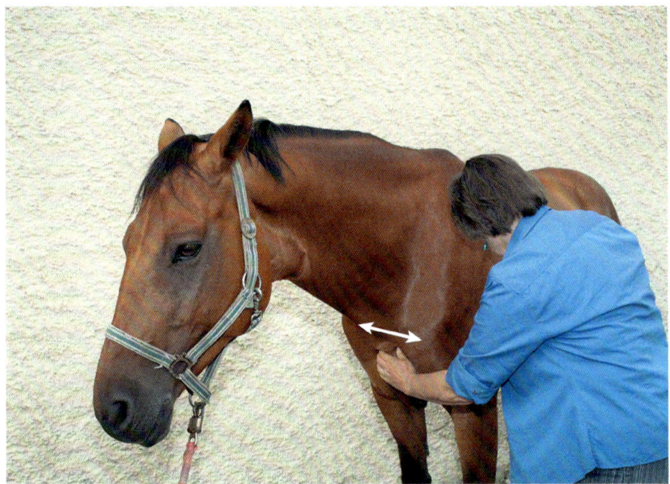

▶ **Abb. 5.26** Korrektur des Sternums. Prüfung der lateralen Beweglichkeit.

5.7.4 Zusätzliche Maßnahmen

- Korrektur von Kiefergelenk und Os hyoideum
- Lösen des Atlantookzipitalgelenks
- Behandlung des Zwerchfells
- Entspannung der Halsmuskeln
- Entspannung von M. subclavius, M. pectoralis descendens und M. profundus
- Ausstreichen der Interkostalmuskeln wirkt sehr positiv

5.8 Sakrum

„Kraniosakral" bedeutet „Schädel" (Kranium) und „Kreuzbein" (Sakrum). Das Sakrum besteht beim Pferd aus 5–7 Kreuzwirbeln, die in den ersten 5 Lebensjahren miteinander verwachsen. Es ist die direkte Verbindung über den Duraschlauch zum Schädel, insbesondere zum Os occipitale (S. 133) und zur SSB (S. 132). Die lateinische Bezeichnung „Os sacrum" bedeutet „heiliger Knochen". Den Namen trägt das Kreuzbein zu Recht, da es ein wesentlicher Schlüsselknochen für die gesamte Körperstatik und Motorik ist. Im Kraniosakralrhythmus neigt es sich leicht und richtet sich wieder auf. Beim normalen Gehen führt das Sakrum eine pendelnde Achterbewegung, Lemniskate, aus. Das stimuliert und kräftigt wiederum den Kraniosakralrhythmus.

5.8.1 Muskuläre Verbindungen

- M. glutaeus medius (mittlerer Kruppenmuskel)
- M. glutaeus profundus (tiefer Kruppenmuskel)
- M. multifides (Teil des Rückenstreckers)
- M. sacrococcygeus (Schwanzheber)

5.8.2 Bewegung des Sakrums

- Das Sakrum vollzieht, wie die Knochen der Schädelmittellinie, eine Flexions-Extensions-Bewegung.
- In der Flexionsphase bewegt sich die Basis des Sakrums (kraniales Ende) nach dorsal, die Spitze nach ventral.
- In der Extension bewegt sich die Basis nach ventral, die Spitze nach dorsal (▶ **Abb. 5.27**).

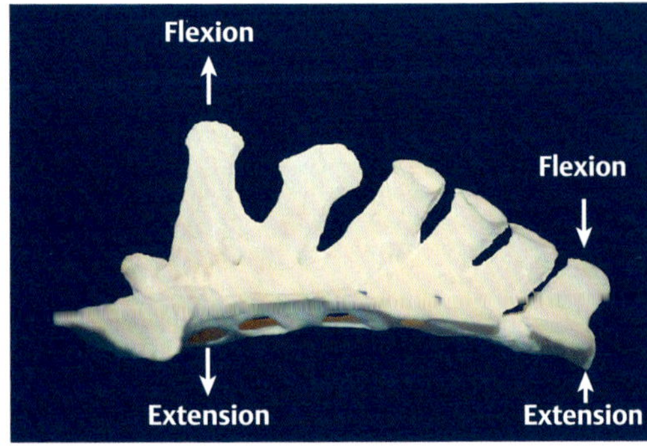

▶ **Abb. 5.27** Bewegung des Sakrums.

Kranielle Läsionen sind meist verbunden mit Läsionen am Sakrum. Auch Blockierungen des Atlas und des Sakrums hängen zusammen. Bei einer lateralen Blockierung des Atlas liegt auch meist ein lateraler Sakrum-Fehler vor. Wenn eine Korrektur der SSB notwendig war, ist es ratsam, auch nach korrespondierenden Läsionen des Sakrums zu suchen.

Beispiel: Ein Lateral Strain der SSB korrespondiert mit einer lateralen Blockierung des Sakrums.

5.8.3 Läsionen des Sakrums

Primäre Läsionen des Sakrums sind meist auf Geburtstraumata, auf vorgeburtliche Komplikationen (z.B. Fehllagen) oder später auf Stürze zurückzuführen.

Die Palpation kann aktiv und passiv erfolgen. Ein geübter Osteopath wird seine Hand auf das Sakrum legen und die unphysiologischen Bewegungen fühlen (▶ **Abb. 5.28**).

Blockierungen des Sakrums behindern die Bewegung des Duraschlauches und wirken sich auf den Rücken und das Hüftgelenk aus. Durch komprimierte Nerven kann es zu einer Ischialgie kommen.

Anatomischer Zusammenhang

Ist das Sakrum blockiert, so ist auch das Iliosakralgelenk blockiert.

Ein **fixiertes Sakrum**

- wirkt sich auf das Gleichgewicht und die Beweglichkeit der gesamten Wirbelsäule aus,
- blockiert die Übertragung der Antriebskraft der Hinterbeine auf das ganze Gebäude,
- blockiert das Iliosakralgelenk.

5.8.4 Flexionsblockierung

Diese tritt ebenfalls gemeinsam mit der sphenobasilären Flexionsläsion auf. Das Sakrum ist in seiner kraniosakralen Bewegung in der Flexion (die kranial gelegene Basis des Sakrums nach oben, das kaudale Ende nach unten) fixiert. Das heißt, die Flexionsbewegung ist stärker wahrzunehmen, die Extensionsbewegung schwach oder gar nicht.

Die Pferde haben oft einen harten, verspannten Rücken, die Kruppe ist abgesunken, die hinteren Extremitäten stehen zu weit unter dem Körper.

Meist ist die Läsion mit einem gekippten Becken kombiniert. Dadurch verändert sich der Winkel im Hüft- und Kniegelenk. M. semimembranosus und M. tendinosus sind oft hyperton, der M. psoas zu schwach.

Test und Korrektur

Die Flexionsbewegung des Sakrums ist deutlich stärker zu spüren, die Extensionsbewegung gar nicht oder sehr schwach. Es wird der Richtung der

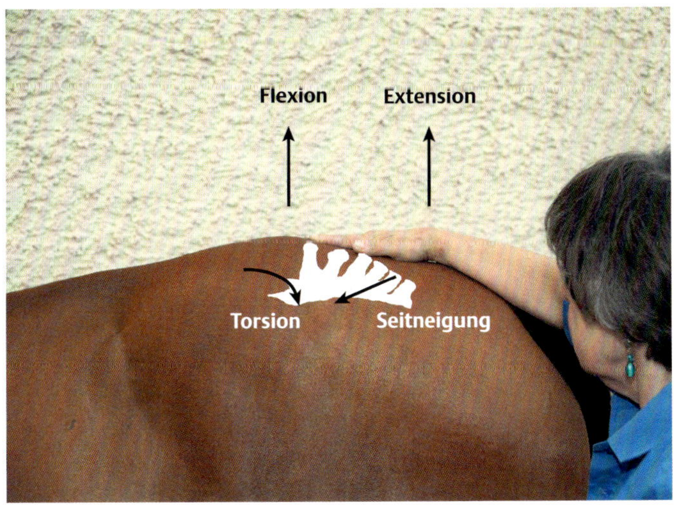

▶ **Abb. 5.28** Palpationsbefund der Bewegung des Sakrums.

besseren Beweglichkeit gefolgt und die Blockierung bis zum Release verstärkt, bis beide Bewegungen gleich stark sind.

Alternativ kann mit der direkten Technik gearbeitet werden, indem ein sanfter Druck auf das kraniale Ende des Sakrums ausgeübt wird. Bei der Extensionsblockierung umgekehrt.

5.8.5 Extensionsblockierung

Die Extensionsblockierung des Sakrums tritt zusammen mit der sphenobasilären Extensionsläsion auf und sollte auch zusätzlich geprüft werden. Bei dieser Blockierung ist das Sakrum in der Extensionsbewegung „stehen geblieben". Das heißt, das kaudale Ende des Sakrums ist nach oben, das kraniale Ende (Basis) nach unten (ventral) fixiert. Oft zeigt sich diese Fixierung schon bei der Adspektion im waagerecht stehenden Sakrum. Die Pferde neigen zum Senkrücken und haben oft einen staksigen Gang, der Schub aus der Hinterhand ist eingeschränkt.

Test und Korrektur

Die Hand liegt so auf dem Sakrum, dass die Fingerspitzen auf dem kranialen, die Handballen auf dem dorsalen Ende des Sakrums liegen. Die Konzentration ist auf die horizontale Kippbewegung des Sakrums gerichtet.

Bei der Extensionsblockierung des Sakrums ist die Extensionsbewegung stark, die Flexionsbewegung schwach oder nicht zu spüren. Man kann den Eindruck als einen magnetischen Zug an der Spitze des Sakrums nach oben beschreiben.

Wie bei den Läsionen des Schädels folgen wir der Bewegung, gehen in die Blockierung hinein und lösen sie durch Exaggeration der Extension. Das heißt, wir verstärken die Extension und wiederholen den Vorgang, bis die Flexions- und Extensionsbewegungen gleich stark sind.

Alternativ kann direkt korrigiert werden, indem wiederholt ein sanfter Druck auf das kaudale Ende des Sakrums ausgeübt wird.

5.8.6 Seitneigungsblockierung

Die laterale Blockierung des Sakrums tritt oft zusammen mit der sphenobasilären Lateralläsion auf. Meist ist sie kombiniert mit einer Blockierung des Iliosakralgelenks und einer Lateralflexion des Beckens.

Test und Korrektur

Beim Auflegen der Hand entsteht der Eindruck eines schief stehenden Sakrums, wobei sich die Verschiebung sowohl auf das kraniale als auch auf das kaudale Ende des Sakrums beziehen kann. Es entsteht das Gefühl, die Hand liege zwar in der horizontalen Ebene gerade auf dem Sakrum, aber Fingerspitzen oder Handballen würden zur Seite „gezogen".

Die Korrektur geschieht indirekt durch sanften Schub weiter in die laterale Position.

5.8.7 Torsionsblockierung

Die Torsionsläsion des Schädels ist oftmals kombiniert mit einer seitlichen Kippung des Sakrums. Auch bei dieser Läsion finden wir häufig ein blockiertes Iliosakralgelenk und/oder eine Beckenrotation.

Test und Korrektur

Beim Auflegen der Hand entsteht der Eindruck der zur Seite gekippten Hand. Die Korrektur geschieht indirekt durch Verstärkung der Kippung.

5.8.8 Zusätzliche Maßnahmen

! Bei allen Läsionen des Sakrums ist es sinnlos, nur die Sakrum-Blockierung zu behandeln. Muskuläre und fasziele Techniken, Behandlung des Iliosakralgelenks und des Beckens gehören unbedingt dazu.

Zusätzliche Maßnahmen:

- Faszienmassage (S. 104) des M. glutaeus (Kruppenmuskel)
- Entspannung der Unterschenkelflexoren
- indirekte Stärkung des M. psoas direkt und indirekt über neurolymphatische Reflexzonen
- Korrektur des Iliosakralgelenks
- Korrektur des Beckens
- Dekompression des lumbosakralen Übergangs

5.9

Lumbosakrale Blockierungen

Die Blockierung im lumbosakralen Übergang (Übergang zwischen Lendenwirbel und Sakrum) ist mit der Kompression der SSB (S. 156) zu vergleichen. Verspannung der Rückenmuskeln und der Intervertebralmuskeln behindern die Bewegung in diesem Bereich. Probleme beim Reiten sind mit der Blockierung des Iliosakralgelenks zu verwechseln.

Ursachen können sein:

- Fehlhaltungen
- Traumata
- Reitweise
- Hyperflexion der Halswirbelsäule durch die Übertragung der Muskelspannung nach hinten
- schlecht sitzender Sattel
- falscher Schwerpunkt des Reiters

5.9.1 Symptomatik

Symptome, die bei einer lumbosakralen Blockierung auftreten können, sind:

- mangelnder Schub aus der Hinterhand
- verkürzter Schritt
- steife Hinterhandbewegung
- Probleme beim Galopp
- Extensions-Flexions-Reflextest funktioniert nicht (Rücken heben)
- kaum oder keine Lateralflexion der Lendenwirbelsäule

5.9.2 Korrektur

Lumbosakrale Dekompression

Diese Technik ähnelt dem Okziput Release, ist aber eine indirekte Methode, mit der der Übergang zwischen Lendenwirbel und Sakrum gelöst wird. Auch hier gibt es oft Verspannungen, die zur Unbeweglichkeit dieses Bereichs führen.

Man legt eine Hand auf die letzten Lendenwirbel, sodass die Fingerspitzen nach kaudal gerichtet sind, die andere Hand liegt auf dem Sakrum, die Fingerspitzen berühren sich. Eine Hand fixiert die Lendenwirbel, die andere Hand übt zunächst einen nach kranial gerichteten Druck aus. Dann ziehen beide Hände das Sakrum nach kaudal, bis ein Gefühl von Nachgeben entsteht.

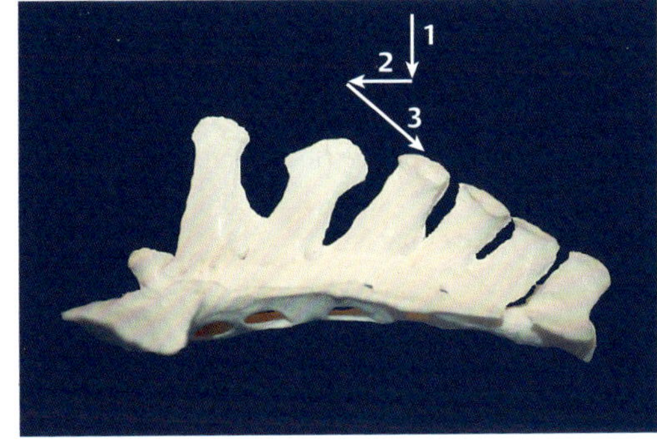

▶ **Abb. 5.29** Lumbosakrale Dekompression.
1 Druck nach ventral **2** Druck nach kranial (Kompression)
3 Druck nach kaudal (Dekompression)

Wenn nach dieser Technik keine befriedigende Verbesserung eintritt, wird der Vorgang wiederholt. Dann aber mit dem Unterschied, dass beim 1. Schritt ein Druck nach ventral, anschließend nach kranial (Kompression) und zum Schluss nach kaudal (Dekompression) ausgeübt wird (▶ **Abb. 5.29**).

5.10

Blockierungen des Iliosakralgelenks

Das Iliosakralgelenk (ISG) oder Kreuzdarmbeingelenk ist die durch starke Bänder (Lig. sacrotuberale und Lig. sacroiliaca) gewährleistete gelenkähnliche Verbindung zwischen Sakrum und Beckenknochen (▶ **Abb. 5.30**). Es ist ein sehr straffes Gelenk mit minimalem Knorpelüberzug und einer Synovialmembran. Es verfügt über eine raue Oberfläche und Bindegewebsfasern, die den Gelenkspalt überbrücken. Durch diese ligamentäre Verbindung

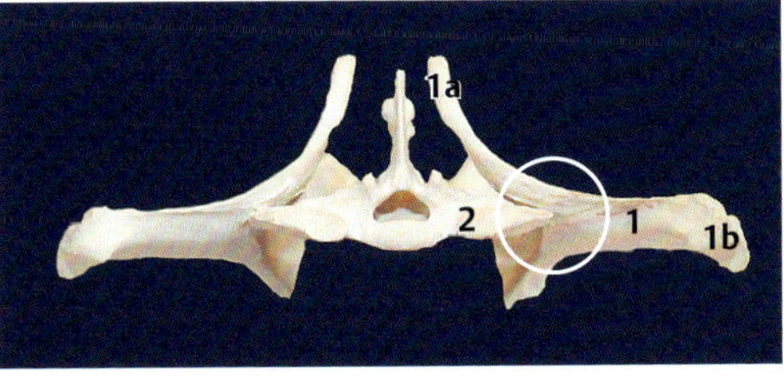

▶ **Abb. 5.30** Iliosakralgelenk.
1 Os ilium (Darmbein) **1 a** Tuber sacrale (Kreuzbeinhöcker)
1 b Tuber coxae (Hüfthöcker) **2** Kreuzbein (Sakrum)

werden Sakrum und Becken zu einem Ring verbunden. Die Elastizität der Bänder gewährleistet einerseits die Festigkeit, andererseits eine federnde Wirkung, die für die Übertragung von Bewegungsimpulsen von den Beckengliedmaßen auf den Rumpf notwendig ist.

5.10.1 Symptomatik

Eine ISG-Blockierung liegt oft auf der Seite, auf der das Pferd besser geht. Auf dem Zirkel müsste das innere Hüftbein niedriger sein, gleichzeitig sollte das Pferd besser untertreten. Ist es aber höher, so ist innen die blockierte Seite. Typisch für eine ISG-Blockierung ist auch ein ständiger Wechsel zwischen Lahmheiten und Rückenproblemen oder ein ständiges Schiefhalten der Kruppe. Springt ein Pferd im Galopp dauernd um oder es springt nur im Kreuzgalopp an, steht dies im Zusammenhang mit einer Schiefstellung im Becken. Werden Rückenprobleme behoben, ist oft das Bedürfnis, vorwärts zu rennen, weg.

Ein blockiertes ISG blockiert das Rektum und umgekehrt. Das Äpfeln nach ISG-Lösung ist immer ein gutes Zeichen. Mit diesen ISG-Blockierungen sind manchmal harte Stellen im Muskel seitlich des Schweifansatzes oder seitlich des Sakrums kombiniert.

Häufig haben Rückenschmerzen auch ihren Ursprung in den Iliosakralgelenken. Meist liegen funktionelle Störungen vor, hervorgerufen durch Muskelspannungen, Fehlhaltungen oder Traumata. Über 80 % aller Reitpferde haben eine ISG-Blockierung. Sehr viele dieser Blockierungen entstehen bereits bei der Geburt, im Fohlen- und Aufzuchtalter. Unfälle und Ausrutscher sind weitere Ursachen.

Hauptwirkungen eines blockierten Iliosakralgelenks sind:

- Widersetzlichkeiten
- schiefer oder peitschender Schweif
- Anspringen im Kreuzgalopp
- Umspringen in Kreuzgalopp
- starke Beanspruchung der Beingelenke
- Hahnentritt, wenig Schwung der Hinterhand
- Lahmheit (Vorder- und Hinterhand)
- steifer Rücken
- Schiefhalten der Kruppe
- ständiger Wechsel zwischen Lahmheiten und Rückenproblemen
- Probleme beim Biegen in engen Windungen, unwilliges Rückwärtsrichten
- Schwund der Rückenmuskulatur

5.10.2 Test und Korrektur

Eine Hand fixiert den Tuber coxae (Hüfthöcker), die andere Hand zieht den Tuber ischiadicum (Sitzbeinhöcker) zum Körper des Therapeuten (▶ Abb. 5.31). Wenn das ISG frei ist, entsteht der Eindruck einer elastischen, biegsamen Bewegung. Beim blockierten ISG ist keine Bewegung spürbar.

Praxistipp

Wichtig bei diesem Test ist der Zug am Sitzbein. Wenn nur an der Muskulatur gezogen wird, entsteht immer das Gefühl von Bewegung, auch wenn keine vorhanden ist.

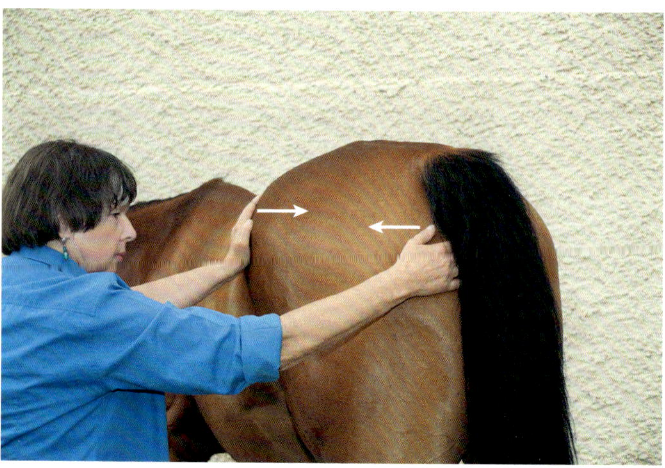

▶ **Abb. 5.31** Prüfgriff für das Iliosakralgelenk.

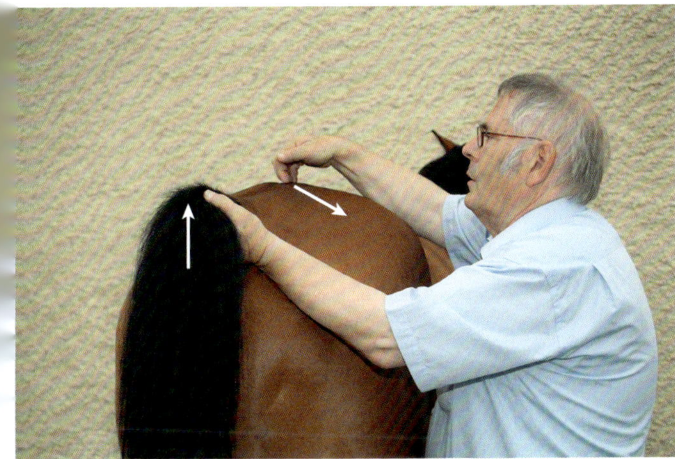

▶ Abb. 5.32 Korrektur des Iliosakralgelenks.

Osteopathen und Chiropraktiker lösen die ISG-Blockierung meist durch chiropraktische Techniken. Osteopathisch wird das ISG befreit, indem der Tuber sacrale (Kreuzbeinhöcker) sanft nach lateral „gezogen" wird, während gleichzeitig durch Heben des Schweifes das Sakrum nach ventral gekippt wird (▶ Abb. 5.32). Eine weitere Möglichkeit besteht in der energetischen Behandlung mit **Farbpunktur** von Akupunkturpunkten des Blasenmeridians, wie sie in der „Energetischen Behandlung des Pferdes nach Salomon" angewendet wird.

5.10.3 Zusätzliche Maßnahmen

- Myofaszial Release und Faszientechnik im Bereich der Kruppenmuskulatur (Konzentration ist auf die Ligamente gerichtet).
- Oft ist die Blockierung des ISG mit Läsionen des Beckens kombiniert: Rotationen, Lateralflexionen u. Ä. führen zwangsläufig auch zur Fixierung des ISG. Idealerweise sollten neben dem ISG auch die anderen Läsionen behandelt werden.

5.11 Blockierungen des Beckens

Neben der Blockierung des ISG und den Sakrum-Blockierungen sind oft Blockierungen des Beckens anzutreffen. Das Becken ist hierbei rotiert oder lateral flektiert. Der dabei entstehende Zug auf die Ligamente blockiert das ISG.

Praxistipp

Nach einer Beckenkorrektur ist die ISG-Blockierung oft aufgehoben.

Wenn die ISG-Korrektur nicht die gewünschte Besserung bringt oder wenn sie nach kurzer Zeit immer wieder auftritt, ist das Becken die Ursache. Wenn die am Becken ansetzenden Muskeln kontrahieren, ziehen sie das Becken in eine Läsion (▶ Tab. 5.4).

5.11.1 Lateralflexion

Bei dieser Läsion ist der gesamte Beckenring in der horizontalen Ebene verdreht. Der Hüfthöcker und das Sitzbein (Os ischium) einer Seite sind nach kranial, auf der anderen Seite nach kaudal verschoben (▶ Abb. 5.33). Die Ursachen sind Stürze zur Seite oder Stoßen mit dem Hüfthöcker gegen ein Hindernis (z. B. eine Tür). Auch organische Ursachen wie Probleme im Urogenitaltrakt kommen infrage.

Symptomatik

- Das Pferd steht hinten nicht rechtwinklig. Es wirkt „verschoben". Es trägt den Schweif zu der Seite, auf der das Sitzbein und das Hüftbein mehr kranial stehen.
- Der Trab erfolgt auf 2 Hufschlägen.
- Bei der Adspektion ist zu erkennen, dass sich beide Hüfthöcker zwar auf einer Höhe befinden, aber einer weiter kranial und der gegenüberlie-

Tab. 5.4 Beteiligte Muskeln bei Beckenfehlern.

Muskel	Lage/Funktion
M. obliquus internus abdominis	Der innere schräge Bauchmuskel entspringt am Tuber coxae und am Leistenband, geht fächerförmig zu den letzten Rippen und geht dann teilweise in den M. rectus abdominis über.
M. rectus abdominis	Der gerade Bauchmuskel stellt die direkte Verbindung zwischen Sternum und Becken her.
M. glutaeus profundus	Der tiefe Gesäßmuskel entspringt an der Spina ischiadica des Hüftbeins und endet am Oberschenkelknochen.
M. glutaeus medius	Der mittlere Gesäßmuskel entspringt am Sakrum, liegt dem Darmbeinflügel auf und zieht zum Trochanter major des Oberschenkels.
M. iliopsoas	Der Lenden-Darmbein-Muskel setzt sich aus 2 Teilen zusammen: • M. psoas major, der Lendenteil, entspringt seitlich an den Körpern der Lendenwirbel. • M. iliacus, der Darmbeinanteil, entspringt am Darmbeinflügel und der Darmbeinsäule. Beide Teile ziehen gemeinsam zum Trochanter minor des Oberschenkels und sind für die Protraktion des Hinterbeins zuständig.
M. tensor fasciae latae	Der Spanner des Oberschenkels entspringt am äußeren Winkel des Hüfthöckers und zieht sowohl zur Kniescheibe als auch zum Oberschenkel. Bei einer Verkürzung zieht er das Becken in die Rotation.
Adduktoren	Die Adduktoren sind die Muskelgruppe an der Innenseite des Oberschenkels. Sie ziehen von der Innenseite des Knies zum Becken.
M. obturatorius internus und M. obturatorius externus	Diese Muskeln ziehen von der Innenseite des Beckens zum Oberschenkel. Sie bewegen den Oberschenkel nach außen.
M. quadratus lumborum	Dieser zieht von den letzten Brustwirbeln entlang der ventralen Fläche der Querfortsätze der Lendenwirbel zum Sakrum. Seine Verkürzung bewirkt eine Lateralflexion des Beckens.
M. psoas minor	Dieser zieht vom letzten Brust- und 1. Lendenwirbel zum Schambein. Er ist wichtig für die Beugung der Hüfte.
M. tensor fasciae latae	Dieser entspringt am Hüfthöcker und zieht einerseits zum Oberschenkel, andererseits zur Kniescheibe. Seine Verkürzung bewirkt eine Beckenrotation.

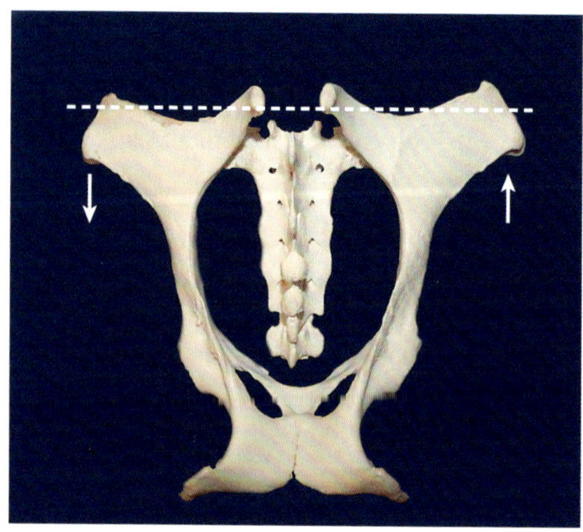

Abb. 5.33 Lateralflexion des Beckens (rechts kranial). Ansicht von oben.

gende weiter nach kaudal steht. In der Rückenlinie ist häufig eine Skoliose im Bereich der Lendenwirbelsäule vorhanden.

Test

Becken-Prüfgriff

Wenn die Verschiebung nicht deutlich zu erkennen ist, zeigt dieser Test die Beckenstellung.

Variante 1 Daumen und Zeigefinger der einen Hand berühren die beiden Tubera sacralia (Kreuzbeinhöcker) des Darmbeins und bilden ein „Tor“. Der Zeigefinger der anderen Hand gleitet auf den Dornfortsätzen der Lendenwirbelsäule auf das Tor zu (▸ Abb. 5.34). Wenn das Becken gerade steht,

▶ **Abb. 5.34** Becken-Prüfgriff auf Lateralflexion. Variante 1.

▶ **Abb. 5.35** Becken-Prüfgriff auf Lateralflexion. Variante 2.

kommt der Finger in der Mitte zwischen Daumen und Zeigefinger an. Bei einer Beckendrehung nach rechts ist der rechte Kreuzbeinhocker näher an der Mittellinie, der Finger wird mehr rechts im Tor ankommen.

Variante 2 Eine andere Möglichkeit besteht darin, dass 2 Personen, die sich rechts und links des Pferdes befinden, ihre Hand von der Vorderkante des Tuber coxae (Hüfthöcker) rechtwinklig zur Wirbelsäule führen (▶ Abb. 5.35). Wenn sich die Hände nicht treffen, ist von einer Lateralflexion auszugehen.

Variante 3 Bei dieser Variante steht man hinter dem Pferd und legt die Hände auf die Tubera coxae (▶ Abb. 5.36).

Praxistipp

Diese Variante ist bei unruhigen Pferden und bei rossigen Stuten nicht ganz ungefährlich (Unfallgefahr).

Korrektur

Die Korrektur kann direkt oder indirekt erfolgen.

Direkte Technik

Eine Person schiebt den kranial stehenden Hüfthöcker nach kaudal, während die andere Person Druck gegen das Os ischium der gegenüberliegenden Seite nach vorne ausübt. Der Druck wird gehalten, bis sich die Gewebeentspannung einstellt.

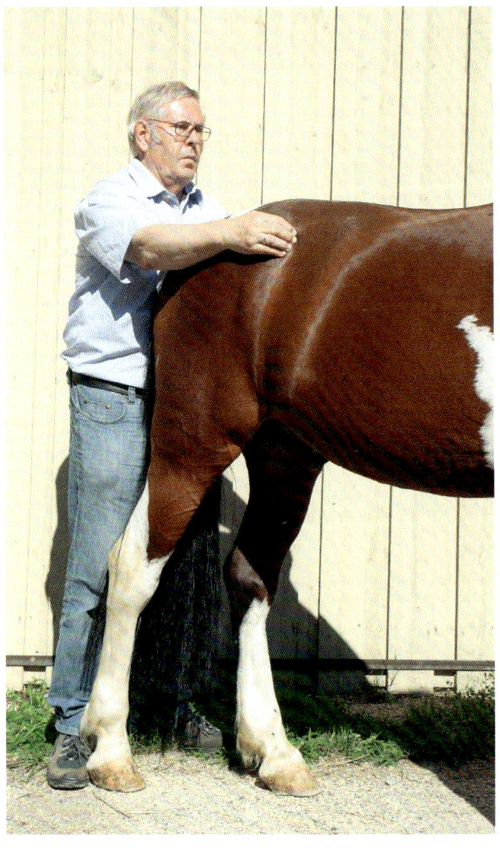

▶ **Abb. 5.36** Becken-Prüfgriff auf Lateralflexion. Variante 3.

Indirekte Technik

Im **1. Schritt** wird der kaudal stehende Hüfthöcker noch stärker nach kaudal, also in die Läsion hineingeschoben. Eine 2. Person schiebt währenddessen das Os ischium der gegenüberliegenden Seite nach vorne (▶ **Abb. 5.37a**). Im **2. Schritt** haben wir die gleiche Korrekturrichtung wie bei der direkten Technik: Eine Person schiebt den kranial stehenden Hüfthöcker nach kaudal, während die andere Person Druck gegen das Os ischium der gegenüberliegenden Seite nach vorne ausübt (▶ **Abb. 5.37b**). Der Druck wird gehalten, bis sich die Gewebeentspannung einstellt. Die Pferde reagieren sehr sensibel auf diese Korrektur. Oft entlasten sie eine Extremität und entspannen dadurch die Muskeln. Sie helfen sozusagen aktiv bei der Korrektur.

Zusätzliche Maßnahmen

- Die Bauchmuskeln auf der Seite des kranial stehenden Hüfthöckers werden entspannt, indem ihr Ansatz am Hüfthöcker kräftig massiert wird.
- Die Glutealmuskeln auf der Seite des kaudal stehenden Hüfthöckers werden entspannt, die gegenüberliegenden gestärkt.
- Die Mm. iliopsoas werden durch indirekte Techniken stimuliert.

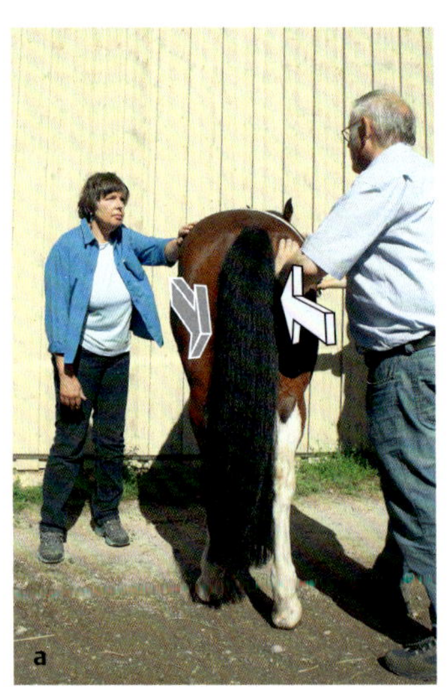

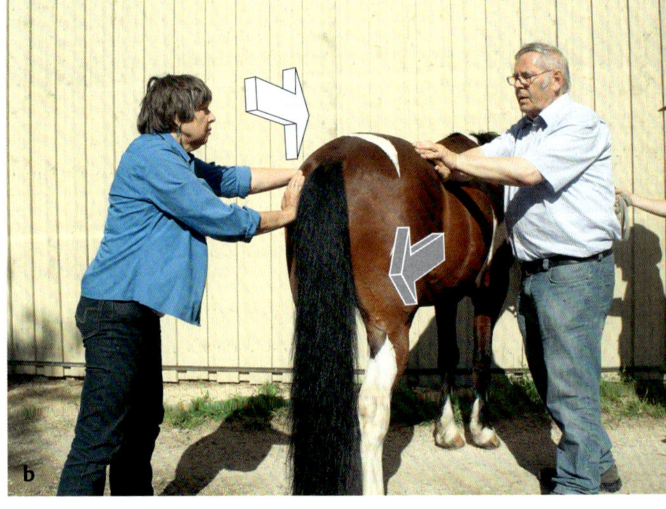

▶ **Abb. 5.37** Indirekte Korrektur der Lateralflexion des Beckens (rechts kranial).
a Schritt 1.
b Schritt 2.

- Der M. quadratus lumborum auf der Seite des kranial stehenden Hüfthöckers wird durch die Fasziendehnung (S. 105) für die Lendenmuskeln gedehnt.

5.11.2 Einseitige Hüftverdrehung

Im Gegensatz zur gerade beschriebenen Läsion ist hier das Os ilium nur auf einer Seite nach lateral flektiert. Diese Läsion entsteht, wenn das Pferd massiv mit dem Hüfthöcker gegen ein Hindernis (z. B. Türrahmen) stößt. Dabei wird nur das betroffene Os ilium nach lateral, das Os ischium nach medial verschoben.

Bei der Adspektion fällt auf, dass der betroffene Hüfthöcker mehr nach außen steht.

Symptomatik

Das Pferd stellt das betroffene Bein nach außen und hinten ab. Im Trab bleibt das Bein nicht in der Spur, im Galopp hat es Schwierigkeiten mit dem Seitenwechsel.

Pferde mit einer einseitigen Hüftverdrehung verletzen sich oft am gleichen Hüfthöcker. Aus dieser Situation heraus können sich Probleme mit dem Gleichgewicht entwickeln.

Korrektur

Wir legen die Hände, wie beim Prüfgriff für das ISG, hinter das Os ischium und gegen den Hüfthöcker auf der Seite, auf der der Hüfthöcker nach außen steht.

Die Hand am Os ischium zieht nach außen, die andere übt einen sanften, aber bestimmten Druck in Richtung der Normalposition aus und hält den Druck 2–3 min aufrecht. Wie bei allen osteopathischen Techniken warten wir auf das Gefühl des Erweichens des Gewebes. Sonst wird es eine rein mechanische Manipulation, die nicht das gewünschte Ergebnis bringt.

Alternativ kann auch mit der **indirekten Methode** korrigiert werden. Dazu wird beim 1. Schritt die Läsion „verstärkt" und erst beim 2. Schritt in die gewünschte Richtung korrigiert.

5.11.3 -Torsion

Bei der Beckentorsion oder -rotation ist das gesamte Becken nach lateral „gekippt" (▸ **Abb. 5.38**). Dabei ist meist das Sakrum mitbetroffen und zeigt sich als Torsionsfehler. Die Korrektur des Sakrums allein wird keinen Erfolg zeigen, wenn eine Kippung des Beckens die Ursache ist.

Eine Beckentorsion entsteht oft durch Sturz zur Seite oder durch seitliches Ausrutschen, aber auch durch starke muskuläre Spannungen, durch Reitfehler oder Überforderung.

Symptomatik

- Das Pferd hat Probleme beim Galopp.
- Beim Trab zeigt sich das Bild einer steifen Hinterhand. Es kommt kein Schub von hinten.
- Bei der Adspektion fällt auf einer Seite eine deutlich höhere Kruppe auf. Ein Hüfthöcker ist höher als der andere.

Test auf Torsion

Hinter dem Pferd stehend kann die Beckentorsion festgestellt werden, indem man die Hände auf die Hüfthöcker legt.

> **Praxistipp**
>
> Bei der Behandlung ohne 3. Person besteht erhöhte Unfallgefahr. Sicherer ist der Test zu dritt. Beide Personen legen ihre Hand waagrecht auf den Hüfthöcker (▸ **Abb. 5.39**). Eine 3. Person überprüft die Höhendifferenz.

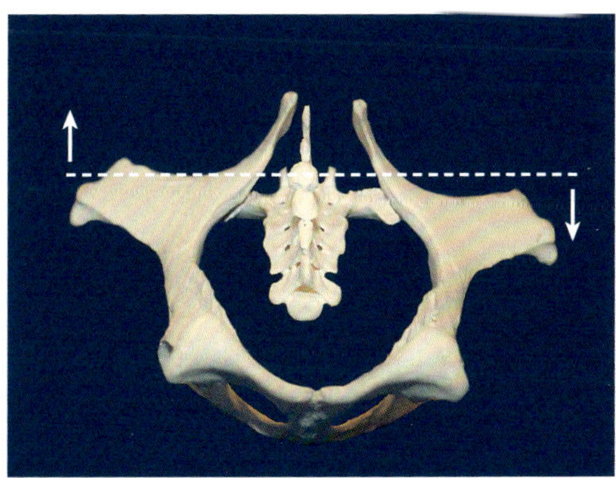

▸ **Abb. 5.38** Beckentorsion (links dorsal). Ansicht von hinten.

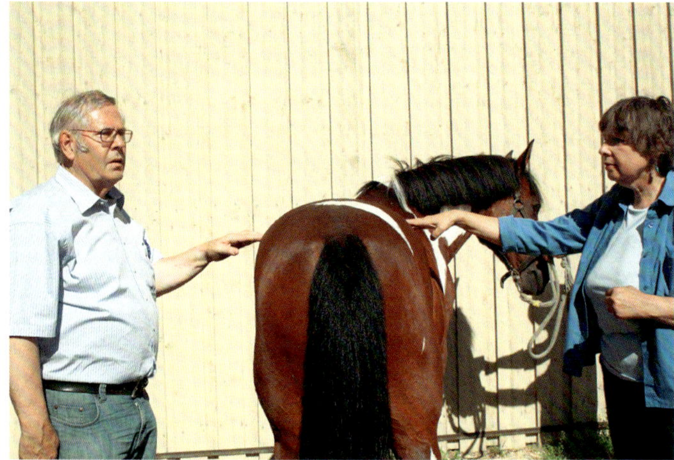

▸ **Abb. 5.39** Test auf Beckentorsion.

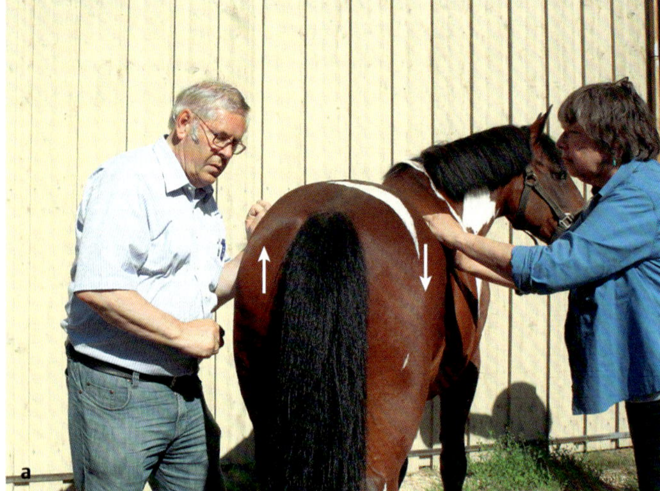

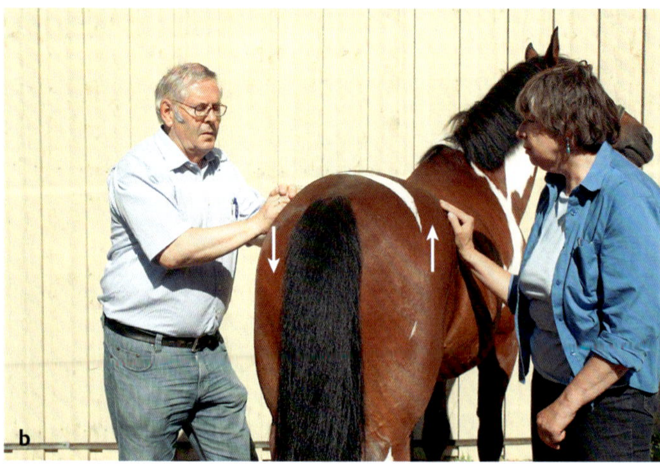

▸ **Abb. 5.40** Indirekte Korrektur der Beckentorsion (links dorsal).
a Schritt 1.
b Schritt 2.

Die effektivste Korrektur des Beckens ist die indirekte Methode. Hierbei wird in die Richtung, in der das Becken steht, sanft osteopathisch manipuliert. Im **1. Schritt** wird der dorsal stehende Hüfthöcker nach oben (dorsal) bewegt, der tiefer stehende nach unten (ventral, ▶ **Abb. 5.40a**). Erst im **2. Schritt** geschieht die Manipulation in die direkte Therapierichtung (▶ **Abb. 5.40b**).

Korrektur der Beckentorsion

Direkte Technik

Eine Person schiebt den dorsal stehenden Hüfthöcker nach ventral, während die andere Person auf der gegenüberliegenden Seite Druck nach oben ausübt. Der Druck wird gehalten, bis sich die Gewebeentspannung einstellt.

Indirekte Technik

Im **1. Schritt** mobilisiert eine Person den ventral stehenden Hüfthöcker noch mehr nach unten, eine 2. Person drückt den dorsal stehenden Hüfthöcker noch weiter nach oben. (▶ **Abb. 5.40a**). Im **2. Schritt** haben wir dieselbe Korrekturrichtung wie bei der direkten Technik: Eine Person schiebt den dorsal stehenden Hüfthöcker nach ventral, während die andere Person auf der gegenüberliegenden Seite einen Impuls nach oben ausübt (▶ **Abb. 5.40b**). Der Druck wird gehalten, bis sich die Gewebeentspannung einstellt. Die Pferde reagieren sehr sensibel auf diese Korrektur. Oft entlasten sie eine Extremität und entspannen dadurch die Muskeln. Sie helfen sozusagen aktiv bei der Korrektur.

Zusätzliche Maßnahmen

Der M. tensor fasziae latae wird auf der tiefer stehenden Seite durch die Spindelzelltechnik entspannt (▶ **Abb. 5.41**), auf der höheren Seite tonisiert. Der Tensor fasziae latae entspringt am Tuber coxae und zieht zum Knie. Ein hypertoner Tensor kann sowohl eine Beckenläsion als auch eine Knieblockierung verursachen. Bei Vorliegen einer Torsionsläsion ist die Überprüfung bzw. Behandlung des Knies sinnvoll.

Praxistipp

Bei Vorliegen einer Beckentorsion ist die Überprüfung des Kniegelenks sinnvoll.

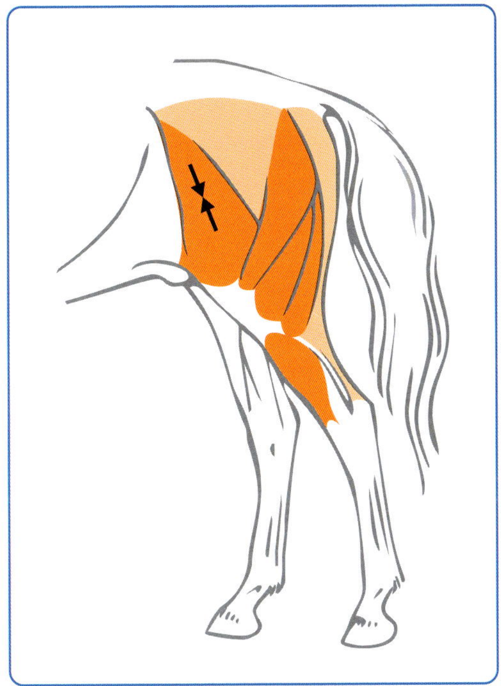

▶ **Abb. 5.41** Entspannung des M. tensor fasziae latae.

5.11.4 Beckenkorrektur muskulär

Bei allen Beckenläsionen sind Muskeln und Faszien beteiligt und sollten in die Behandlung mit einbezogen werden.

- M. obliquus internus abdominis
- M. rectus abdominis
- M. glutaeus profundus
- M. glutaeus medius
- M. iliopsoas
- M. psoas major
- M. Iliacus
- M. tensor fasziae latae
- Adduktoren

Die bei Beckenfehlern beteiligten Muskeln können direkt, indirekt oder faszial korrigiert werden.

5.11.5 Beinlängendifferenz

Verformungen der Wirbelsäule wie Skoliose oder Lordose gibt es auch beim Pferd. Die Ursachen sind wie beim Menschen unter anderem die Beinlängendifferenz. Hierbei handelt es sich aber in den seltensten Fällen um eine echte Differenz der Knochenlänge. Eine echte Beinlängendifferenz entsteht meist durch schlecht verheilte Brüche oder Wachstumsstörungen. Wir sprechen von einer funktionellen Beinlängendifferenz, die aus einer Beckentorsion verursacht sein kann. Daraus entsteht ein scheinbarer Unterschied der Beinlänge. Auch bei einer Lateralflexion des Beckens erscheint ein Bein kürzer. Veränderte Winkel in Hüft- und Kniegelenken lassen das Becken nach kranial oder kaudal kippen und zeigen uns eventuell eine Beinlängendifferenz. Gleiches passiert bei einem veränderten Winkel des Buggelenks und/oder veränderter Stellung des Schulterblatts (▶ **Abb. 5.42**). Oft wird vergessen, dass eine Beinlängendifferenz auch an den Vorderextremitäten auftreten kann.

Folgen sind Verdrehungen des Sternums sowie des gesamten Brustkorbs und damit Veränderungen in der Wirbelsäule, die durch Wirbelkorrekturen nicht zu beeinflussen sind. Häufige Ursache, die leider oft übersehen wird, sind unterschiedliche Hufe und/oder Trachten. In diesem Fall ist die Kooperation mit einem Huforthopäden sinnvoll.

Eine Beckenkorrektur ist zur Behebung einer Beinlängendifferenz beim Pferd unerlässlich. Die in der Dorn-Therapie vermutete Ursache der Hüftgelenks-Subluxation können wir nicht bestätigen. Auch beim Menschen sind die häufigste Ursache für Beinlängenfehler die vorgenannten Beckenfehler.

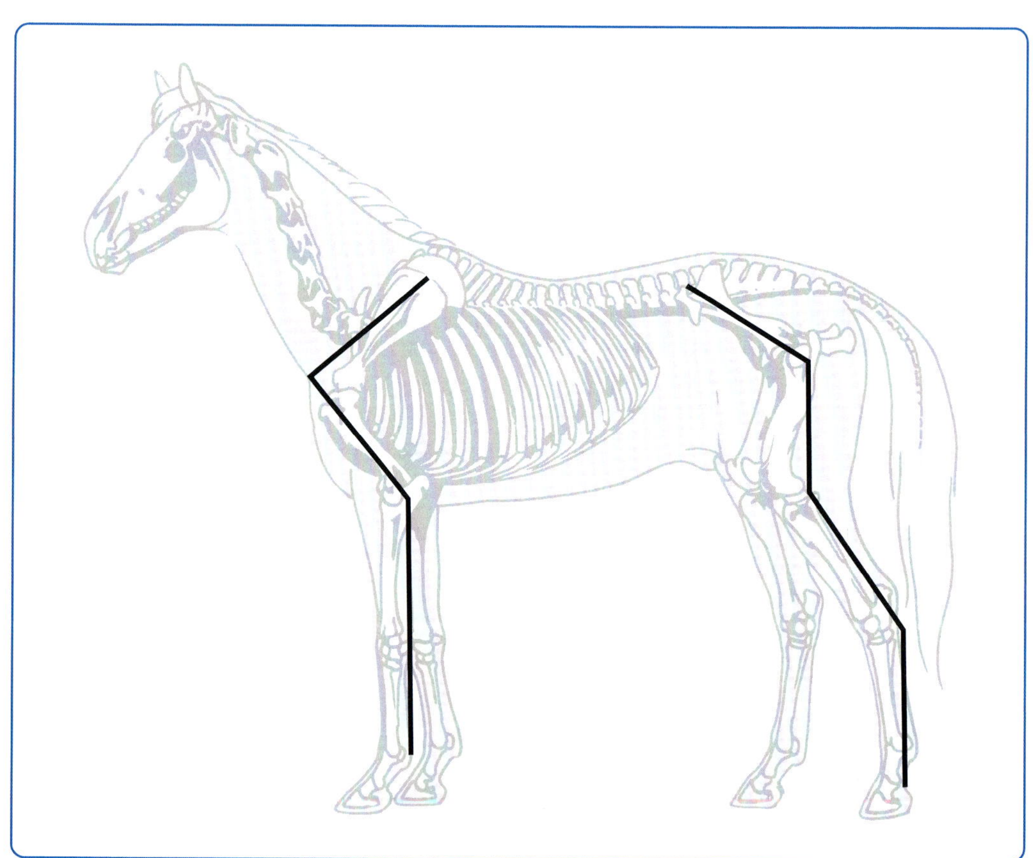

▶ **Abb. 5.42** Beinlängendifferenz. Veränderte Winkel in Hüftgelenk, Knie und Buggelenk verändern die Beinlänge.

5.12 Blockierungen der Gelenke

Die Osteopathie ist eine manuelle Methode, die im Gegensatz zur Chiropraktik mit sehr geringem Kraftaufwand Blockierungen in Gelenken korrigiert.

Dysfunktionen oder Blockierungen der Gelenke sind Zustände mit eingeschränkter Mobilität mit und ohne offensichtliche Fehlstellungen, aber auch Bereiche mit Hypermobilität. Nicht jede Funktionsstörung ist an einer Fehlstellung erkennbar. Diese Mobilitätsstörung wird durch den Osteopathen/Pferdeosteotherapeuten dank der **Mobilitätstests** wahrgenommen. Es gibt also eine Einschränkung des Bewegungsausmaßes, eine Fixierung, eine Gelenkblockierung. Man darf sich in keinem Fall eine komplette Verrenkung oder Verschiebung des Wirbels oder des Gelenks vorstellen. Diese würde eine so massive orthopädische Verletzung darstellen und eine derartig akute Symptomatik zeigen, dass sie nicht in den Kompetenzbereich eines Osteopathen/Pferdeosteotherapeuten fällt. Es ist also kein verschobener Wirbel oder ein verschobenes Gelenk, welches der Therapeut einrenkt, sondern er behandelt vielmehr Gelenke mit eingeschränkter Mobilität. Noch wichtiger, er behandelt die beteiligten muskulösen, faszialen und bindegewebigen Strukturen.

Entzündungen in Gelenken zeigen sich oft als Lahmheit. Manuelle und osteopathische Therapie ist in solchen Fällen erfolglos. Ursachen können Herde, Infekte sowie Stoffwechsel- und hormonelle Störungen sein. In solchen Fällen muss ursächlich behandelt werden.

5.12.1 Test und Mobilisierung der vorderen Extremitäten

Das Vorderbein wird aufgehoben und am Vorderfußwurzelgelenk abgewinkelt. Zunächst wird die Winkelung geprüft. Das Karpalgelenk sollte einen spitzen Winkel (Unterarm und Röhre) bilden. Das abgewinkelte Bein wird nach hinten bewegt. Bei trainierten, gesunden Pferden sollte der Ellbogen den Brustkorb berühren. Dann wird das gestreckte Bein nach vorne gedehnt, danach nach hinten und dabei auf eventuelle Widerstände geachtet. Zusätzlich wird die Bewegung des Schulterblatts beobachtet. Bei der Vorwärtsbewegung des Beins bewegt sich das Schulterblatt nach hinten, bei der Rückwärtsbewegung nach vorne. Wenn die Bewegung nach vorne eingeschränkt ist, wird indirekt korrigiert, indem das Bein nach hinten gehalten wird und umgekehrt. Bei der eingeschränkten Bewegung nach hinten verfahren wir umgekehrt. Bei diesem Vorgehen wird die beteiligte Muskulatur sanft gedehnt (▶ **Abb. 5.43**).

Auf dieselbe Weise können auch **Abduktion** und **Adduktion** geprüft und korrigiert werden. Dazu wird das angewinkelte Bein vorsichtig nach innen und außen bewegt und indirekt über die bessere Richtung korrigiert.

Bei allen Bewegungseinschränkungen der Vorhand müssen die Brustmuskeln behandelt werden, idealerweise durch Myofaszial Release (S. 107). Bei ungenügender Protraktion werden zusätzlich der M. latissimus dorsi und der kaudale Teil des M. trapezius durch die Spindelzelltechnik (S. 42) entspannt.

Vorderfußwurzelgelenk

Die Knochen des Karpalgelenks sind in zwei Reihen angeordnet. Sie stehen über knorpelige Gelenkflächen miteinander in Verbindung und werden durch feste Bänder stabilisiert.

Das Karpalgelenk macht eine Flexions-Extensions-Bewegung. Das Os pisiforme macht während der Flexion eine leichte Bewegung nach medial, es verhindert eine Berührung zwischen Unterarm und Röhre. Der Metacarpus macht eine Flexion und leichte Abduktion. Die anderen Knochen machen eine leichte Bewegung nach lateral (▶ **Abb. 5.44**).

Beim Vorderfußwurzelgelenk empfiehlt es sich, zusätzlich das laterale Gelenkspiel zu prüfen. Dazu wird das Gelenk abgewinkelt und die Röhre vorsichtig und sanft zur Seite bewegt. Bei ungenügender Bewegungsfreiheit wird indirekt korrigiert. Das Erbsenbein wird geprüft, indem man Kontakt zu ihm aufnimmt und gleichzeitig das Gelenk etwas bewegt. Ein blockiertes Erbsenbein ist oft die Ursache für eine eingeschränkte Bewegung im Gelenk. Das Erbsenbein wird indirekt korrigiert.

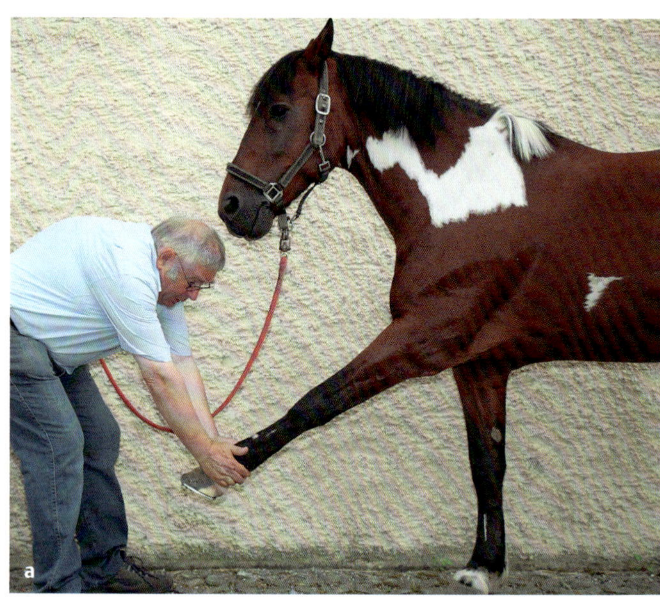

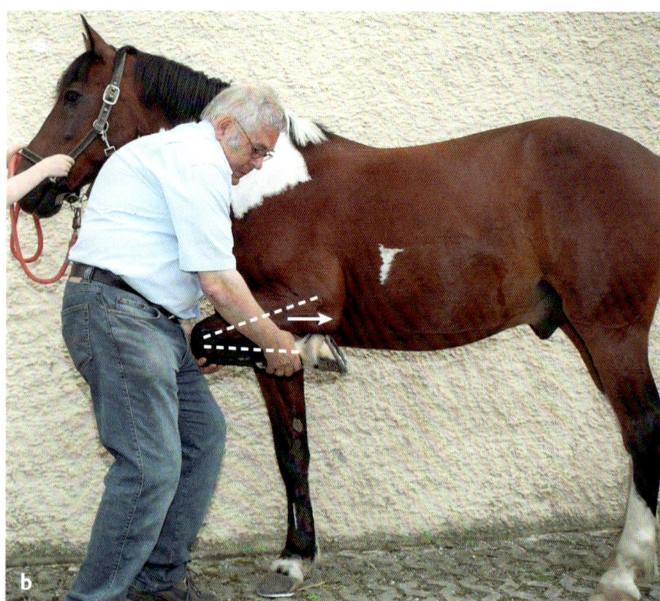

► Abb. 5.43 Test der vorderen Extremität.
a Protraktion.
b Retraktion und Winkelung des Karpalgelenks.

Praxistipp

Diese Korrekturen empfehlen sich immer, wenn das Karpalgelenk nicht klar, sondern lymphatisch verquollen ist. Dies ist nach Verletzungen dieses Gelenks häufig anzutreffen.

Fesselgelenk

Bei dieser Technik wird vor allem die Flexibilität der tiefen Beugesehne verbessert.

Wir nehmen das Bein auf und stabilisieren das Röhrbein mit einer Hand, mit der anderen Hand wird das Gelenk in Rotation, Beugung (Flexion) und Streckung (Extension) gebracht (► Abb. 5.45). Flexible Bänder und Sehnen erlauben eine gewisse Rotation, die für die Stoßdämpfung beim Auffußen

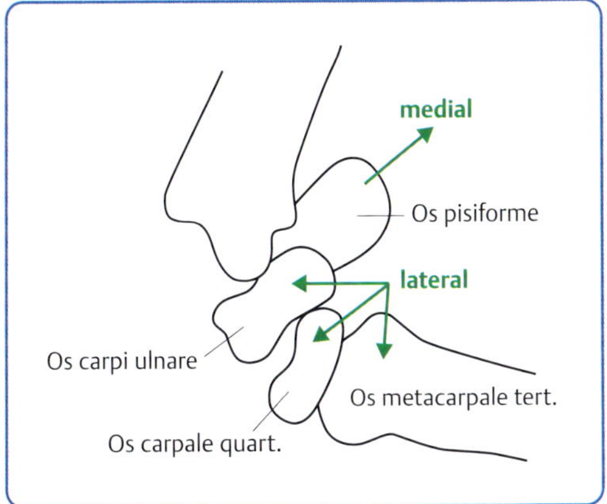

▸ **Abb. 5.44** Bewegung im Karpalgelenk. (nach Evrard P. Lehrbuch der strukturellen Osteopathie beim Pferd. Stuttgart: Enke; 2004 verändert von Brigitte Salomon)

wichtig ist. Bei mangelnder Stoßdämpfung kann es zu Sehnenschäden kommen.

Bei einer blockierten Bewegung versuchen wir nicht, weiter zu dehnen, sondern gehen zurück in die Richtung der besseren Beweglichkeit. Hier halten wir und warten auf die Gewebeentspannung, verstärken noch etwas in die freie Richtung und gehen erst dann wieder zurück in die vorher blockierte Bewegung. Dies wird gegebenenfalls einige Male wiederholt, bis die Streckung genauso gut möglich ist, wie Beugung und Rotation in beide Richtungen gleich weit möglich sind. Ebenso wird das Krongelenk getestet und behandelt. Dabei wird das Kronbein fixiert.

5.12.2 Test und Mobilisierung der hinteren Extremitäten

Das Bein wird aufgenommen und die Vorwärts- und Rückwärtsbewegung (Protraktion und Retraktion) geprüft. Bei gestrecktem Bein sollte sich auch die Zehe (Huf) strecken. Die Korrektur erfolgt indirekt. Wenn die Protraktion unbefriedigend ist, wird das Bein erst in die Retraktion gebracht und dort gehalten (▸ **Abb. 5.46a** und ▸ **Abb. 5.46b**). Zusätzlich werden die Hinterhandmuskeln M. semi-

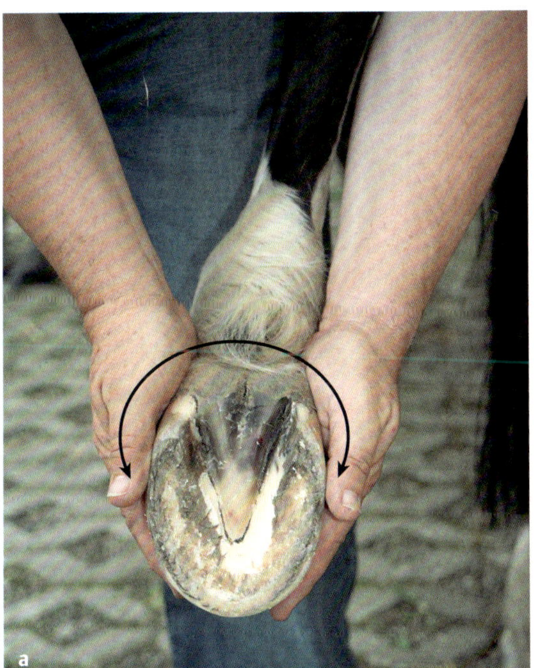

▸ **Abb. 5.45** Behandlung des Fesselgelenks.
a Rotation.
b Flexion.
c Extension.

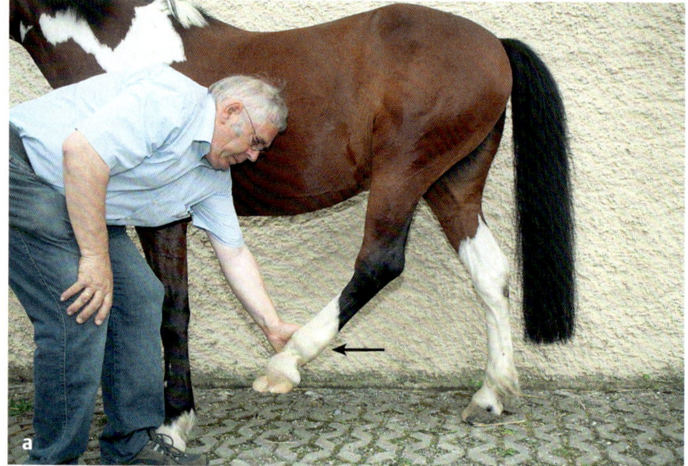

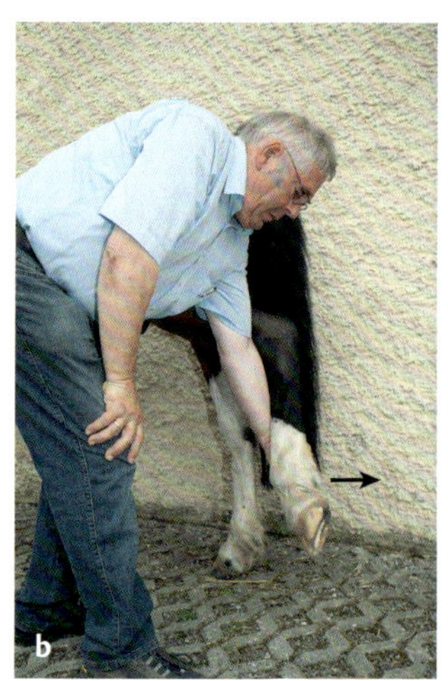

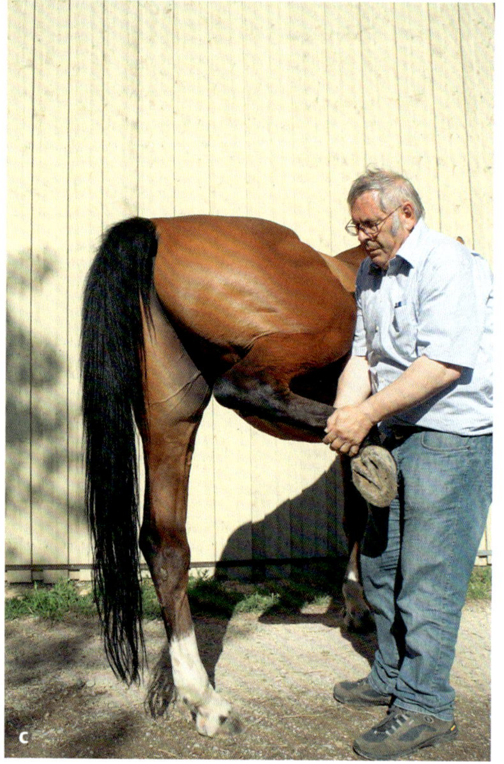

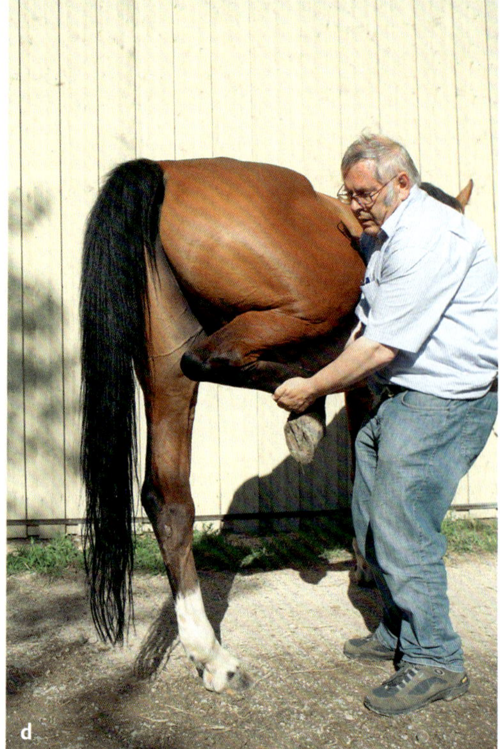

▸ **Abb. 5.46** Test der hinteren Extremität.
a Protraktion.
b Retraktion.
c Abduktion.
d Adduktion.

membranosus und M. semitendinosus durch die Faszienmassage (S. 104) gelockert und/oder durch die Spindelzelltechnik (S. 42) entspannt.

Bei unbefriedigender Retraktion wird das Bein in die Protraktion gebracht und dort bis zum Release gehalten. Zusätzlich wird der M. quadriceps femoris durch Myofaszial Release (S. 106) gelockert und der M. psoas durch indirekte Techniken entspannt oder gedehnt, indem das Hinterbein wie beim Test in die Retraktion gebracht und die Retraktion verstärkt wird.

Zur Prüfung und Korrektur der Abduktion und Adduktion wird das angewinkelte Bein nach innen bzw. nach außen bewegt und indirekt korrigiert, indem wie gewohnt die bessere Richtung bis zum Release gehalten wird (► **Abb. 5.46c** und ► **Abb. 5.46d**). Bei unbefriedigender Adduktion wird zusätzlich der M. tensor fasciae latae mit der Faszienmassage gelockert und/oder durch die Spindelzelltechnik entspannt.

Bei unbefriedigender Abduktion werden die Adduktoren an der Beininnenseite durch die Faszienmassage (S. 104) gelockert.

Sprunggelenk

Zur Prüfung des Sprunggelenks wird dieses vorsichtig gebeugt (► **Abb. 5.47**). Je nach Rasse muss ein spitzer Winkel möglich sein. Bei Springpferden sollte das Röhrbein den Unterschenkel berühren können. Springpferde, die das Sprunggelenk nicht optimal abwinkeln können, nehmen sehr oft über dem Sprung mit der Hinterhand die obere Hindernisstange mit. Wenn die Beugung eingeschränkt ist, gehen wir bis zur Barriere und warten bis zur Gewebeentspannung. Dann prüfen wir, ob die Bewegung nun größer geworden ist. Dies wiederholen wir einige Male.

Als zusätzliche Maßnahme empfiehlt sich die Faszienmassage der Hinterhandmuskeln bis hinunter zur Achillessehne.

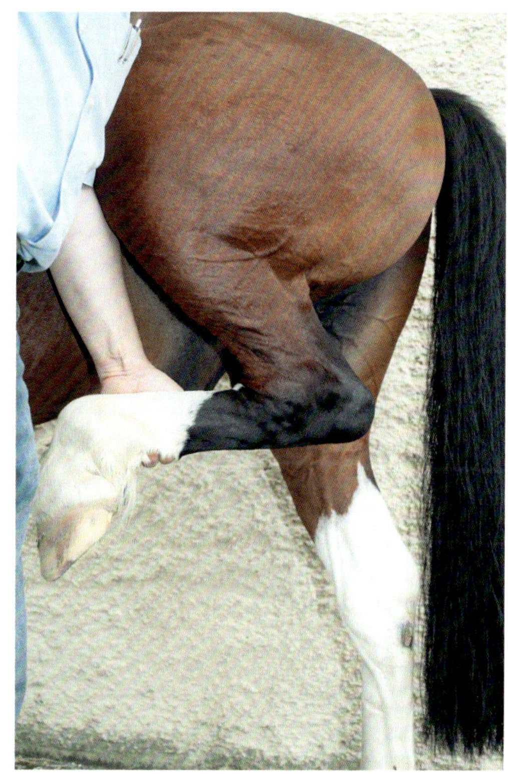

► **Abb. 5.47** Winkelung des Sprunggelenks.

Kniegelenk

Ziel dieser Behandlung ist es, die allgemeine Funktion und die Elastizität der beteiligten Bänder und Sehnen zu verbessern. Durch die Kompression wird die Produktion von Synovialflüssigkeit („Gelenkschmiere") angeregt.

Die Hauptbewegung des Knies ist die Flexion-Extension. In sehr geringem Ausmaß sind Rotations-, Abduktions- und Adduktionsbewegungen möglich. Der Femur (Oberschenkel) macht in der Flexion eine leichte Außenrotation, die Tibia (Schienbein) eine leichte Innenrotation. Die Patella (Kniescheibe) gleitet in der Flexion nach unten (► **Abb. 5.48**). Der M. quadriceps femoris läuft vom Oberschenkel über die Kniescheibe zum Unterschenkel und ist die häufigste Ursache für Blockierungen im Kniegelenk.

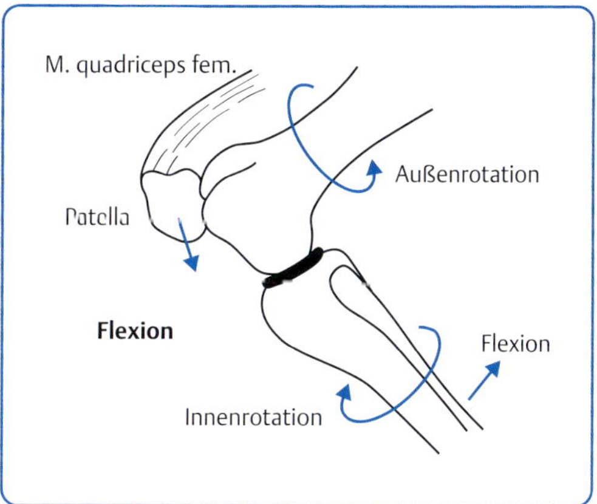

► **Abb. 5.48** Biomechanik des Knies in der Flexion. (nach Evrard P. Lehrbuch der strukturellen Osteopathie beim Pferd. Stuttgart: Enke; 2004 verändert von Brigitte Salomon)

Die Hauptbewegung des Kniegelenks ist die Flexion-Extension. Kniegelenkprobleme können die verschiedensten Ursachen haben. Neben traumatischen Ursachen spielen biochemische Ursachen eine nicht zu unterschätzende Rolle. Häufig sind Herde, bakterielle Infekte und Hormone. Die Behandlung durch einen holistisch therapierenden Therapeuten ist unerlässlich, da bei biochemisch verursachten Knieproblemen die osteopathische Korrektur unwirksam oder unbefriedigend verläuft. Aber häufiger sind muskuläre und fasziale Ursachen.

Ursachen für Knie-Probleme

- Überanstrengung, Überlastung
- Trauma
- falsche Fütterung
  - Einfluss auf die Leber (Bänder, Sehnen)
  - Arthrose
- Herde
- Nebenhöhlen, Zähne usw.
- biochemisch: Übersäuerung
- hormonell: Hormonbehandlung der Stute, Hormone in Impfstoffen, Medikamenten, Wasser

Allgemeine Symptomatik bei blockiertem Kniegelenk

- Pferd geht nicht gerne bergab
- Rückwärtsrichten fällt schwer
- Pferd belastet betroffenes Bein nicht, hält Knie leicht gebeugt
- Pferd hat Probleme beim Hochnehmen der Hinterhand (zum Putzen, beim Schmied)
- Schmerzen beim Palpieren der Kniegegend
- Schmerzen beim Palpieren des Gelenkspalts (evtl. Meniskus)
- verdickter Gelenkspalt (Flüssigkeit im Gelenk): Hinweis auf Entzündung
- ganze Gelenkumgebung verdickt: Hinweis auf Bursitis, Osteochondrose
- Muskelabbau (M. quadriceps)

Symptomatik bei blockierter Kniescheibe

- Hinterbein ist in Streckhaltung blockiert
- Beugung im Sprunggelenk und Knie nicht möglich
- Lahmheit auf engem Zirkel auf betroffener Seite
- bei Palpation harte, angespannte Bänder
- Kniescheibe ist oberhalb des Rollkammes fixiert
- Abnutzung der Hufspitze verstärkt an der betroffenen Seite
- Pferd legt sich nur selten hin
- wenn chronisch: Knieentzündung (schmerzhaft beim Palpieren)
- anfangs mit Hahnentritt zu verwechseln

Symptomatik bei Kniescheiben-Subluxation und Schwäche der Kniebänder

- Pferd ermüdet rasch und legt sich oft hin
- Rückwärtsrichten fällt schwer
- Problem beim Aufheben des gegenüberliegenden Beins (Unfähigkeit, Gewicht auf dem blockierten Knie aufzunehmen)

Test und Korrektur

Hierzu wird das Knie von allen Seiten palpiert. Schmerzen zeigen Entzündungen an, Schmerzen beim Palpieren der Bänder weisen auf Bänder- und Sehnenprobleme hin. Schmerz im Gelenkspalt kann auf eine Meniskusverletzung hinweisen und sollte klinisch untersucht werden. Triggerpunkte im M. quadriceps finden wir häufig bei einer Kompression des Kniegelenks.

Zum Test der Beweglichkeit der Kniescheibe gibt es 3 Möglichkeiten:

- Die Hand liegt auf der Kniescheibe und prüft osteopathisch, ähnlich wie bei der SSB, die verschiedenen Richtungen (medial, lateral, dorsal und ventral, ▶ **Abb. 5.49a**).
- Eine Hand umfasst den Huf, die andere Hand liegt auf der Kniescheibe. Die Aufmerksamkeit ist auf die Bewegung der Kniescheibe gerichtet, während das Bein vor- und zurückbewegt wird. Die Kniescheibe sollte sich spürbar nach oben bzw. unten bewegen (▶ **Abb. 5.49b**).
- Die Hand liegt auf der Kniescheibe, während das Pferd geht. Auch im Gehen sollte das Auf- und Abgleiten der Kniescheibe zu spüren sein.

Die Korrektur ist wieder osteopathisch indirekt, das heißt in die Richtung der besseren Beweglichkeit.

Zusätzlich werden die Muskeln M. quadriceps femoris, die Adduktoren, M. semimembranosus, semitendinosus und Tensor fasciae latae, also alle am Knie beteiligten Muskeln, durch Faszienmassage und/oder neuromuskuläre Techniken entspannt. Bei zu langen Kniebändern müssen die

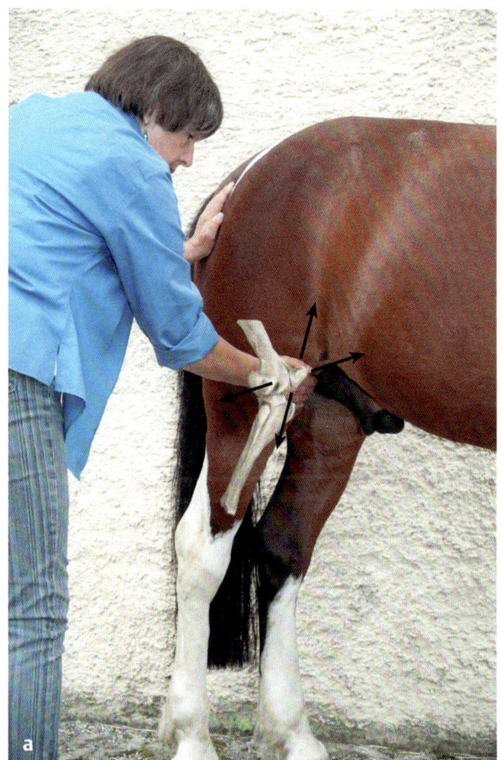

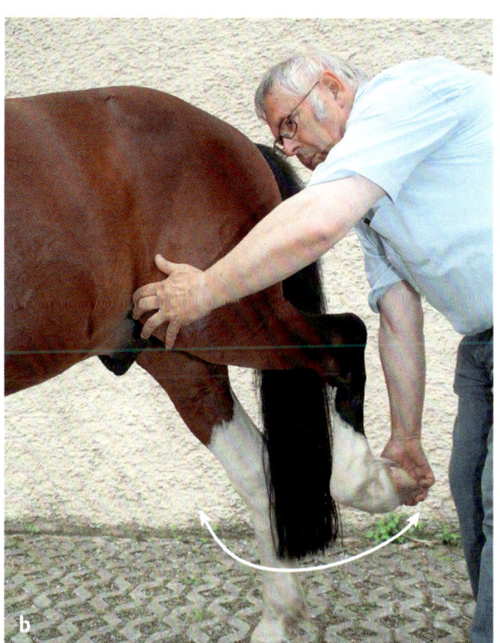

▸ **Abb. 5.49** Test der Beweglichkeit der Kniescheibe.
a Variante 1.
b Variante 2.

Muskeln gestärkt werden. Mit den neurolymphatischen und neurovaskulären Zonen wird eine Harmonisierung erreicht. Schwache Bänder sind oft auf Stoffwechselstörungen zurückzuführen. Die Therapie besteht in einer Umstellung der Fütterung und Stärkung der Leber. Die Leber steht im Zusammenhang mit sehnigen Strukturen.

! Bei Knieproblemen und Verdacht auf solche sollte der Tierarzt hinzugezogen werden.

Hüftgelenk

Das Hüftgelenk beim Pferd ist ein leider etwas vernachlässigtes Gelenk. Der Grund ist sicher, dass es nicht direkt palpierbar ist. Zu fühlen ist lediglich der Trochanter major des Femurs.

Das Hüftgelenk ist zwar ein Kugelgelenk, Dreh- und Seitwärtsbewegungen sind aber aufgrund der kräftigen Muskeln nur beschränkt möglich.

Während der Flexion bewegt sich das Bein in die Protraktion (Vorwärtsbewegung). Ilium und Femur nähern sich einander. Knie- und Sprunggelenk machen ebenfalls eine Flexion. Die Mm. Psoas, Iliacus und Tensor kontrahieren. Das Untertreten beginnt. Während der Extension bewegt sich das Bein in die Retraktion (Rückwärtsbewegung), wobei gleichzeitig eine Streckung im Knie- und Sprunggelenk erfolgt und den Vorwärtsschub ermöglicht.

Das Hüftgelenk ist schon wegen der vielen faszialen Verbindungen an allen Läsionen und Verspannungen im Körper beteiligt. Hervorheben möchten wir die Fascia femoralis, die medial am Oberschenkel, und den M. tensor fasciae latae, der lateral am Oberschenkel verläuft, die Fascia transversalis, die einen Teil der Bauchwand bildet, die Fascia glutea und die Fascia iliaca (▸ **Abb. 7.1**).

Test und Korrektur des Hüftgelenks

Die eingeschränkte Adduktion und/oder Abduktion ist der erste Hinweis auf eine Hüftgelenks-Blockierung. Zum Testen wird wie beim Knie-Test das abgewinkelte Hinterbein bewegt, während eine Hand auf dem Trochanter major liegt (▸ **Abb. 5.50**). Alternativ liegt der leicht abgewinkelte Fuß des Pferdes auf dem Fuß des Therapeuten, während er mit seinem Fuß den Fuß des Pferdes vor und zurück bewegt (▸ **Abb. 5.51**). Noch

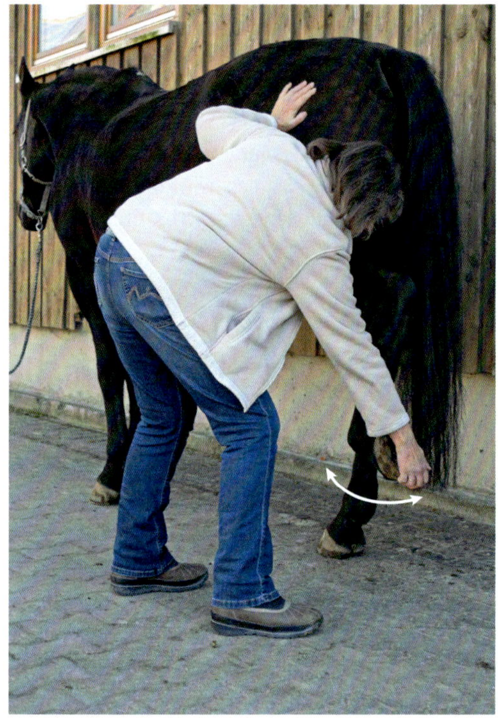

▶ **Abb. 5.50** Test des Hüftgelenks, Variante 1.

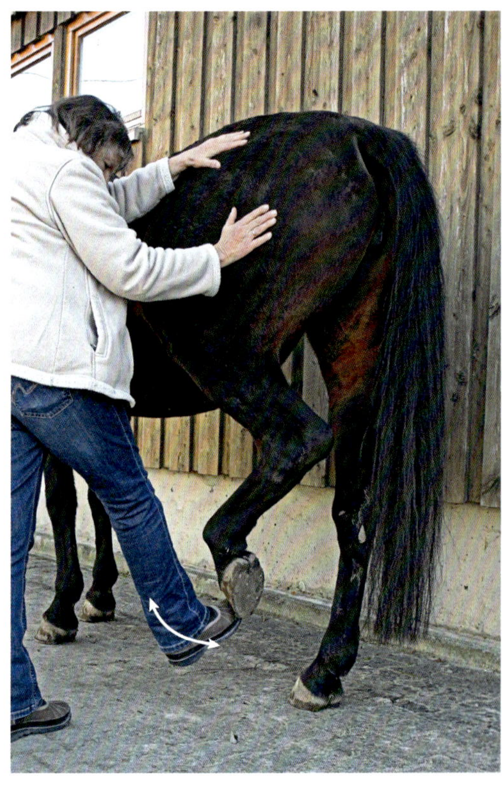

▶ **Abb. 5.51** Test des Hüftgelenks, Variante 2.

einfacher ist es, die Hand auf das Hüftgelenk zu legen, während das Pferd geführt wird. Die Aufmerksamkeit des Therapeuten ist in der Tiefe beim Hüftgelenk (Listening-Test). Er nimmt die Bewegung im Gelenk wahr.

Zur Korrektur wird das Bein in Protraktion gebracht und von einer Hilfsperson zur anderen Seite in Richtung des diagonalen Fesselgelenks gehalten (▶ **Abb. 5.52**). Am Ende der Bewegung lässt man los, woraufhin das Pferd meistens das Bein auf der Gegenseite in Abduktion bringt.

5.12.3 Techniken zur allgemeinen Gelenkmobilisierung

Indirekte Technik

Der Unterschied zwischen reinen Dehnungen der Extremitäten und osteopathischer Korrektur liegt in der indirekten Mobilisierung. Wie bei den kraniellen Läsionen prüfen wir die Beweglichkeit eines Gelenks in alle Richtungen und stellen Barrieren, Bewegungseinschränkungen und Widerstände fest. Nun wird das Gelenk in die freie, bewegliche Richtung mobilisiert und dort festgehalten. Die Läsion wird sanft „verstärkt" (Exaggeration) und erst dann die blockierte Richtung erneut getestet. Die zuvor blockierte Bewegung wird nun frei oder deutlich besser sein als zuvor. Der Vorgang kann mehrere Male wiederholt werden. Auf diese Weise wird jedes Gelenk geprüft und behandelt.

Kompressions-Traktions-Technik

Eine weitere Möglichkeit für die Behandlung der Gelenke ist die Kompressions-Traktions-Technik (S. 36). Im 1. Schritt werden beide Knochen eines Gelenks in die Hand genommen. Sie werden sanft aufeinander zugeführt, bis eine Außenrotation des Gewebes, ein Weichwerden oder das Ankommen

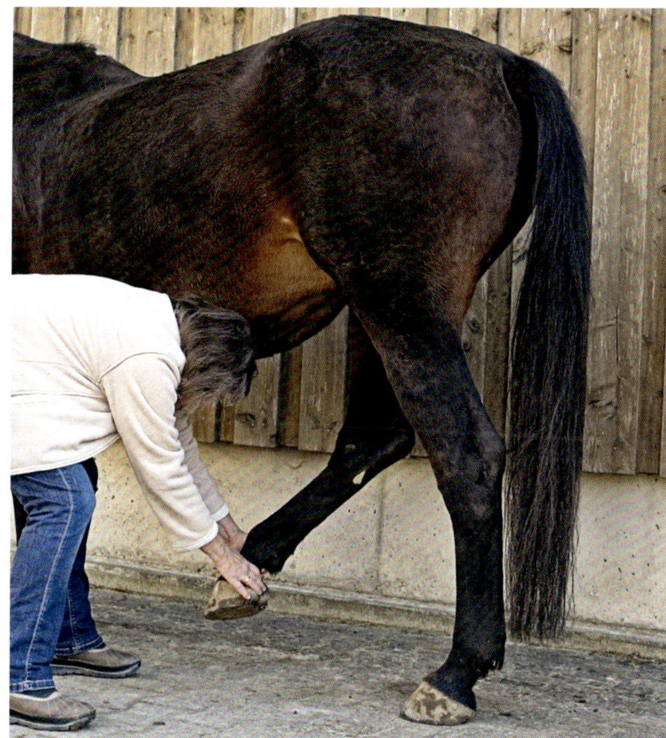

▶ **Abb. 5.52** Korrektur des Hüftgelenks.

des Impulses spürbar ist. Beim 2. Schritt wird das Gelenk sanft auseinandergezogen.

Fasziale Technik für Gelenke

Jede Verletzung führt zu Veränderungen im Gewebe des betroffenen Bereichs. Ist ein Gelenk betroffen, sind Sehnen, Bänder und Faszien in ihrer Funktion eingeschränkt. Bei länger bestehender Anspannung oder Verklebung der Faszien in der Umgebung eines Gelenks kommt es zu einer veränderten Zusammensetzung der Gelenkflüssigkeit. Diese führt letztendlich zu degenerativen Prozessen und zur vorzeitigen Abnützung des Gelenks.

Stoffwechselstörungen und Entzündungen führen dazu, dass das Gewebe mangelhaft durchblutet, nicht mehr ausreichend mit Hormonen und Proteinen versorgt wird und Stoffwechselprodukte nicht mehr abtransportiert werden. Es entstehen lokale Stauungen, die zu Dysfunktionen führen.

! Das Ziel bei der faszialen Technik ist, kleinste Spasmen, Stauungen und Verklebungen zu lösen, damit sich das Gewebe frei bewegen kann.

Zwei Hände liegen ober- und unterhalb des Gelenks und verschmelzen mit den darunterliegenden Faszien (▶ Abb. 5.53). Dann wird der Gewebebewegung „gelauscht". Kommt der kraniosakrale Impuls an? Fließt er gleichmäßig in longitudinaler Richtung nach oben und unten? Oder fühlt es sich so an, als ob die Hände in eine bestimmte Richtung gezogen würden? Diese Richtung zeigt uns die Läsion. Hier sind Veränderungen der Struktur im Inneren des Bindegewebes aufgrund eines Traumas oder eines Stoffwechselgeschehens, in eine bestimmte Richtung ziehende Kraft entstanden. Wenn kein Zug wahrnehmbar ist, kann wie bei der SSB eine Bewegung in die verschiedenen Richtungen des Raums induziert werden.

Wie bei den kraniosakralen Techniken wird der Läsionsrichtung, also der Richtung der besseren Bewegung, gefolgt und indirekt korrigiert. Auch

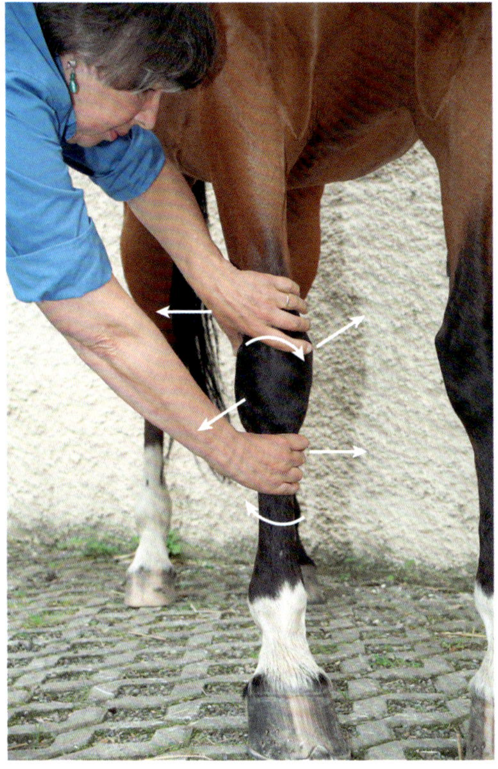

▶ **Abb. 5.53** Fasziale Technik am Gelenk.

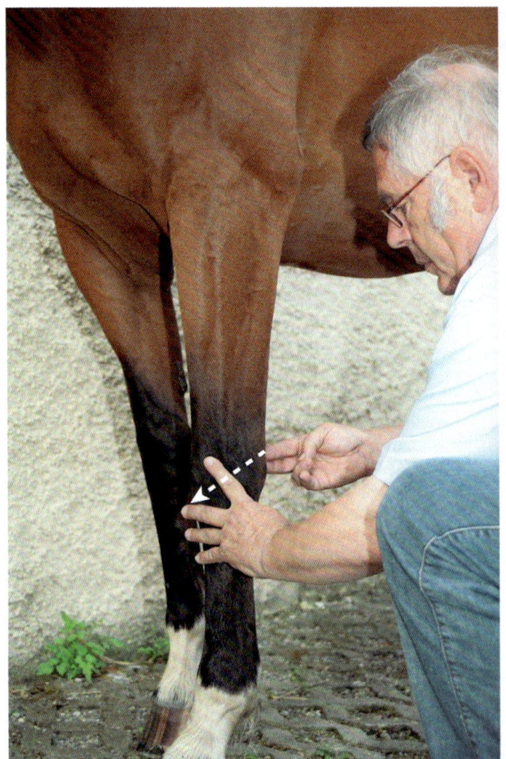

▶ **Abb. 5.54** V-Spread. Karpalgelenk.

bei dieser Technik kann ein Stillpoint auftreten. In diesem Fall wird am Ende der besseren Bewegungsrichtung gehalten, bis sich das Gewebe von selbst wieder bewegen möchte. Bei blockierten Gelenken kann auch die V-Spread-Technik (S. 165) angewendet werden (▶ **Abb. 5.54**).

Bei frischen Traumata oder wenn auch nach der Behandlung das Symptom nicht behoben ist, kann zusätzlich das Gelenk durch die Kompressions-Traktions-Technik gelockert sowie die beteiligten Muskeln durch die Spindelzelltechnik (S. 42) entspannt werden.

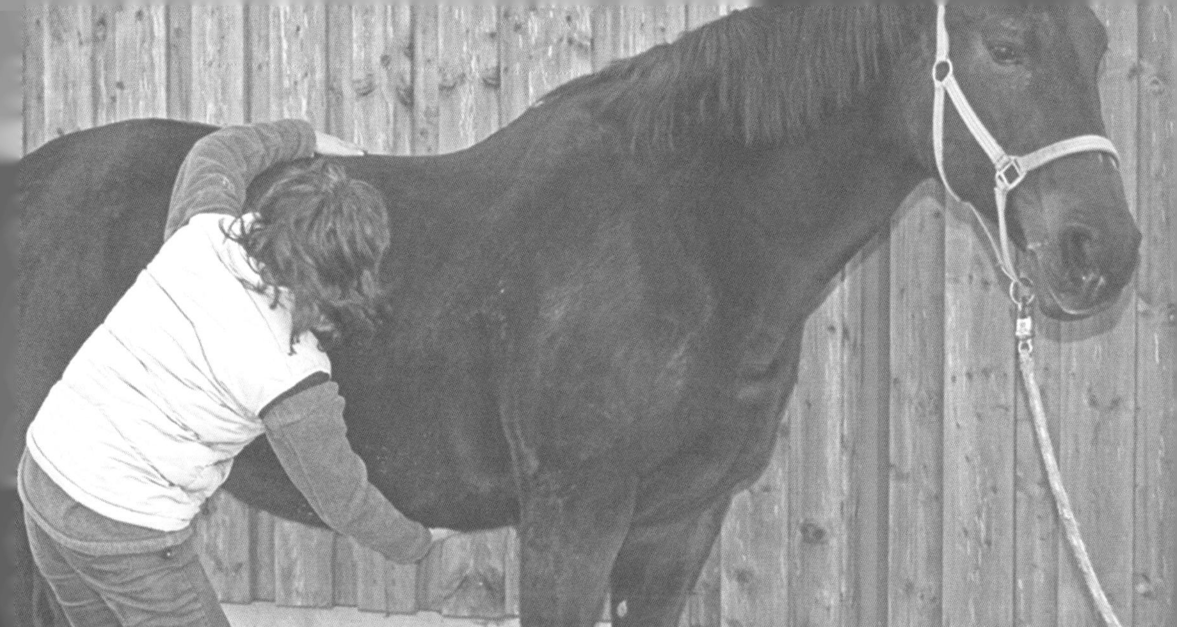

Teil 3
Fasziale Osteopathie

6 Grundlagen

6.1 Vorbemerkung

Die fasziale Osteopathie ist so sanft, dass sie schon zu den energetischen Behandlungsformen gerechnet werden kann. Akupunktur und andere energetische Therapieformen arbeiten mit Schwingung und Information. Auch die sanfte Osteopathie arbeitet mit Information in Form von Wahrnehmung. Allerdings gibt es auch bei der faszialen Osteopathie strukturelle Techniken. Vor allem in der Anwendung beim Menschen werden aktive Bewegungsimpulse ganzer Körperregionen angewendet, die aber beim Pferd in seltensten Fällen anwendbar sind. Wir bevorzugen aber die feinen, energetischen Techniken.

Faszien sind bindegewebige Umhüllungen. Sie kleiden Brust- und Bauchhöhle aus und ummanteln Knochen, Muskeln, Sehnen sowie Gefäße. Alle Faszien sind untereinander verbunden. Sie lassen sich mit einem Seidenstrumpf vergleichen. Passt dieser beispielsweise am Fuß nicht richtig, verzieht sich der ganze Strumpf und wirft Falten. Faszien können Spannungen im Körper weiterleiten und das Gesamtsystem aus dem Gleichgewicht bringen. Beschwerden werden in entfernte Bereiche übertragen. Die primäre Funktionsstörung ist der erste Dominostein, der eine Kettenreaktion auslöst, die sich über das Fasziensystem fortsetzt und sich in einem ganz anderen Bereich als aktuelles Symptom manifestiert.

6.2 Histologie der Faszien

Alle Strukturen des Organismus haben sich embryologisch aus den 3 Keimblättern Ektoderm, Endoderm und Mesoderm entwickelt. Aus dem mittleren Keimblatt, dem Mesoderm, haben sich das Bindegewebe, die Haut, die subkutanen und die tiefen Faszien, die Bänder, Sehnen und Muskeln entwickelt. Faszien sind eine spezielle Form des Bindegewebes. Sie bestehen teils aus faserreichen, straffen, teils aus lockeren, geflechtartig verwobenen Kollagenfasern und Elastin. Kollagenfasern sind einerseits weich und verformbar, andererseits sehr widerstandsfähig. Im straffen Bindegewebe verlaufen die Fasern als dreidimensionales Geflecht. Der unterschiedliche Faserverlauf gewährleistet Zugfestigkeit in alle Richtungen, die Verflechtung erhöht die Stabilität. Auf der Innenseite der Muskelfaszie findet man eine dünne Schicht lockeres Bindegewebe, das Epimysium, die Verschiebeschicht zwischen der Faszie und der umhüllten Struktur.

6.3 Aufgaben der Faszien

Faszien haben folgende Funktionen:

- Sie schützen und stabilisieren Gelenke und Organe.
- Sie trennen funktionell verbundene Körperteile.
- Sie umhüllen und verbinden jeden Muskel und Muskelgruppen, jedes Blutgefäß, jeden Nerv und alle Organe des Körpers.
- Sie üben eine Schutzfunktion aus, indem sie durch die Bildung von Kompartimenten die Verbreitung von Infektionen verhindern.
- Sie geben dem Körper durch ihre Anordnung Halt und Gestalt.
- Sie sind bei der Organisation der Körperhaltung durch Propriozeptoren beteiligt.
- Sie übertragen Bewegungsimpulse von Herzschlag, Atmung und Bewegung des primären Atemrhythmus.
- Sie regeln das Spannungsgleichgewicht und die Flexibilität der Gewebe.
- Sie sind Transportmilieu für die Lymphflüssigkeit.
- Sie haben Stoßdämpferfunktion.
  Bei einem Trauma ist das Muskelsystem oft nicht schnell genug in der Lage, die große Krafteinwirkung ab- und umzuleiten und aufzunehmen; dies ist Aufgabe der Faszien. Die Faszien nehmen die Energie auf und verteilen sie im Körper durch die verschiedene Ausrichtung der Fasern, sodass es nicht zu sogenannten Energie-

zysten im Körper kommen kann. Dies geschieht vielfach über Faszienketten (S. 95). An Kreuzungspunkten kann auch auf die andere Körperseite oder in eine andere Faszienkette gewechselt werden. Dabei verhält sich das Fasziengewebe wie eine zähflüssige Masse, in der die Übertragung wie eine Welle läuft.

Ist das Bindegewebe bei bestimmter Reizüberschreitung nicht mehr in der Lage, diese Stoßdämpferfunktion vollständig auszuführen, kommt es bestenfalls zu einer Traumaerinnerung im Gewebe, die mit der Zeit dort zu pathogenen Problemen führen wird.

In besonders verletzlichen Bereichen oder Zonen, die vermehrtem äußeren Druck ausgesetzt sind, wird die Stoßdämpferfunktion der Faszien durch Anhäufung von Fett verstärkt.

6.4 Einteilung der Faszien

Für Behandlungen der Faszien ist es relevant, die Faszien in Körperregionen einzuteilen. In jeder Region gibt es oberflächliche und tiefe, innere Faszien, die wiederum aus oberflächlichen und tiefen Blättern bestehen können. Die Beschreibung der Faszien in der anatomischen Literatur ist jedoch nicht immer einheitlich.

Die meisten Faszien gehen Verbindung zu Muskeln und Muskelgruppen ein. Die Kenntnis der Muskulatur ist deshalb eine wichtige Voraussetzung für die fasziale Osteopathie. Wir verweisen in diesem Zusammenhang auf die Fachliteratur (S. 211).

6.5 Bewegung und Ausrichtung der Faszien

Das Fasziensystem besteht aus verschiedenen Schichten, die unterschiedlich ausgerichtet sind, um die Festigkeit und Widerstandsfähigkeit des Skelettes zu gewährleisten (▸ Abb. 6.1). Die Ausrichtung richtet sich nach der Belastung.

An den Extremitäten gibt es Faszien in horizontal, vertikal und schräg verlaufenden Faserrichtungen. Dadurch ergibt sich ein spiralförmiger Zug, der jeweils an einem Gelenk die Richtung wechselt.

Dadurch kann der Körper hier besser komprimieren und Flüssigkeiten bewegen. Außerdem erhöht diese Bauweise die Belastbarkeit der Extremitäten und fördert die Fähigkeit, die anatomische Form aufrechtzuerhalten.

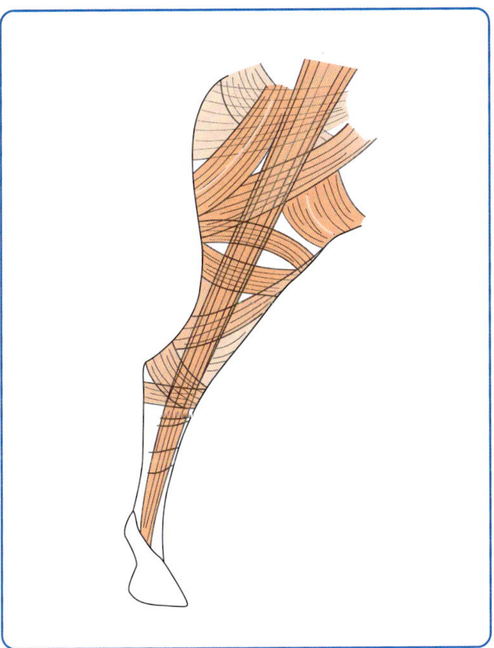

▸ **Abb. 6.1** Ausrichtung der Faszien am Hinterbein.

7 Faszien beim Pferd

7.1 Faszien der Kopf- und Hals-Region

7.1.1 Kopffaszie

Die Fascia capitis umhüllt beim Pferd beinahe den ganzen Kopf. An Nasenrücken und Stirn ist sie mit der Kopfhaut verbunden und bedeckt wie eine bindegewebige Kappe den Schädel.

7.1.2 Halsfaszien

Oberflächliche Halsfaszie

Die Fascia cervicalis superficialis (► **Abb. 7.1** und ► **Abb. 7.2**) besteht aus einem oberflächlichen und einem tiefen Blatt. Sie setzt am Os occipitale, an der Mandibula und am Processus zygomaticus der Maxilla sowie dorsal am Nackenband, an den Dornfortsätzen der Halswirbel und des 1. Brustwirbels an und bedeckt den kranialen Teil der Scapula als Fascia omobrachialis. Im oberflächlichen Blatt befinden sich die Halshautmuskeln, der M. brachiocephalicus und der Halsteil des M. trapezius. Das tiefe Blatt verläuft unter dem M. brachiocephalicus, überspringt die Drosselvene und zieht über den Halsteil des M. serratus ventralis und den M. splenius hinweg, bevor es wieder mit dem oberflächlichen Blatt verschmilzt. Nach kaudal verschmilzt die Halsfaszie mit der Schulterfaszie (► **Abb. 7.3**).

Die tiefe Halsfaszie

Die Fascia cervicalis profunda (► **Abb. 7.1** und ► **Abb. 7.2**) besteht auch aus einer oberflächlichen

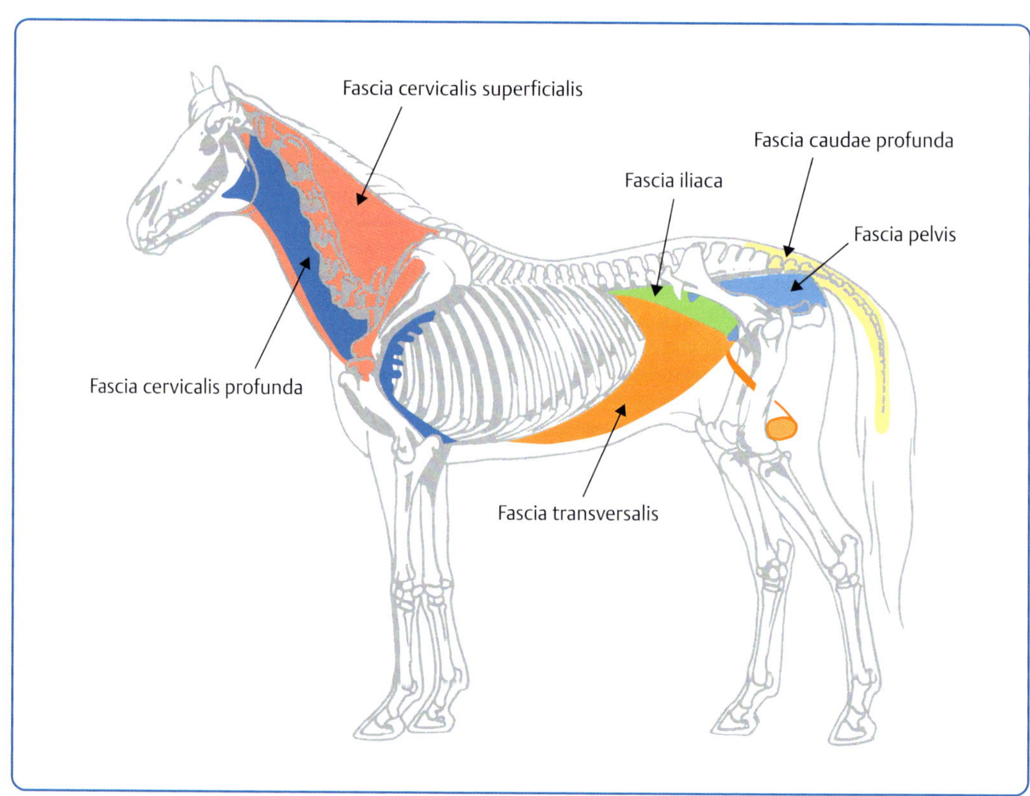

► **Abb. 7.1** Faszien des Pferdes (1). (Dr. Lizon/Dr. Fosse, verändert durch Dr. Christian Gaudron)

Fascia cervicalis superficialis
Scapula
Fascia cervicalis profunda
Fascia pectoralis
Atlas
Lig. nuchae
Halswirbel
Sphenoid
Trachea
Oesophagus
Okziput
Sternum
Fascia endothoracica
Th 1
Schultergelenk
Pleura
Fascia pelvis
Abdominal-
muskeln
Maxilla
Thorax-Innen-
seite
Perikard
Diaphragma
Mandibula

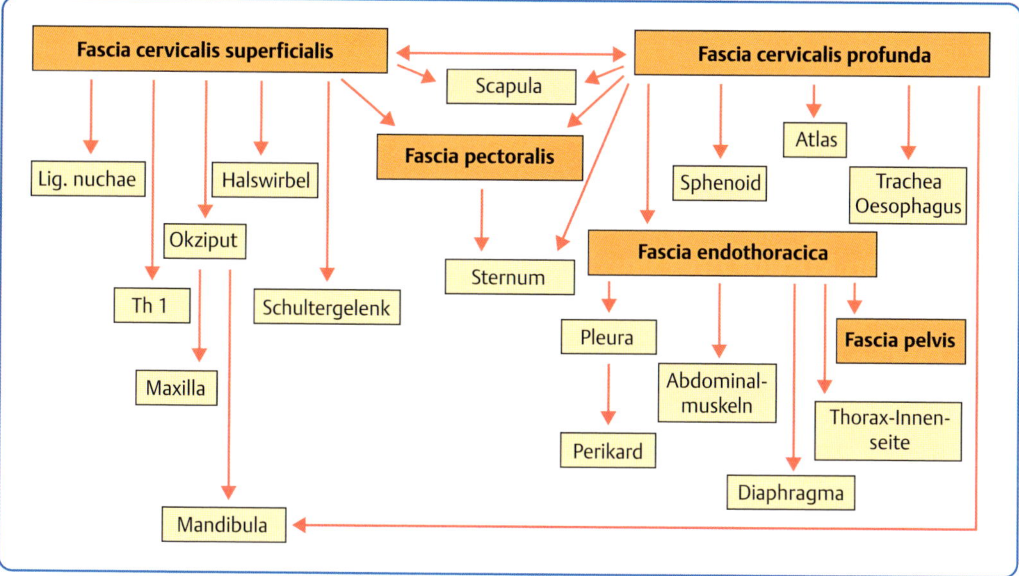

▸ **Abb. 7.2** Verbindungen an Hals- und Brustfaszien.

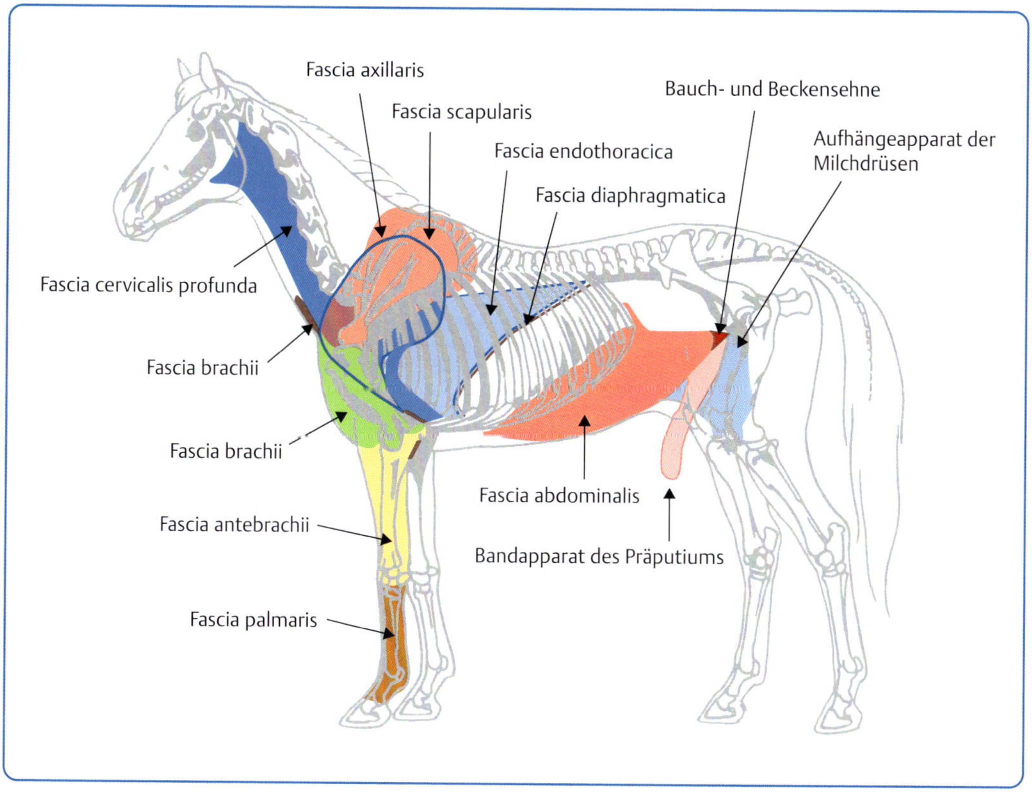

Fascia axillaris
Fascia scapularis
Bauch- und Beckensehne
Fascia endothoracica
Aufhängeapparat der
Milchdrüsen
Fascia diaphragmatica
Fascia cervicalis profunda
Fascia brachii
Fascia brachii
Fascia abdominalis
Fascia antebrachii
Bandapparat des Präputiums
Fascia palmaris

▸ **Abb. 7.3** Faszien des Pferdes (2). (Dr. Lizon/Dr. Fosse, verändert durch Dr. Christian Gaudron)

und einer tiefen Schicht. Sie setzt am Keilbein, dem Unterkiefer und am Atlasflügel an, bildet die Muskelfaszie der Unterhalsmuskeln und zieht zum Sternum und den ersten Rippen. In der Tiefe überzieht sie Ösophagus und Trachea.

7.2 Faszien von Rumpf und Vordergliedmaßen

7.2.1 Faszien der Schulter und der Vordergliedmaßen

Die Fascia cervicalis profunda und die Fascia trunci profunda gehen in die tiefen Faszien der Schulter über, die zwischen den einzelnen Muskelbäuchen verläuft. Die Muskeln der Schulter werden durch die flächig angeordneten Faszien unterstützt.

Fascia scapularis

Die Fascia scapularis (▸ **Abb. 7.3**) setzt am Dornfortsatz der ersten Brustwirbel, am kranialen Rand des Schulterblattes an, überzieht das Schulterblatt und bildet die Muskelsepten zwischen M. supraspinatus, M. infraspinatus, M. deltoideus und M. teres minor und geht in die Fascia brachii über (▸ **Abb. 7.4**).

Fascia brachii

Die Fascia brachii (▸ **Abb. 7.3**) überzieht die mediale Schultermuskulatur, ihr kranialer Teil liegt auf den Schulterbeugern, ihr kaudaler Teil auf den Streckern. Sie liegt auf dem Ansatzgebiet des M. serratus ventralis und teilweise auf dem M. latissimus dorsi, setzt an der Faszie des M. brachiocephalicus, dorsal an der Fascia scapularis und ventral an der Fascia antebrachii an. Sie bildet die Muskelsepten der Armmuskeln und geht in die Fascia axillaris und cervicalis profunda über.

Fascia axillaris

Die Fascia axillaris (▸ **Abb. 7.3**) überzieht die mediale Schultermuskulatur, umgibt mit ihrem oberflächlichen Blatt den kaudalen Teil des M. triceps brachii und bildet mit dem tiefen Blatt die Muskelsepten der Oberarmmuskeln. Sie bedeckt die Mm. teres major, teres minor und subscapularis. Sie liegt lateral auf dem M. serratus ventralis, verbindet sich mit der Unterseite des M. latissimus dorsi und geht in die Fascia trunci über.

Fascia antebrachii

Die Fascia antebrachii (▸ **Abb. 7.3**) bildet mit ihrem medialen oberflächlichen Blatt die Fortsetzung der Fascia brachii, ihr tiefes Blatt ist am Radius fixiert und verschmilzt dort mit dem Periost. Distal geht sie in die palmaren Faszien über.

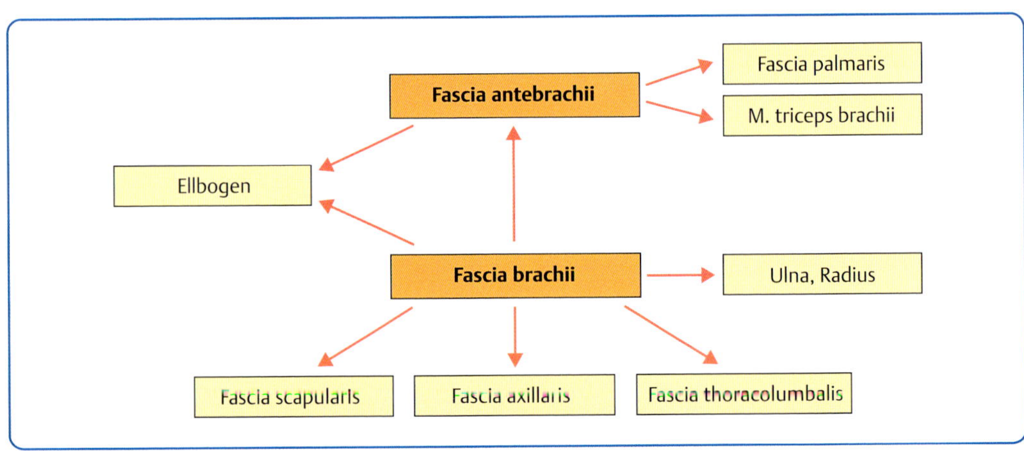

▸ **Abb. 7.4** Verbindungen der Schulter- und Armfaszien.

7.2.2 Faszien des Rumpfes

Innere Rumpf-Faszien

Die tiefe Rumpf-Faszie wird in 3 Teile unterteilt: Fascia endothoracica (▶ Abb. 7.3), die die Brusthöhle von innen auskleidet, Fascia transversalis (▶ Abb. 7.1), die die Bauchhöhle und die Innenseite des quer verlaufenden Bauchmuskels auskleidet, sowie die Fascia pelvis (▶ Abb. 7.1), die die Beckenhöhle auskleidet.

Die thorakolumbale Faszie

Die Fascia thoracolumbalis besteht aus der Fascia thoracica superficialis und profunda (▶ Abb. 7.5). Die Fascia thoracica superficialis setzt an den Dornfortsätzen der Brustwirbel, am Rückenband und an den Rippen an und bildet die Aponeurose des M. latissimus dorsi. Der dorsale Teil umfasst teilweise die Aponeurosen der Muskeln seitlich der Wirbelsäule, M. longissimus dorsi und die tiefen Mm. multifidii.

Die Fascia thoracica profunda setzt an den Rippen und den Querfortsätzen der Brust- und Lendenwirbel, am M. transversus und obliquus abdominis an und geht in die Kruppenfaszie über. Kranial zieht sie unter das Schulterblatt und geht in die Halsfaszie über (▶ Abb. 7.5 und ▶ Abb. 7.6).

Fascia abdominalis

Die Fascia abdominalis (▶ Abb. 7.3) stützt die Baucheingeweide. Sie setzt an der Fascia thoracica superficialis, am Processus Xiphoideus des Sternums und dem Rippenbogen an, überzieht den äußeren schrägen Bauchmuskel (M. obliquus externus) und zieht zu dessen Aponeurose, das oberflächliche Blatt verbindet sich mit seiner Muskelfaszie.

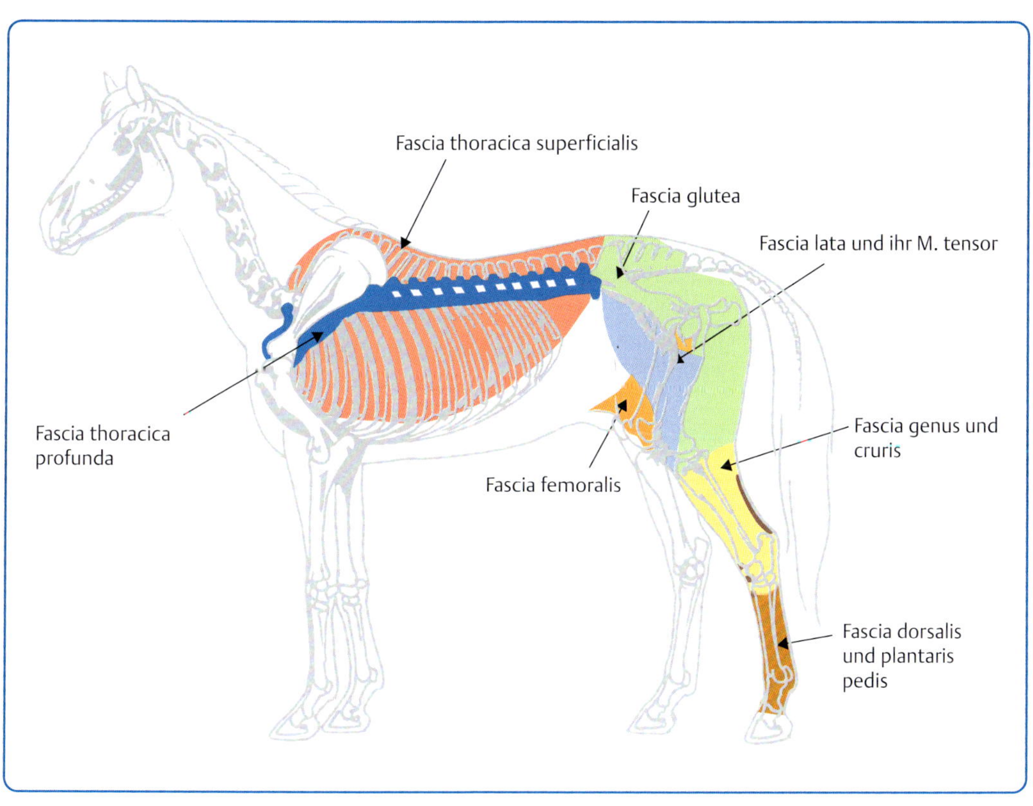

▶ **Abb. 7.5** Faszien des Pferdes (3). (Dr. Lizon/Dr. Fosse, verändert durch Dr. Christian Gaudron)

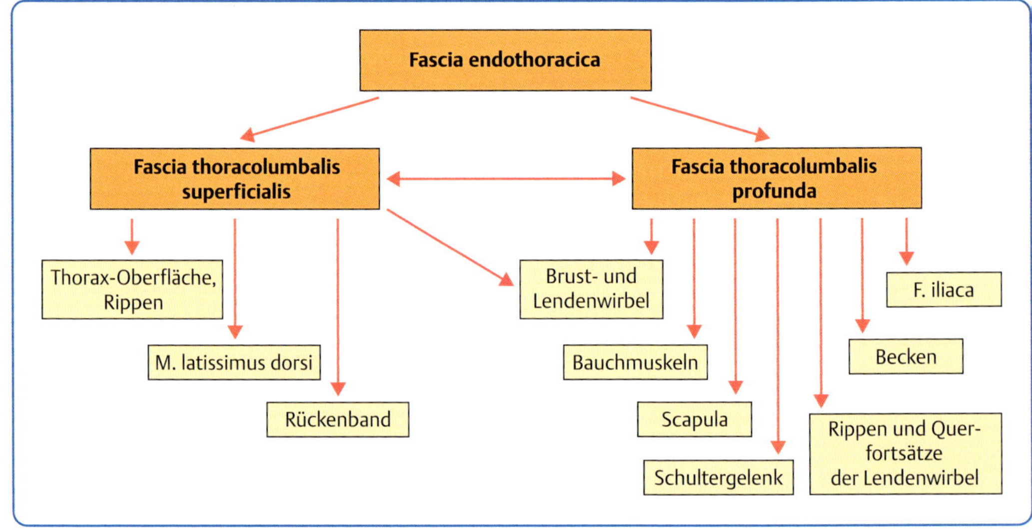

▸ **Abb. 7.6** Verbindungen der Rumpf-Faszien.

7.3

Faszien des Beckenbereichs und der Hintergliedmaßen

7.3.1 Faszien des Lenden- und Beckenbereichs

Fascia transversalis

Die Fascia transversalis (▸ Abb. 7.1) bedeckt die Innenfläche des quer verlaufenden Bauchmuskels (M. transversus abdominis) und reicht ventral bis zur Linea alba, kaudal bis zum lateralen Rand der Fascia iliaca. Bei männlichen Tieren befindet sich kaudal eine Aussackung durch den Leistenring, wo sie in die Fascia spermatica übergeht. Durch das Zusammentreffen der Fascia iliaca, transversalis und pelvis finden wir in dieser Region häufig fasziale Läsionen, die sich als Becken- und Hüftgelenksprobleme zeigen.

Fascia iliaca

Die Fascia iliaca (▸ Abb. 7.1) setzt an der kaudalen Anbringung des Diaphragmas, der Zwerchfell-Arkade, an, überzieht M. iliacus, M. psoas und M. cremaster (Hodenheber) und bedeckt den M. quadratus lumborum.

Beckenfaszien

Die Faszien des Perineums setzen am Beckenrand an und schließen die Bauchhöhle nach kaudal hin ab (▸ Abb. 7.7). Sie werden in die folgenden Strukturen unterteilt:

- Fascia perinei superficialis im vorderen Dammbereich
- Fascia diaphragmatis urogenitalis
- Fascia pelvis (▸ Abb. 7.1)
  Sie wird aus den Faszien von Mm. levatores ani, Mm. coccygei, Mm. obturatorii und Mm. piriformes gebildet. Sie zieht vom Damm aus an den Seitenwänden des Beckens zum Beckeneingang. Sie ist die kaudale Verlängerung der Fascia iliaca. Sie kleidet die Beckenhöhle aus und enthält Ausbuchtungen für Rektum und Blase und schlägt vor dem Beckenausgang auf die Beckenorgane um.

7.3.2 Faszien der Hintergliedmaßen

Fascia glutea

Die Fascia glutea (▸ Abb. 7.5) setzt an den Dornfortsätzen des Sakrums, Tuber sacrale, am Tuber coxae an und zieht über das Sitzbein (Tuber ischiadicum). Das tiefe Blatt bildet Zwischenmuskelsepten der tiefen, mittleren und oberflächlichen Kruppenmuskeln sowie des M. semimembranosus

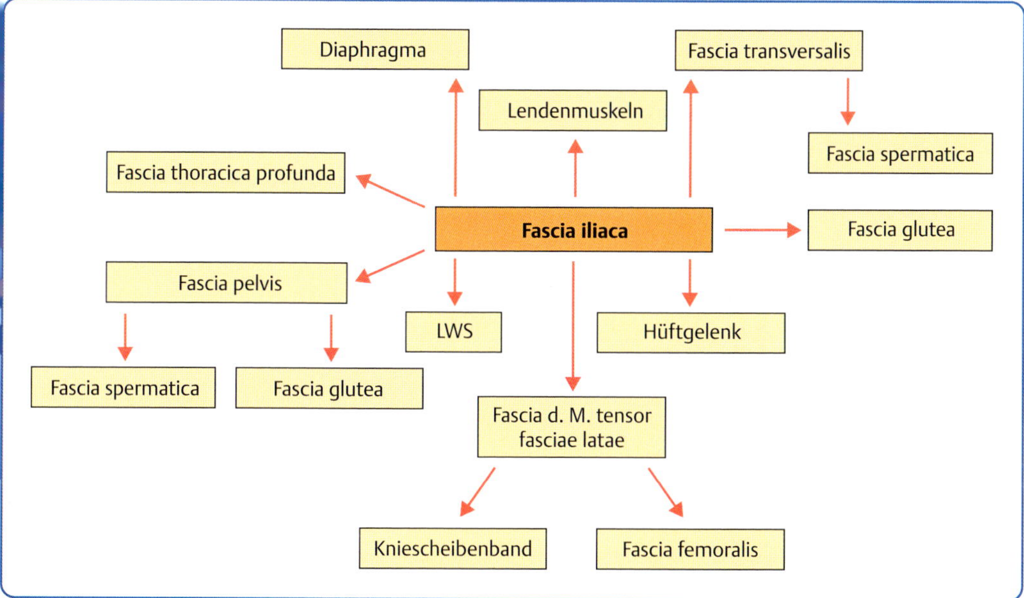

▶ **Abb. 7.7** Verbindungen der Beckenfaszien.

und M. semitendinosus. Kaudal geht sie in die Schwanzfaszie über.

Fascia lata

Die Fascia lata (▶ Abb. 7.5) ist die Fortsetzung des tiefen Blattes der Fascia glutea. Sie setzt an der Aponeurose des M. tensor fasciae latae an. Sie bedeckt die laterale Fläche des Oberschenkels, verschmilzt mit dem Epimysium (Umhüllung der Muskelfaserbündel) des M. biceps femoris, überzieht die laterale Oberschenkelmuskulatur und geht in das Kniescheibenband über.

Kniefaszie

Die Fascia genus (▶ Abb. 7.5) kommt aus der medialen Oberschenkelfaszie. Sie setzt am medialen und lateralen Kniescheibenband an und geht distal in die Fascia cruris über.

Oberschenkelfaszie

Die Fascia femoris medialis (▶ Abb. 7.5) setzt an der Aponeurose des M. obliquus an, bedeckt die mediale Fläche des Oberschenkels bis zum Hüftgelenk, überzieht den M. quadriceps femoris und M. tensor fasciae latae und zieht zu den Adduktoren auf der Oberschenkel-Innenseite. Distal geht sie in die Fascia genus und Fascia cruris über.

Unterschenkelfaszie

Die Fascia cruris (▶ Abb. 7.5) kommt aus der Fascia genus. Sie umhüllt alle Muskeln und Sehnen des Unterschenkels. Am medialen Schienbein verschmilzt sie mit dem Periost.

7.4 Faszienketten

Die Faszien unterteilen den Körper in Regionen und stehen alle miteinander in Verbindung. Man kann sie sich als ein in sich bewegliches Röhrensystem vorstellen, eine kontinuierlich zusammenhängende Schicht innerhalb des Körpers.

„Fasciare" bedeutet „verbinden": Faszien verbinden flächig weite Teile des Körpers und sorgen für eine optimale Statik und Beweglichkeit. Sie geben dem Körper Form und Halt. Funktionell kann man sie als eine einzige durchgehende, lamellenartig angeordnete Bindegewebsschicht verstehen. Diese erstreckt sich als Faszienkette vom obersten Punkt des Kopfes bis zur Zehe und enthält Taschen, welche Muskeln und Organe einhüllen. Das Fasziengewebe kann selbst als ein Organ gesehen werden. Dieses Organ hebt die anatomische Trennung der Knochen am eindrucksvollsten auf, denn die Faszien sorgen dafür, dass sich die Teile des Körpers zu einem verbundenen Ganzen fügen. Sie werden aus dieser Sicht als formgebendes Organ eingestuft.

7.4.1 Aufgaben der Faszienkette

- Eine Aufgabe der Faszienketten ist es, Bewegung auf den Körper zu übertragen. Gleichzeitig nehmen sie aber Spannungen auf und übertragen sie auf andere Körperregionen.
- Kraftübertragung: Faszienketten wirken wie Seile, die durch Muskeln und Gelenke angetrieben werden und die Kraft weiterleiten. Um die Kraftübertragung zu gewährleisten, um zu verhindern, dass Spannungen in andere Körperregionen übertragen werden, befinden sich im Verlauf der Ketten Auflagepunkte (Schaltstellen). Das sind Auflagepunkte im Bereich der Gelenke, die die Aufgabe von Umlenkrollen haben. Die Kraftübertragung innerhalb der Ketten kann von unten nach oben, von oben nach unten, von innen nach außen und von außen nach innen erfolgen. Im Rumpfbereich arbeiten die Faszien in schräger Richtung.
- Bewegungskoordination: Durch das Zusammenspiel von longitudinal, schräg und transversal ausgerichteten Fasern werden Bewegungsachsen ermöglicht.
- Stoßdämpfung: Bei starken Krafteinwirkungen von außen fangen die Faszien die Wirkung auf und verteilen die Belastung, um größere Schäden zu verhindern.

Es gibt äußere und innere Faszienketten, die aber alle miteinander in Verbindung stehen. An Schaltstellen gibt es Berührungs- und Kreuzungspunkte, hier kann die Kette wechseln und die Kraftübertragung auf eine neue Kette übergehen. Aus diesem Grund kann keine Kette für sich alleine gesehen werden.

Auch jedes Gelenk ist eine Schaltstelle.

So schaffen es die Faszienketten, Bewegungen auf den Körper zu übertragen. Dabei müssen die Faszien die Bewegungsrichtung und die Stärke der Bewegung harmonisieren. Gleichzeitig können sie aber auch Spannung aufnehmen und sie auf andere Körperregionen übertragen. Dies kann zu weit entfernten Problemen führen, aber das eigentliche Grundproblem, der Ausgangspunkt des jetzt sichtbaren Problems, wird nicht mehr wahrgenommen.

7.4.2 Verlauf der Faszienketten

Die Faszienketten (▸ **Abb. 7.8**) werden eingeteilt in dorsale und ventrale, innere, äußere und gemischte Ketten. Die Kraftübertragung innerhalb der Kette kann in alle Richtungen erfolgen z. B. von kranial nach kaudal oder umgekehrt, von medial nach lateral und umgekehrt, kann aber auch die Körperseite wechseln, was oft an den Schaltstellen geschieht.

Äußere Ketten (Ketten der Mittellinie)

Äußere Ketten sind die Ketten der Mittellinie. Zu den äußeren Ketten zählen die ventrale und dorsale Kette sowie die Ketten, die an den Extremitäten beginnen. Die ventrale Kette beginnt an den intrakraniellen Membranen, geht über das Zungenbein, über das Sternum, dann über die Linea alba und endet unterhalb des Anus.

Innere Kette

- periphere Ketten
- zentrale Kette
- meningeale Kette

Dorsale Kette

Verläuft von der Oberlippe bis zum Schweifansatz oberhalb des Anus. Die dorsale Kette beginnt mittig an der Innenseite der Oberlippe. Das Ende ist mittig ventral des Schweifansatzes über dem Anus. Steht die Kette unter Spannung, so fühlt sie sich an, als würde man direkt vom Schweifansatz zum Kopf gezogen. Eine fasziale Entspannung kann man erreichen, indem man unter die Oberlippe greift, an den Punkt des Beginns, und so die Lippe zwischen 2 Fingern hält. Das Pferd wird

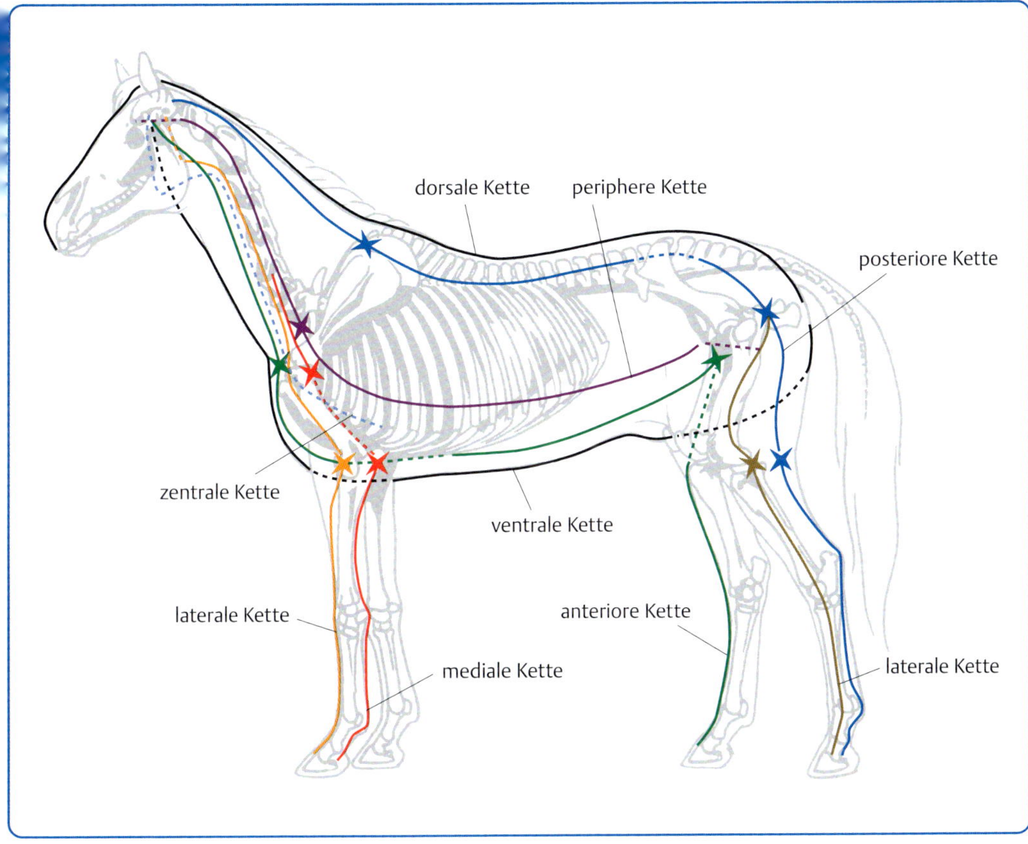

▶ **Abb. 7.8** Fasziale Ketten.

dann den Kopf schief halten und zeigt damit an, wo das Problem liegt.

Ventrale Kette

Beginnt bei den intrakraniellen Membranen, geht über das Zungenbein, über das Sternum, dann über die Linea alba und endet unterhalb des Anus.

Mediale Kette über die Vorderbeine

Bei der evolutionären Entwicklung des Pferdes kam es zu einer Drehung der Vordergliedmaßen, dadurch, dass das Pferd nur auf dem Mittelfinger läuft. Die innere Armseite wurde so zur palmaren (hinteren) Vorderbeinseite. Daher geht der Verlauf vom Kronsaumrand über die Flexoren zum Olecranon des Ellbogengelenks, wo ein Teil der Kraft auf die laterale Seite wechseln kann, medial am Buggelenk (M. pectoralis) vorbei, läuft dann seitlich über den Hals über den M. brachiocephalicus, M. omohyoideus, über das Zungenbein und endet am Schläfenbein. Am Ellbogen und seitlich des Sternums befinden sich Schaltstellen.

Laterale Kette über die Vorderbeine

Die äußere Armseite wurde zur vorderen Vorderbeinseite. Daher geht der Verlauf über die Extensoren zum Buggelenk, läuft dann seitlich über den Hals über den M. brachiocephalicus bis zum Okziput. Eine Schaltstelle befindet sich an der kranialen Seite des Ellbogengelenks.

Posteriore Kette

Die Kette verläuft vom Kronsaumrand über die Flexoren zum Calcaneus des Tarsalgelenks, über die Achillessehne und den M. gastrocnemius zum Kniegelenk, über das Sitzbein und die Fascia glutea, lateral des Tuber sacrale, lateral der Wirbelsäule bis zum Okziput. Schaltstellen befinden sich am Kniegelenk, am Sitzbein und am Schulterblatt.

Anteriore Kette über die Hinterbeine

Der Verlauf geht über die Innenseite des Unterschenkels, Innenseite Knie, über die Adduktoren zum Schambein, über die schrägen Bauchmuskeln, über die Brustmuskeln, läuft dann seitlich über den Hals bis zum Os temporale. Schaltstellen befinden sich am Knie, am Schambein und medial des Sternums.

Laterale Kette über die Hinterbeine

Beginnt über dem Kronsaumrand, geht lateral über die Röhre, das Sprunggelenk, über den Unterschenkel und das Kniegelenk, über die Hüfte und geht ab der Hüfte entweder eine Verbindung zur posterioren Kette oder zur anterioren Kette ein und endet am Okziput. Die Schaltstelle befindet sich am Kniegelenk.

Periphere Kette

Ausgangspunkt ist das Perineum. Von dort läuft sie über den Damm zum Zwerchfell, am seitlichen Brustkorb zum Buggelenk, seitlich über den Hals zur Schädelbasis.

Zentrale Faszienkette

Sie beginnt am Zwerchfell, verläuft an Perikard und Pleura entlang, über die Thorax-Apertur, verschmilzt im Halsbereich mit der Fascia cervicalis profunda, über das Zungenbein zur Schädelbasis.

Gemischte Kette

Sie beginnt wie die periphere Kette am Perineum, geht zum Nabel, von dort zum Ligamentum falciforme (Bauchfellduplikatur zwischen der Vorderfläche der Leber und der Rückfläche der Bauchwand) zum Zwerchfell und nimmt dann denselben Weg wie die periphere oder die zentrale Kette.

Meningeale Kette

Sie beginnt an den ersten Schwanzwirbeln, zieht von dort als Umhüllung des Rückenmarks in den Wirbelkanal mit Verbindungen zum Rückenband, bildet an den Foramina intervertebralis Ausläufer, die die Nerven begleiten. An diesen Nerven-Austrittsstellen gibt es Anheftungsstellen an den Wirbeln, das heißt, es gibt so viele Anheftungsstellen wie Spinalnervenwurzeln. Weitere Anheftungsstellen sind der 2. und 3. Halswirbel. Die meningeale Kette tritt durch das Foramen magnum in den Schädel, kleidet das Innere des Schädeldachs aus und bildet Septen, die das Tentorium cerebelli (S. 168) und die Falx cerebri (S. 168) bilden.

Die meningeale Kette nimmt eine Vorrangstellung ein. Über sie gibt es Verbindung zu den Organen, zum Bindegewebe und zum Nervensystem. Wenn die meningeale Kette unter Spannung steht, hat dies Auswirkungen sowohl im Lendenwirbel-Bereich als auch im kranialen System. Rezidivierende Probleme der Wirbelsäule können osteopathisch nicht dauerhaft gelöst werden, wenn das fasziale System unberücksichtigt bleibt.

Interessant ist, dass die faszialen Ketten streckenweise denselben Verlauf wie die Akupunktur-Meridiane haben:

- dorsale Kette – Gouverneurs-Meridian
- ventrale Kette – Konzeptionsgefäß
- anteriore Kette der Hinterbeine – Nieren-Meridian
- laterale Kette der Hinterbeine und periphere Kette – Gallenblasen-Meridian
- mediale Kette der Vorderbeine – Perikard-Meridian
- laterale Kette der Vorderbeine – Dreifacher Erwärmer
- posteriore Kette – Blasen-Meridian
- zentrale Kette – Dünndarm-Meridian

7.5 Fasziale Gürtel

Über Faszienketten werden nicht nur die Bewegungen auf den gesamten Körper übertragen, sondern Störungen innerhalb der Kette können die Funktionsfähigkeit der gesamten Kette beeinflussen.

Um zu verhindern, dass sich Läsionen auf die ganze Kette übertragen, gibt es im Verlauf der Ketten Kreuzungspunkte, die wie Pufferzonen wirken und die hier zusammentreffenden Kräfte aufnehmen und verteilen. Diese Pufferzonen sind auf die gesamte Länge der Faszienketten verteilt. Beim Pferd gibt es 8 solcher Pufferzonen, auch als fasziale Gürtel bezeichnet (► **Abb. 7.9**).

Die Gürtel sind gleichzeitig immer kritische Zonen. Gürtel wirken wie Federn, d. h. hier wird Tension abgebaut.

Jedes größere Gelenk ist solch eine Pufferzone. An den Gelenken befinden sich im longitudinalen Zug der Faszien quer verlaufende Fasern, die einerseits Spannungen verteilen, andererseits aber anfällig für Läsionen sind. Wir möchten ein Gelenk als Beispiel herausheben, das Karpalgelenk.

In der proximalen Reihe der Karpalknochen bildet sich auf der Palmarseite eine Rinne. Durch das Retinaculum flexorum, ein quer verlaufendes Halteband, wird die Rinne zum Karpaltunnel, durch den der N. medianus verläuft und in den die oberflächliche und die tiefe Beugesehne eingebettet sind. Das Retinaculum flexorum ist eine Verstärkung der Fascia antebrachii und der Fascia palmaris.

Retinaculum flexorum und extensorium sind die quer verlaufenden faszialen Strukturen und bei zu viel Spannung die Ursache für das Karpaltunnelsyndrom, für Sehnen- und Sehnenscheidenentzündungen im Karpalgelenk.

7.5.1 Tentorium cerebelli-Gürtel

Der Tentorium Cerebelli-Gürtel verläuft zwischen den beiden Schläfenbeinen. Es besteht eine fasziale Verbindung zur Falx cerebri, Falx cerebelli, zu Os occipitale, Os sphenoidale und zur zentralen und peripheren Kette.

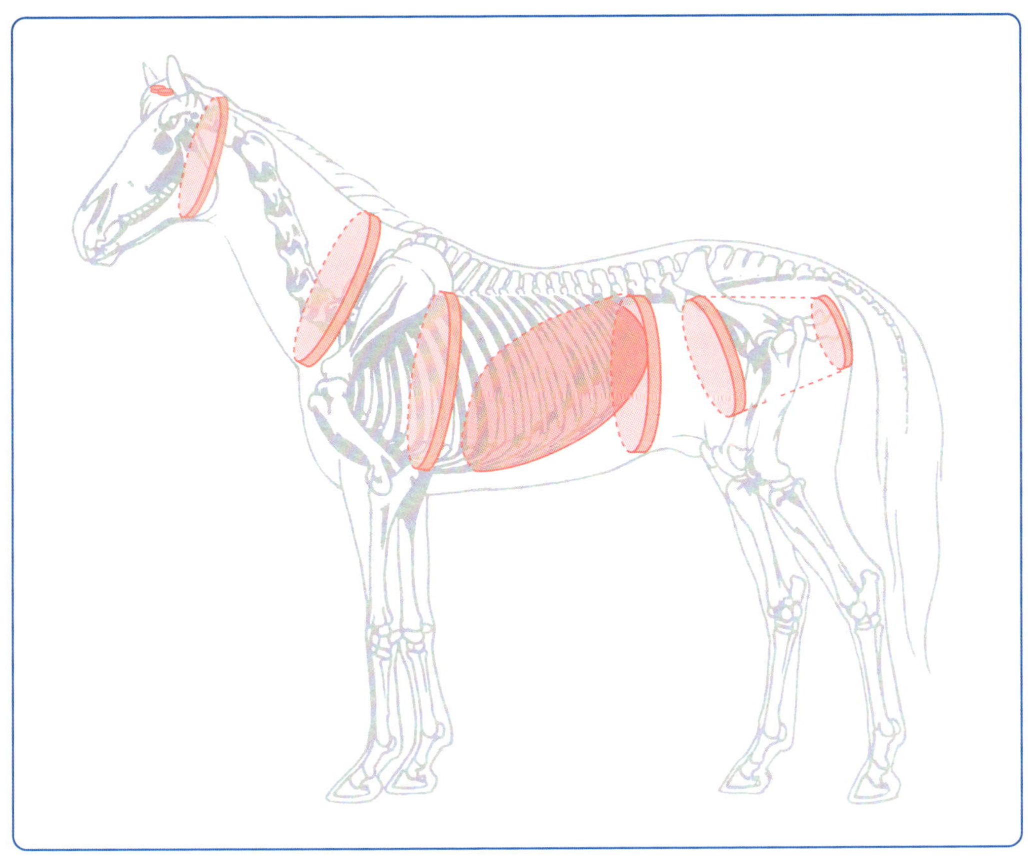

► **Abb. 7.9** Fasziale Gürtel.

7.5.2 Zungenbein-Gürtel

Der Zungenbein-Gürtel befindet sich zwischen den Unterkieferästen (S. 143). Er ist wichtig als Stoßdämpfer und Kräfteverteiler der zentralen Faszienkette. Er ist nicht nur bei Läsionen des Zungenbeins, sondern auch bei Fehlspannungen der hyoidalen Muskeln (M. omohyoideus, M. sternohyoideus) und bei Läsionen des Sternums betroffen.

7.5.3 Brusteingangs-Gürtel

Der Brusteingangs-Gürtel befindet sich am kranialen Scapula-Rand, zwischen dem 7. Halswirbel und dem 1. Brustwirbel. Der M. scalenus, der in diesem Gebiet verläuft, ist beim Pferd oft die Ursache diverser Lahmheiten der Vorderbeine. In diesem Bereich befinden sich auch die Thymusdrüse und der Plexus brachialis, das Nervengeflecht aus dem letzten Hals- und ersten Brustwirbel. Der Plexus brachialis versorgt motorisch die Innervation, die Schultermuskulatur und sensibel die Vorhand.

Folgen einer Kompression des Armgeflechts:

- unklare Lahmheit der Vorhand
- steife Vorhand-Bewegung
- steife Bewegung von Hals und Schulter
- eingeschränkte Beweglichkeit der Scapula
- eingeschränkte Beweglichkeit des Karpalgelenks
- Karpaltunnel-Syndrom
- Läsionen der Halswirbelsäule
- Triggerpunkte um das Buggelenk
- Kiefergelenks-Läsionen
- kalte Extremitäten
- unharmonischer Bewegungsablauf
- Schwierigkeiten, den Kopf zu heben oder zu senken
- prall gefüllte Venen an der Vorderextremität
- Neigung zu Sehnenproblemen der Vorhand

7.5.4 Brust- oder Herz-Gürtel (Herz, Lunge)

Dieser Gürtel befindet sich auf der Linie Sternum–9. Brustwirbel. Zu dieser Linie gehört das Lig. sternopericardiaca, die Verbindung zwischen Brustbein und Perikard und dem Herz. Die äußere Schicht des Perikard ist mit dem Diaphragma verwachsen und verbindet sich mit dem Mediastinum. Der Brustgürtel ist bei unklaren Lahmheiten der Vorhand, bei Herzproblemen, aber auch bei psychischen Problemen betroffen. Eine Läsion des Lig. sternopericardiaca kann Bewegungseinschränkungen der Vorhand verursachen.

7.5.5 Diaphragma-Gürtel (Zwerchfell)

Der Diaphragma-Gürtel befindet sich zwischen dem Xyphoid des Sternums und dem Übergang Brustwirbel – Lendenwirbelsäule. Das Diaphragma ist nicht nur der wichtigste Atemmuskel, es dichtet die Brusthöhle gegen die Bauchhöhle ab. Es übt durch seine Bewegung einen Pump-Effekt aus und mobilisiert die prä- und postdiaphragmatischen Organe. Die Bewegung des Zwerchfells ist wie ein Regenschirm, dehnt sich nach kranial und lateral. Die Bewegung ist an die Bewegung der Rippen, der Interkostalmukulatur und der Bauchmuskeln gekoppelt. Das Diaphragma massiert durch seine Bewegung die Lunge und die Bauchorgane.

Es ist die wichtigste Struktur für die Statik und sorgt durch seine Bewegung für die Motilität der Bauchorgane. Es ist die wichtigste Pufferzone, um die verschiedenen faszialen Züge abzupuffern, den nach kranial gerichteten Zug der peripheren und zentralen Ketten und den nach kaudal gerichteten Zug der Bauchfaszien. Der Diaphragma-Gürtel ist sowohl bei Atemproblemen als auch bei vielen Problemen des Bewegungsapparats betroffen, z. B. bei ISG- und Beckenproblemen, Problemen bei der Flexion des Hüftgelenks durch Läsionen des M. psoas. Die Mm. psoas major und minor verlängern bzw. verkürzen sich mit der Zwerchfell-Bewegung. Seine Bewegung beeinflusst die Rippen und die Interkostalmuskeln.

Symptomatik

Folgende Symptome weisen auf eine Blockierung des Zwerchfells hin:

- Schluckstörungen
- Verdauungsstörungen
- Magenerkrankungen
- geringes Atemvolumen
- Husten beim Anreiten
- Widersetzlichkeit beim Anziehen des Gurtes
- Atemstörungen

- Symptome ähnlich der chronisch obstruktiven Bronchitis
- Lymphabfluss-Störungen (zeigen sich häufig als Schwellungen der Beine und im Brust- und Bauchbereich)
- Sehstörungen

Einfluss auf den Bewegungsapparat

- Verspannung im Halsbereich, vor allem 5.–7. Halswirbel, bedingt durch die Innervierung durch den N. phrenicus
- Schmerzen im zervikothorakalen Übergang
- Verspannung des M. psoas, des M. subclavius und der paravertebralen Muskeln

7.5.6 Bauch- oder Nabelgürtel

Die Linie des Nabel-Gürtels befindet sich zwischen Nabel und dem 1. und 2. Lendenwirbel. Im Verlauf dieser Linie befinden sich die Fascia transversalis und der kraniale Teil der Fascia iliaca sowie Anteile des Dünn-, Zwölffinger- und Blinddarms sowie Niere und Eierstöcke mit den sie umgebenden Faszien.

Der fasziale Zug geht sowohl nach kranial in Richtung Leber als auch nach kaudal in Richtung Blase.

Im Becken treffen sich mehrere Faszien. Die Faszien der Becken-Region weisen sehr häufig Läsionen auf. Bei der Stute treten die Läsionen meist durch Eierstock- und Gebärmuttererkrankungen auf. Durch Entzündungen kann es zu Verklebungen zwischen Uterus, den Faszien und sogar mit Blase und Darm kommen. Beim Wallach sind fasziale Läsionen im Beckenbereich meist auf die Kastration zurückzuführen. Nicht nur bei postoperativen Komplikationen wie Infektionen, Blutungen, Darm- oder Netzvorfall sind die Faszien betroffen, auch bei einer gut verlaufenden Kastration kommt es zu Verklebungen der Fascia spermatica mit dem Leistenring. Läsionen in dieser Region verursachen häufig Becken- und/oder Hüftgelenksprobleme.

7.5.7 Beckeneingangs-Gürtel

Der Beckeneingangs-Gürtel befindet sich zwischen Schambein und Übergang Lendenwirbelsäule und Sakrum. Auf dieser Linie befinden sich Blase, Mastdarm, Gebärmutter, Eierstöcke. Bei allen Problemen im Urogenitaltrakt ist dieser Gürtel betroffen.

Symptomatik

Das Diaphragma pelvis und das Diaphragma urogenitale haben einen großen Einfluss auf die Beweglichkeit des Sakrums und der Schwanzwirbel. Operationen und Infekte können zu Verklebungen zwischen den Becken-Faszien und den inneren Organen führen und seine Beweglichkeit einschränken. Wiederholte, oft unerkannte Blasen- und Eierstockentzündungen sind bei Stuten häufig die Ursache für ein blockiertes Becken-Diaphragma. Die Folgen können ein blockiertes Sakrum und damit Schmerzen im Unterleib sein. Das kann zu unerklärlichen Lahmheiten der Hinterhand bzw. einer steifen Hinterhandbewegung oder Sterilität bzw. Verfohlen führen. Bei Wallachen ist die Ursache einer Restriktion oft die Kastration.

Einfluss auf den Bewegungsapparat

- Blockierung des Iliosakralgelenks
- Fixierung des Übergangs von Lendenwirbelsäule und Sakrum
- Fixierung des sakrokokzygealen Gelenks
- Blockierung des Hüftgelenks
- 2.–4. Schwanzwirbel durch den Verlauf des N. pelvini
- Th 16–S 4

7.5.8 Perineal-Gürtel (Beckenausgang)

Der Perineal-Gürtel ist der Gürtel des Beckenausgangs. Er befindet sich zwischen Vulva bzw. Anus und den ersten Schwanzwirbeln. Auf der Linie befinden sich Fascia pelvis, Mastdarm und Vagina. Auch der Perineal-Gürtel ist bei Problemen des Urogenitaltraktes betroffen. Störungen im Perineum wirken sich auf die Fascia transversalis und/oder die Bauchorgane aus und können über die faszialen Ketten nach kranial zum Zwerchfell und weiter bis in die Halsfaszien übertragen werden.

Ein weiterer energetischer Zusammenhang besteht zwischen den Energiezentren, den Chakren, und den faszialen Gürteln.

- Tentorium cerebelli-Gürtel – Kronen-Chakra
- Zungenbein-Gürtel – Kehl-Chakra
- Brusteingangs-Gürtel – Großes Arm-Chakra (nach Margrit Coates)
- Brust- oder Herz-Gürtel – Herz-Chakra
- Nabel-Gürtel – Nabel-Chakra
- Beckeneingangs-Gürtel – Sexual-Chakra
- Perineal-Gürtel – Wurzel-Chakra

Neben den faszialen Korrekturen können also auch Akupunktmassage und andere energetische Methoden die Faszienketten harmonisieren. Die Chakra-Therapie wirkt besonders auf die faszialen Gürtel, die Meridianmassage auf die Ketten [81].

7.6 Fasziale Läsionen

Das menschliche Muskel-Skelett-System kann als Tensegrity-System bezeichnet werden. Das heißt, eine bestimmte Art der Konstruktion, bestehend aus festen und elastischen Elementen, ergibt eine stabile und zugleich adaptionsfähige Form. Hat eine weiche Struktur zu viel oder zu wenig Spannung oder wird sie durchtrennt, verliert die Konstruktion ihre Stabilität (▸ **Abb. 7.10**).

Bezogen auf die Statik des Körpers bedeutet es das Zusammenspiel von myofaszialen und knöchernen Strukturen. Die knöchernen Strukturen gewährleisten, dass die elastischen Strukturen unter Spannung bleiben.

Ein Ziel der faszialen Osteopathie ist es, die Tensegrität, das Zusammenspiel von myofaszialen und knöchernen Strukturen, herzustellen (▸ **Abb. 7.11**).

Ist das Gleichgewicht der beiden Kräfte gestört kommt es zur Veränderung der Statik und zu Bewegungseinschränkungen.

Da die Körperbewegungen nur von Muskelketten ausgeführt werden und nicht von einzelnen Muskeln, wird es verständlich, dass sich z. B. ein Problem im Knie auf den Nacken auswirkt oder dass ein Beckenschiefstand eventuell Nackenschmerzen verursachen kann.

Die faszialen Verbindungen zwischen dem Schädel und dem übrigen Körper sind ein wichtiger Faktor bei der Übermittlung des kraniosakralen Rhythmus auf den Körper und für die einwandfreie Funktion des kraniosakralen Systems im engeren Sinne.

Das Fasziensystem besitzt eine hervorragende Verschiebe- und Gleitfähigkeit. Die Faszien ermöglichen feine physiologische Bewegungen wie die des kraniosakralen Rhythmus und des Herzschlages oder deutlichere Bewegungen wie die Ausdehnung der Lungen beim Atmen und das Heben eines Armes.

Faszien können leicht durch Entzündungen oder Traumata verkleben, durch Narben verhärten und damit bestimmte Bewegungsrichtungen erschweren und hemmen. Sie werden trocken, verlieren ihre Elastizität. Bei einer Bewegungseinschränkung der Faszien kommt es zu Beeinträchtigungen

- des Stoffwechsels der Zellen,
- des Lymphflusses,
- der Funktion des Immunsystems
- und zu Einschränkungen im Bewegungsapparat.

! Fasziale Läsionen sind nur dauerhaft reversibel, wenn die Ursache beseitigt wird, z. B. durch Optimierung des Stoffwechsels.

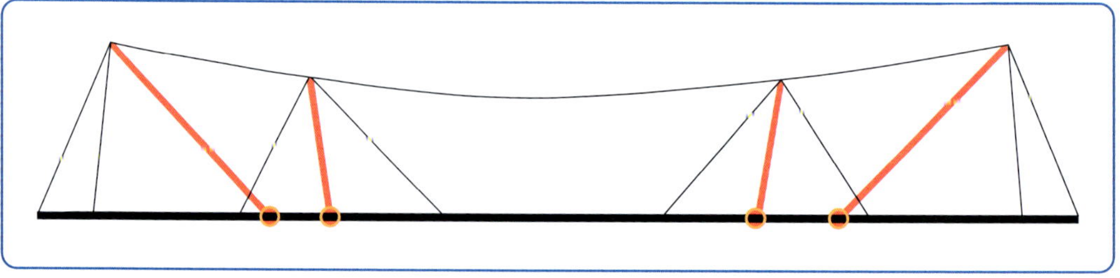

▸ **Abb. 7.10** Tensegrity-Modell.

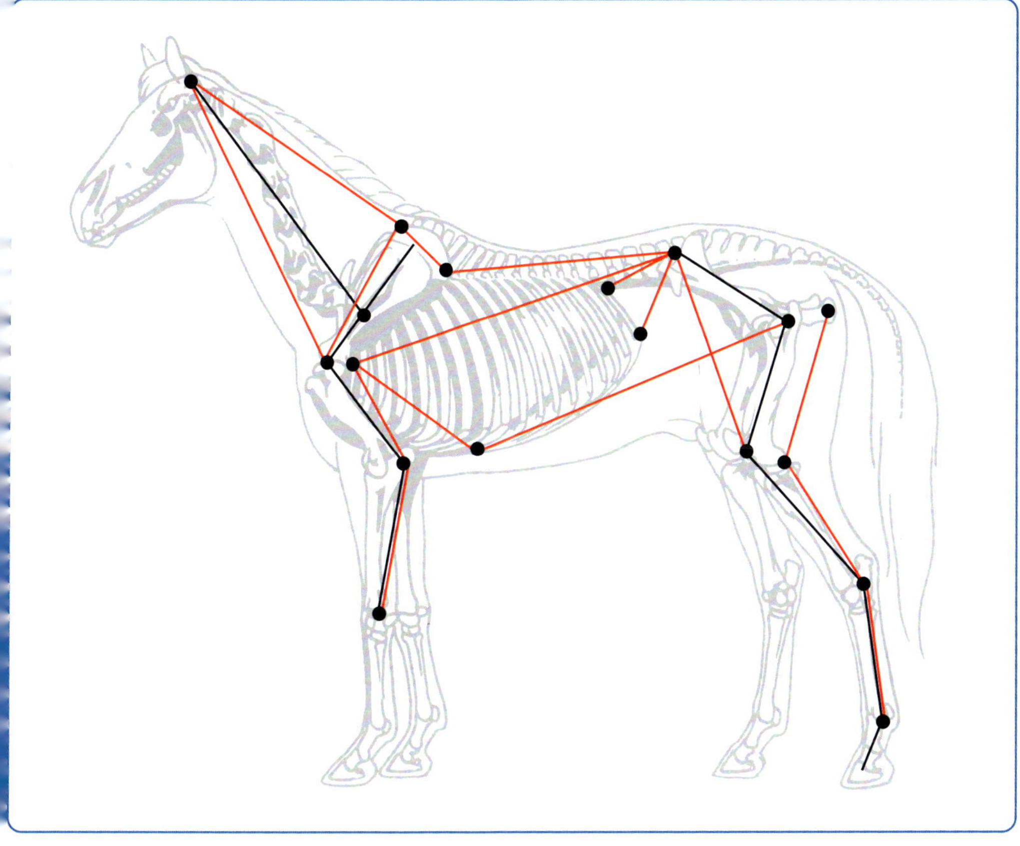

▶ **Abb. 7.11** Tensegrity am Pferd. Ist eine Faszie der Kette zu stark oder zu schwach, verändert sich die Statik.

Anatomischer Zusammenhang

Die fasziale Läsion ist wie ein Fixpunkt, auf den sich alle Kräfte konzentrieren. Bewegung kommt an diesem Punkt zum Stillstand, Gewebe verdichtet sich. Über Faszien können die Spannungen der Läsion auf weit entfernt liegende Stellen des Körpers übertragen werden. So müssen sich Probleme nicht zwangsläufig dort äußern, wo sie entstanden sind.

Auswirkungen faszialer Läsionen:

- Veränderung der Statik und Stellungsfehler
- Bewegungseinschränkungen
- Lymphabflussstörungen. Oberflächliche und tiefe Lymphbahnen durchqueren das fasziale Gewebe. Restriktionen behindern den Fluss der Lymphe.
- Atemstörungen
- Herz- und Gefäßerkrankungen durch Komprimierung der Nerven und Gefäße, die das Diaphragma durchqueren.
- funktionelle Organstörungen

Durch Palpation kann die Lage der Restriktionen bestimmt werden. Das Gewebe zeigt diese Restriktionen durch veränderte Spannungszustände und Richtungen an.

Bei folgenden Dingen sollte an Probleme mit den Faszien gedacht werden:

- ständige Beanspruchung immer derselben Muskeln oder Muskelketten bei einseitigem Training
- schmerzende Stellen im Muskel, die auch nach Massage und Triggerpunkt-Behandlung immer wieder auftauchen
- chronische Organprobleme (oft zeigen sich organische Probleme wie z. B. Leberfunktionsstörungen oder Kolikneigung an einer ständigen Verspannung der zugehörenden Muskeln)
- Lymphabflussprobleme

8 Behandlung der Faszien

8.1
Überblick

Fasziale Osteopathie kann sowohl strukturell mit relativ starkem Kraftaufwand als auch sehr sanft angewendet werden. Die sanften (fluiden) Techniken arbeiten mit dem Liquor, mit der Inspiration und Exspiration des Gewebes.

Strukturelle Faszientechniken:
- Faszienmassage
- Fasziendehnungen
- Myofaszial Release (kann so sanft durchgeführt werden, dass es auch zu den fluiden/energetischen Faszientechniken gezählt werden kann)

Energetische Faszientechniken:
- Behandlung der faszialen Gürtel
- Behandlung der faszialen Ketten
- Behandlung der Extremitäten

8.2
Durchführung der strukturellen Faszientechniken

8.2.1 Faszienmassage

Bei der Faszienmassage zum Lösen von oberflächlichen Muskelfaszien wird der gesamte Muskelverlauf sehr langsam und tief in Faserrichtung, am besten mit den Fäusten, massiert. Faserrichtung bedeutet in Richtung Herz, also im Halsbereich nach unten, an den Beinen nach oben und am Rumpf nach vorne in Richtung Ellbogen. Es wird mit 2 Händen gearbeitet. Eine Hand dehnt den Muskel, die andere Hand massiert langsam und tief in Faserrichtung. Dabei sollte die ganze Aufmerksamkeit auf das Muskelgewebe gerichtet sein. Gibt es Stellen, an denen sich ein Widerstand aufbaut? Hier sind die Faszien mit der Muskulatur verklebt. Werden diese Stellen nicht beachtet und trotzdem weitermassiert, werden zusätzliche Spannungen erzeugt. An diesen Stellen sollte noch langsamer massiert und die Massage wiederholt werden, bis man ohne das Gefühl eines Hindernisses über diese Stelle gleiten kann. An den Kruppenmuskeln kann die Massage auch nach hinten/unten durchgeführt werden, da auch die Achillessehne eine Lymphpumpe darstellt und somit der Lymphabfluss erfolgen kann (▶ **Abb. 8.1**). Die Faszienmassage der Kruppenmuskeln und der Hinterhandmuskeln wirkt sich positiv auf die Hinterhandbewegung aus. Der Schub der Hinterhand von hinten wird verbessert, die Tritte länger. Die Massage an den seitlichen Halsmuskeln bewirkt eine bessere Beweglichkeit des Halses.

> **!** **Das Ziel der Faszienmassage besteht in der Trennung der Muskelschichten, sodass wieder Flüssigkeit in den Zwischenräumen fließen und sich die Faszie zusammen mit dem Muskel verkürzen oder verlängern kann.**

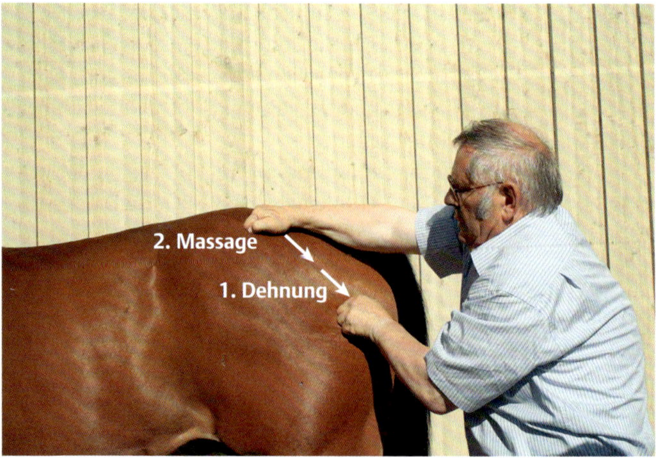

▶ **Abb. 8.1** Faszienmassage des M. glutaeus.

8.2.2 Fasziendehnungen

Durch Dehnen ganzer Körperregionen lösen sich nicht nur einzelne Faszien, sondern ganze Faszienketten.

Dehnen der Lendenfaszien

Die Technik für diesen Bereich ist wichtig, wenn die Hinterhandbewegung steif ist oder eine ungenügende Biegung der Lendenwirbelsäule besteht. Eine Hand fixiert den Hüfthöcker, die andere die letzte Rippe (▶ Abb. 8.2). Die Aufmerksamkeit ist in der Tiefe bei den Lendenmuskeln M. quadratus lumborum, M. iliacus und M. psoas. Die beiden Hände üben einen gleichzeitigen, kontinuierlichen Schub nach kranial und kaudal aus, bis sich das Release einstellt. Das heißt, bis das Gefühl entsteht, die Lendenpartie wird länger.

Dehnen einer ganzen Körperseite

Bei Problemen mit der seitlichen Biegung oder bei extremer Schiefe kann es angebracht sein, die ganze Körperseite zu dehnen. Wenn beispielsweise die laterale Biegung nach links nicht oder nur ungenügend möglich ist, können die Muskeln rechts oder deren Faszien verkürzt sein. Die rechte Seite muss gedehnt werden.

Bei dieser Dehnung werden vor allem die Fascia thoracica profunda und die Muskelfaszie des M. latissimus dorsi gedehnt. Eine Hand liegt am Hüfthöcker, die andere hinter dem Schulterblatt (▶ Abb. 8.3). Beide Hände dehnen die ganze Körperseite bis zum Release. Damit wird vor allem die laterodorsale Faszienkette gelöst. Beide Hände dehnen die ganze Körperseite bis zum Release. Damit wird vor allem die Fascia thoracica profunda

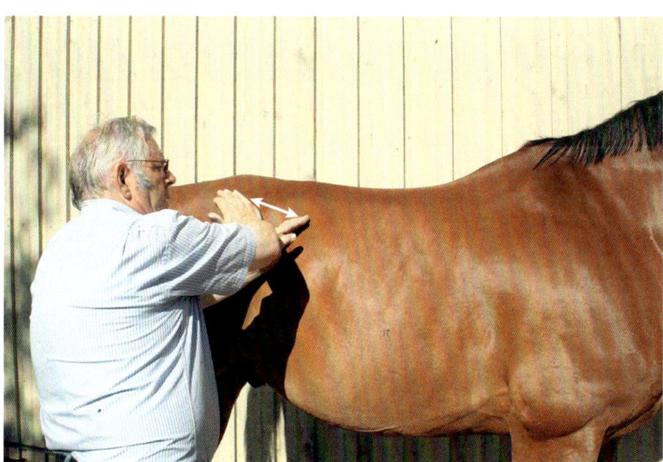

▶ **Abb. 8.2** Dehnen der Lendenfaszien.

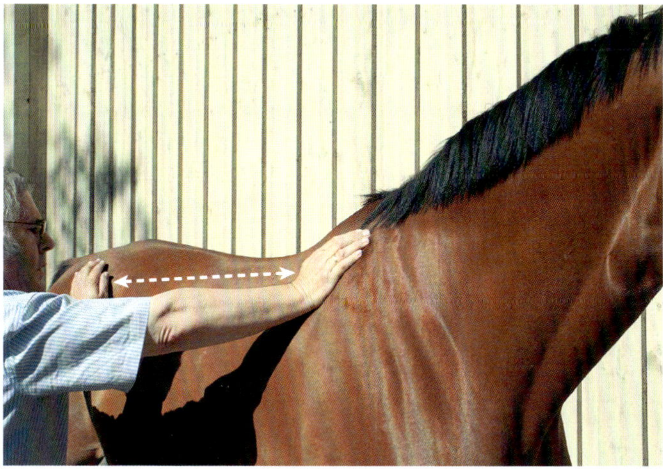

▶ **Abb. 8.3** Dehnen der laterodorsalen Faszienkette.

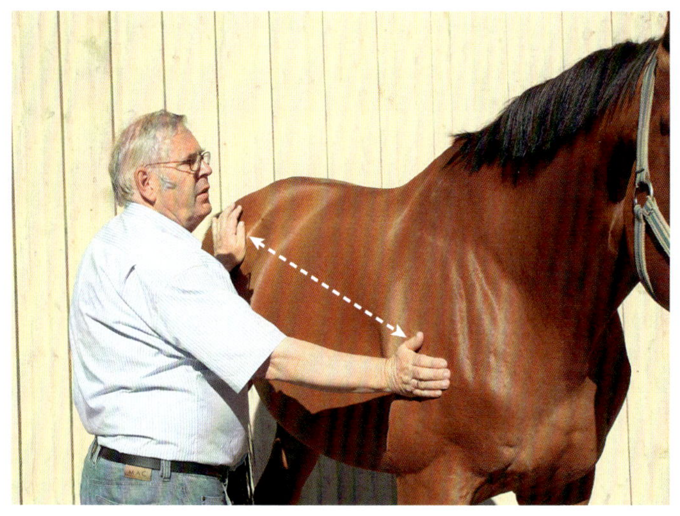

▶ **Abb. 8.4** Dehnen der lateralen Faszienkette.

gedehnt. Für das Lösen der lateralen Kette, hauptsächlich der tiefen Rumpffaszie und der Faszie des M. latissimus dorsi, wird eine Hand an den Hüfthöcker, die andere kaudal des Buggelenks angelegt (▶ **Abb. 8.4**). Die Aufmerksamkeit ist auf die Spannung zwischen den Händen gerichtet. Es wird gewartet, bis sich die ganze Faszienkette löst, bis man das Gefühl hat, das Pferd wird „länger".

8.2.3 Myofaszial Release

Myofaszial Release ist eine Technik, die in ihrer Wirkungsweise und ihren sanften Manipulationen zur kraniosakralen Therapie gezählt werden kann. Bei allen Faszientechniken geht es darum, die Gewebe zu befreien, ihnen ihre Mobilität und Motilität wiederzugeben. Dies ist aber nur möglich, wenn wir die Restriktionen und Spannungen in allen Schichten wahrnehmen.

Myofaszial Release ist im Gegensatz zur oben beschriebenen Faszienmassage eine äußerst sanfte kraniosakrale Technik zum Lösen von Muskelfaszien.

Findet der Therapeut eine Dysfunktion, stellt er behutsam ein harmonisches Zusammenwirken zwischen den Faszien und ihrer Umgebung, den Muskeln, Organen und Knochen, her.

Praxistipp

Beim Myofaszial Release sollte das Pferd die Freiheit haben, sich zu bewegen. So kann es unter Umständen die Körperhaltung einnehmen, bei der die Restriktion entstanden ist, um die Restriktion zu lösen.

Variante 1 Um Muskelfaszien zu lösen, wird sanft mit den Fingerkuppen in das Muskelgewebe eingedrungen. Es wird gerade so viel Druck angewendet, dass die Festigkeit des Gewebes sowie verhärtete und verklebte Stellen wahrgenommen werden. Dann wird gewartet, bis die Finger förmlich ohne Widerstand in den Muskel „einsinken". Diese Technik ähnelt der Triggerpunkt-Behandlung, ist aber wesentlich sanfter.

Nun können folgende Befunde erhoben werden:

- Temperatur des Gewebes: Ist das Gewebe an dieser Stelle besonders warm oder besonders kalt?
- Gewebestruktur: Hat man den Eindruck, das Gewebe ist elastisch und gibt auf sanften Druck nach oder fühlt es sich hart an? Befinden sich hier Eindellungen, Verhärtungen oder ödematöse Schwellungen?
- Bewegung des Gewebes: Jede Gewebestruktur hat eine bestimmte, meist longitudinale Richtung. Aber ein gesundes Gewebe sollte sanft in alle Richtungen zu mobilisieren sein. Ähnlich wie bei der SSB. Ihre physiologische Bewegung

ist die Extension/Flexion. Aber wir können sie in die Seitneigung, Rotation usw. mobilisieren.

- Geweberhythmus: An jeder Stelle des Körpers sollte der kraniosakrale Rhythmus von 10–14 Zyklen (Mensch), beim Pferd von ca. 8 Zyklen und darunter wahrnehmbar sein.

Variante 2 Die Handfläche liegt auf dem Muskel und gleitet, wie oben beschrieben, in die Tiefe. Nun werden Bewegungen in verschiedene Richtungen induziert und beobachtet, in welche Richtung das Gewebe dem Zug folgt. Wenn eine Richtung blockiert ist, geht man in die Richtung der besseren Beweglichkeit und hält diese hier fest.

Fallbeispiel

Sandy konnte den Kopf nicht zur Seite biegen, beim Reiten blieb er immer oben. Wir behandelten den atlantookzipitalen Übergang sowie den 2. und 3. Halswirbel, aber das Problem war nicht gelöst. Immer wieder zeigte das Kiefergelenk eine Blockierung, die wir durch Kompression-Traktion und Behandlung des M. masseter zwar lösten, aber nicht dauerhaft. Die Lösung war: Myofaszial Release für den M. masseter.

Myofaszial Release des zervikothorakalen Übergangs

Bei Blockierungen des Nackens darf der untere Teil der Halswirbelsäule nicht vergessen werden. Oft liegt hier die Ursache für die Unfähigkeit, den Hals seitlich oder nach unten biegen zu können. Restriktionen im Hals-Brust-Übergang (zervikothorakaler Übergang) zeigen sich auch durch zu kurze Tritte der Vorhand. Kurze Tritte lassen immer die Eleganz, Geschmeidigkeit und Kadenz der Bewegung vermissen. Ursache ist oft ein zu enger oder zu weit vorne liegender Sattel, der das Schulterblatt in seiner Bewegung hindert.

Am kranialen Rand des Schulterblatts, in der unteren Hälfte, muss die Muskulatur so elastisch sein, dass man mit der Hand unter das Schulterblatt fassen kann. Ist dies nicht der Fall, üben wir so lange einen sanften Druck in die Tiefe des Muskels aus, bis sich die Entspannung einstellt. Hier können wir zwar einen etwas kräftigeren Druck anwenden, aber zu starker Druck erzeugt nur eine unerwünschte Gegenspannung (▶ **Abb. 8.5**).

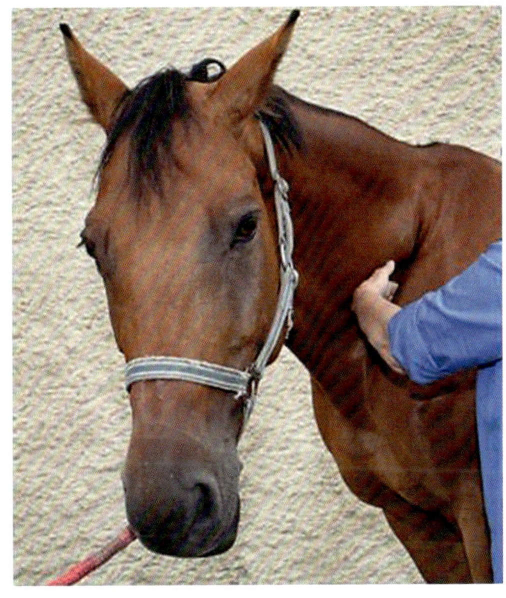

▶ **Abb. 8.5** Myofaszial Release des zervikothorakalen Übergangs.

Praxistipps

Die Technik wird erleichtert, wenn eine 2. Person den Kopf des Pferdes nach hinten bewegt.

Myofaszial Release der Brustmuskeln

Verkürzter Schritt, mangelnde Vorhandtätigkeit und Blockierungen des Sternums sind immer mit Restriktionen der Brustmuskeln verbunden. Oft ist das Pferd auf rutschigem Untergrund ausgeglitten, seine Brustmuskeln mussten sich plötzlich kontrahieren und sind in dieser Position eingefroren. Das Problem zeigt sich in zehenenger Stellung der Vordergliedmaßen. Eine Brusthälfte erscheint von vorne gesehen höher und/oder enger. Eventuell steht das Schulterblatt auf dieser Seite oben stärker ab.

Bei der Behandlung gleiten wir mit der flachen Hand seitlich des Sternums in die Tiefe (▶ **Abb. 8.6**). Oft finden wir hier eine Seite verspannt. Auf der Seite der Restriktion bleiben wir mit den Fingerkuppen bis zur Entspannung im Muskelgewebe.

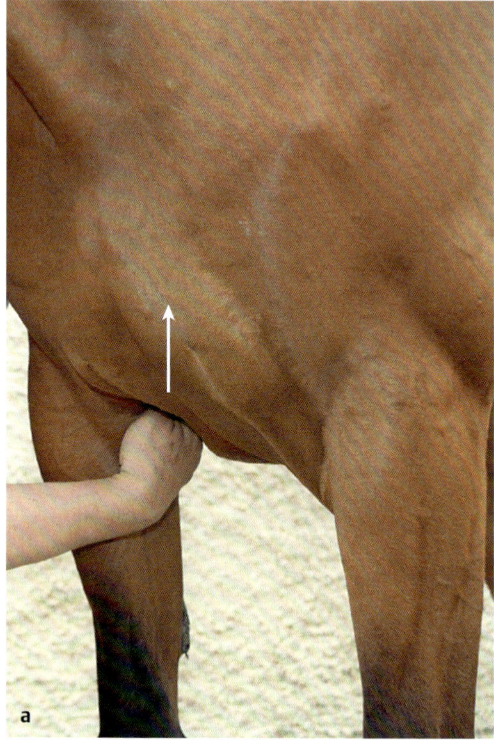

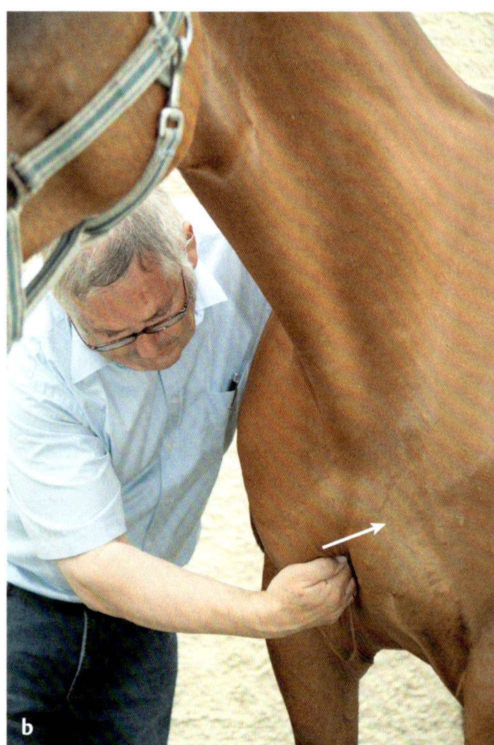

▸ **Abb. 8.6** Myofaszial Release der Brustmuskeln.
a M. pectoralis transversus.
b M. pectoralis descendens.

Zusätzlich können die Muskeln der betroffenen Seite durch die Spindelzelltechnik (S. 42) entspannt werden.

Behandlung des Musculus psoas

Der M. psoas ist ein schwer zugänglicher Muskel. Er besteht aus M. psoas major und minor, die ventral der letzten Brustwirbel und der Lendenwirbel entspringen und gemeinsam am Trochanter major des Oberschenkelknochens ansetzen.

Ein hypertoner M. psoas kann für eine zu starke Beugung im Hüftgelenk und damit zur Veränderung der Statik mit flach gestelltem Sakrum verantwortlich sein. Wenn der Muskel zu schwach ist, führt das zur allgemeinen Schwäche der Hüfte und zum nach hinten abfallenden Sakrum. Je abschüssiger das Sakrum und damit die Kruppe ist, desto weniger Schub kann die Hinterhand entwickeln.

Praxistipp

Die einzige palpierbare Stelle des M. psoas ist sein Ansatz am Oberschenkelknochen.

Bei der Behandlung gleiten wir, wenn das Pferd dies zulässt, mit der flachen Hand an der Innenseite des Oberschenkels entlang nach oben, bis wir einen Widerstand spüren. Hier fühlen wir, ob es gelingt, noch etwas tiefer in den Muskel einzusinken. Wenn das nicht der Fall ist, warten wir, bis sich das Gewebe entspannt. Viele Pferde lassen sich hier nicht gern berühren.

Eine weitere Möglichkeit, den M. psoas zu entspannen, besteht darin, das flektierte Hinterbein wie beim Retraktionstest nach hinten zu halten. Dann wird es aber noch weiter angehoben und so bis zum Release gehalten. Wir haben schon oft erlebt, dass die Pferde nach anfänglichem Zögern das Bein nach außen gestellt haben, als wollten sie zeigen, dass wir genau das Richtige tun. Auch über die Chapman-Reflexe (neurolymphatische Reflexzonen) kann der M. psoas harmonisiert werden.

8.3 Narben

Narbengewebe wirkt sich in den meisten Fällen störend auf die Beweglichkeit von Gelenken und Gewebestrukturen aus. Bei einem **Trauma**, z. B. Verletzung oder Operation, werden Entzündungsstoffe gebildet, die zu Verklebungen zwischen Haut und Faszie oder Faszie und Muskel führen. Nach dem Trauma beginnt eine Veränderung im Gewebe durch Bildung von Fibroblasten. Dies führt zur verminderten Elastizität, Verhärtung und Kontraktion des Gewebes.

Die Einschränkungen durch Narben sind nicht nur in unmittelbarer Nähe, also in der Haut, sondern auch in tieferen Schichten zu finden. Durch die Auswirkung der Narbe auf andere Gebiete kann es zu Funktionsstörungen des Kraniosakralsystems kommen. Dabei spielt es keine Rolle, ob es sich um Operationsnarben oder um verheilte Wunden handelt. Vor allem tief liegende Narben von Operationen an Organen sind oft nicht erkennbar, stehen aber mit Organen und Organsystemen in Verbindung. Die Fernwirkung von Narben sollte nicht unterschätzt werden.

In diesem Zusammenhang dürfen auch Muskelrisse nicht vergessen werden. Sie werden oft übersehen, sind aber als Einziehungen im Muskel gut zu erkennen. Auch Brände beim Pferd zählen zu den Narben, wobei kein Unterschied zwischen Heiß- und Kaltbrand besteht. Injektionsstellen sind Mikronarben. Auch die Kennzeichnungschips zur Identifizierung der Pferde setzen Narben. Wandern diese Identifizierungschips, werden zusätzlich innere Narben gesetzt.

Anatomischer Zusammenhang

Narben haben eine Fernwirkung. So kann eine Narbe an der Ganasche zu Kehlkopfproblemen, eine Narbe am Sprunggelenk zu Knie- oder Beckenproblemen führen.

Auch die Kastrationsnarbe, selbst wenn die Kastration ohne Komplikationen verlaufen ist, kann neben organischen Problemen wie Blasenerkrankungen auch zu Problemen im Bewegungsapparat führen. Vor allem kommt es zur Bewegungseinschränkung der Hinterhand. Oft ist kein ausreichender Schub aus der Hinterhand möglich und Beckenblockierungen entstehen. An dieser Stelle wird auf das Phänomen hingewiesen, dass viele Wallache nach der Kastration karpfenrückenartige Aufwölbungen im Bereich der Lendenwirbelsäule entwickeln.

Auch das Gewebe reagiert mit Bewegungsverlust. Der sensitive Therapeut merkt das daran, dass sich die Haut an dieser Zone nicht verschieben lässt.

8.3.1 Klassifizierung von Narben

In der Dermatologie werden Narben nach der Optik klassifiziert:

- physiologische Narben (vollständig verheilt, dünn; Haut, Unterhaut und Faszie sind in ihrer Bewegungsfähigkeit nicht eingeschränkt)
- sklerotische Narben (verhärtet)
- eingezogene (eingesunkene) Narben
- hypertrophe Narben (überschießende, den Wundrand nicht überschreitende Narbenbildung)
- Narbenkeloide (überschießende, den Wundrand überschreitende Narbenbildung)

8.3.2 Behandlung von Narben

Narben werden meist durch Neuraltherapie entstört, wobei Procain, Lidocain oder ein homöopathisches Mittel in die Narbe injiziert wird. Die Narbe und die umgebende Haut müssen hierbei für die Injektionen (bei der Neuraltherapie sind viele Einstiche nötig) desinfiziert werden. Aufgrund des Felles ist diese Desinfektion bei Tieren aber problematisch, sodass alternative Methoden vorzuziehen sind. Sehr gut eignet sich die Behandlung mit Magneten. Am besten eignet sich ein doppelpoliger Magnet, der so lange auf die Narbe gelegt wird, bis das Pferd Zeichen von Loslassen zeigt. Zusätzlich ist das Gebiet, falls es sich nicht schon bei einer Faszienbehandlung gemeldet hat, durch Myofaszial Release (S. 106) zu behandeln.

Danach dringt man in die Tiefe und sucht und löst dort die Bewegungseinschränkungen.

Fallbeispiel

Es wurde uns eine junge Stute vorgestellt, die ohne erkennbare Ursache vorne links lahmte. Die linke Schultermuskulatur war sehr verspannt. Wir behandelten die Muskeln und Faszien. Der Rücken war außer einigen Triggerpunkten, die behandelt wurden, ohne Befund. Die Bewegung verbesserte sich, es blieb aber eine Taktunreinheit zurück. Wir untersuchten alle Gelenke und entdeckten eine Narbe auf dem Röhrbein, die bis ins Fesselgelenk reichte.

Nach Entstörung der Narbe lief das Pferd taktrein. Die Verletzung hinten rechts hatte zur Kompensation durch eine Schonhaltung geführt. Die diagonale Schulter verspannte sich reflektorisch.

Das Beispiel zeigt deutlich, wie wichtig die Suche nach der Ursache ist.

8.3.3 Narben und Osteopathie

Narben betreffen nicht nur die Haut, sondern auch die darunterliegenden Faszien und das Bindegewebe. Aus osteopathischer Sicht ist nicht die Klassifizierung nach Optik wichtig, sondern der Zusammenhang zwischen der Narbe als Läsion und somatischer Dysfunktion.

Osteopathisch können Narben nach ihrer Wirkung in lokale und regionale Läsionen eingeteilt werden.

- Läsion der Haut und der unter der Haut gelegenen Faszien. Die Verschieblichkeit ist eingeschränkt, Folge ist eine Läsion gelenkiger oder knöcherner Strukturen in unmittelbarer Nähe der Narbe.
- Läsionen der myofaszialen Ketten mit lymphatischen, viszeralen, kraniosakralen und emotionalen Auswirkungen.

8.3.4 Osteopathische Behandlung von Narben

Für die osteopathische Narbenkorrektur werden 2 oder 3 Finger auf den Narbenverlauf gelegt und wie beim Myofaszial Release ein sanfter Druck ausgeübt und das Gewebe in verschiedene Richtungen gedehnt. Wenn eine Barriere zu fühlen ist, wird das gedehnte Gewebe dort gehalten und auf die Entspannung gewartet. Dasselbe wird in tieferen Schichten wiederholt.

8.4 Durchführung der energetischen (fluiden) Faszientechniken

8.4.1 Ablauf der energetischen Faszientests und Korrekturen

Zwischen Faszien und Fluida (Flüssigkeiten) des Körpers besteht ein enger Zusammenhang. Der Liquor cerebrospinalis gelangt über Microtubuli der kollagenen Fasern in das Fasziensystem und von dort ins Lymphsystem. Die Funktion der Faszien steht in direkter Verbindung zu jener des Lymphsystems und des Blutkreislaufs. Über das Blut erhalten Faszien Sauerstoff und Nährstoffe. Die Drainage des faszialen Gewebes erfolgt über den primär respiratorischen Mechanismus.

Kraniosakrale und fasziale Therapie sind kaum zu trennen. In den Faszien spüren wir nicht nur die Gewebebewegung, sondern auch die Fluktuation des Liquor. Fluide Techniken beeinflussen beides.

Es ist ratsam, die fluide, energetische Faszienbehandlung erst durchzuführen, wenn die Techniken der parietalen Osteopathie schon ausgeführt wurden, bei der 2. oder 3. Behandlung. Jetzt ist die Vorbereitung, die Entspannung des Therapeuten (S. 24), besonders wichtig.

Durch die folgenden Tests kann man herausfinden, welche fasziale Region die größte Disharmonie aufweist, wo die Behandlung begonnen wird, bei welcher Faszienkette, an welchem Gürtel oder einer Extremität. Erst dann folgen die Korrekturen.

Übung zum Fühlen der faszialen Bewegung

Die Hände liegen beidseits des Halses, ohne Druck auszuüben (▶ Abb. 8.7). Man muss sich erst in die einzelnen Schichten des Gewebes einfühlen, in das Gewebe einsinken. Die Achtsamkeit des Therapeuten ist im Gewebe. Was nimmt man wahr? Harmonie, Disharmonie oder keine Bewegung?

▶ **Abb. 8.7** Übung zum Fühlen der faszialen Bewegung.

Durch diese Berührung versteht das Pferd, was ich machen will. Ich zeige ihm, was ich lösen kann. Ich spüre Rhythmus und Intensität. Die fasziale Bewegung ist wie ein Fluss in eine Richtung, der mit einer bestimmten Geschwindigkeit fließt. Wir folgen der Bewegung. Der Fluss ist wie eine Welle wahrnehmbar, in einer aktiven und einer passiven Phase.

Als erste Übung kann man die aktive und die passive Phase „übertreiben". Die Bewegung wird langsamer und gleichmäßiger, die Amplitude größer.

8.4.2 Die Diagnose in der faszialen Osteopathie

Diagnose in der fazialen Osteopathie bedeutet, mit dem Körper in Dialog zu seinen Geweben zu treten, ihm „zuzuhören", seine Sprache zu verstehen. Der Ecoute-Test ist ein passiver Test, bei dem der Eigenbewegung des Gewebes gefolgt wird. Der Therapeut lässt sich von der Bewegung der Gewebe führen. Diagnose in der faszialen Osteopathie heißt, auffällige Regionen, Läsionen zu finden. Diagnose und Therapie gehen oft ineinander über. Eine klare Trennung ist nicht möglich.

8.4.3 Diagnostische Tests

Globale Tests

Folgende Tests sind Schnelltests oder globale Tests und dienen zur ersten Orientierung zu Beginn der Behandlung. Die globalen Tests dienen zum Auffinden der größten Disharmonie. Das kann ein faszialer Gürtel oder eine Extremität sein.

- Test der sensiblen Zone
- Test des kraniokaudalen Faszienzuges am Rumpf
- Test der Gürtel

Tiefer gehende Tests

Nach der ersten Orientierung folgen die tiefer gehenden Tests:

- Test der Extremitäten
- Test der Faszienketten

8.4.4 Durchführung der globalen Tests

Test der sensiblen Zone (erste Übersicht)

Wir beginnen mit der Kontaktaufnahme über dem Widerrist und hören auf die Antwort der Faszien. Dieser Bereich ist eine sehr sensible Zone (▶ **Abb. 8.8**).

Im Bereich des Schultergürtels laufen äußere und innere Faszienketten zusammen. Daher ist hier die ideale Projektionszone zum Ertasten der Faszienverläufe auf eventuelle abnorme Züge. Beim Pferd liegt die Zone im Widerristbereich etwa über dem Mähnenansatz. Dr. Gaudron, Tierarzt und Pferdeosteopath aus Frankreich, bezeichnet diese Region als „undankbare Zone". Undankbar deshalb, weil auch leichte Läsionen Auswirkungen haben, deren Lösung vom Patienten aber kaum wahrgenommen wird, er also keine sichtbare Reaktion zeigt. Andererseits können Behandlungen so unangenehm sein, dass sich der Patient auch nicht „bedankt". An dieser Zone treffen sowohl die Aponeurosen der Hals- und Schulterblattmuskeln, die Nackenplatte als auch die Fascia cervicalis superficialis, die Fascia scapularis und thoracolumbalis zusammen. Von hier aus kann der geübte Therapeut Läsionen in weit entfernten Regionen wahrnehmen.

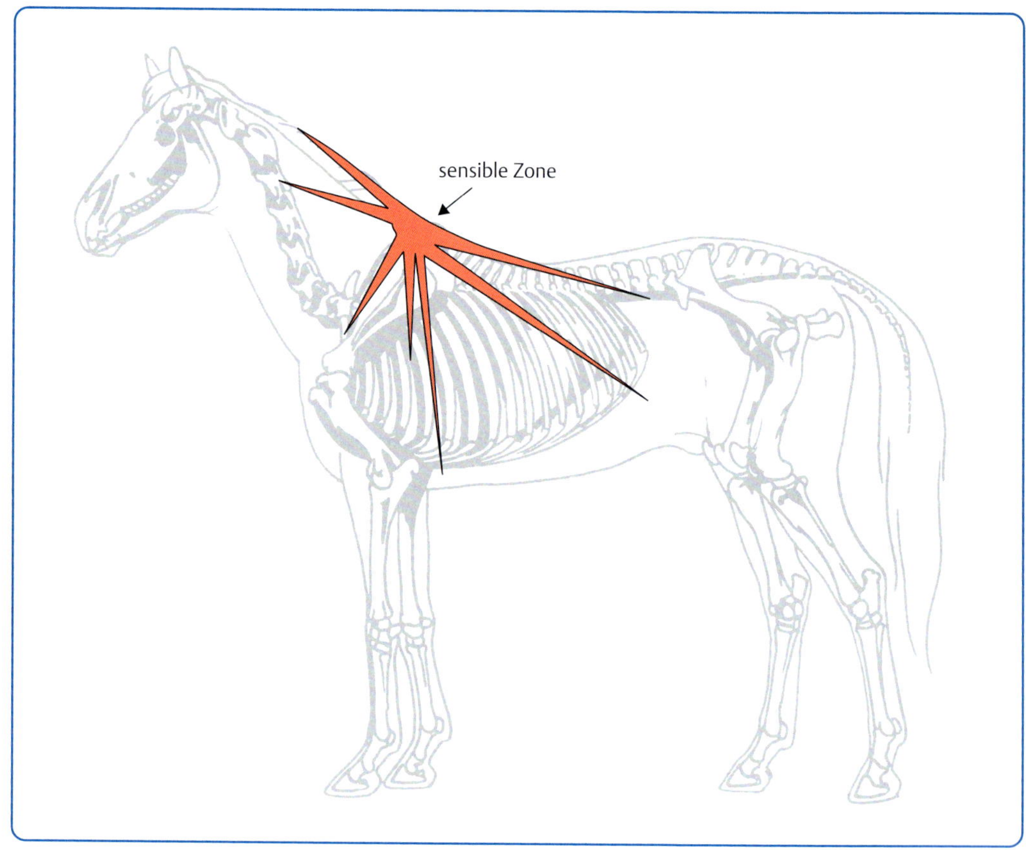

▸ **Abb. 8.8** Sensible Zone.

Bei entfernten Läsionen ist ein Zug in die Richtung der Läsion wahrnehmbar. Lokale Läsionen sind als Veränderungen im Gewebe, Härte, Widerstand, Kälte wahrnehmbar. Der Test ist die erste Orientierung, er wird auch als globaler Test bezeichnet.

Die Hand wird in die Richtung gezogen, aus der die Kraft des Traumas auf den Körper eingewirkt und zu einer Verdichtung oder Verlangsamung der Gewebebewegung geführt hat.

Beim Mensch liegt die Hand für den globalen Test auf dem Schädeldach. Der Kontakt der auf dem Kopf ruhenden Hand führt dazu, dass der Körper in Richtung der faszialen Spannung gezogen wird. Der Therapeut kann so feststellen, in welchem Körperbereich sich die osteopathische Läsion befindet. Beim Pferd sind die Körper-Reaktionen nicht so deutlich. Beim Pferd ist mehr die Wahrnehmungsfähigkeit des Therapeuten gefragt. Der geübte Therapeut spürt, ob ein Zug Schweif – Kopf oder Kopf – Schweif, ein diagonaler Zug zwischen hinten rechts – vorne links oder umgekehrt vorhanden oder ob ein Zug zu einer Extremität besonders ausgeprägt ist.

Test des kranial-kaudalen Faszienzuges am Rumpf

Die Hände liegen dorsal und ventral des Thorax, in der Sattellage (▸ Abb. 8.9). Es müsste, je nach Phase (Inspiration oder Exspiration des kraniosakralen Rhythmus) ein gegenläufiger faszialer Zug wahrnehmbar sein. In der Inspiration dorsal von vorne nach hinten, ventral von hinten kommend Richtung Kopf, in der Exspiration umgekehrt. Mit diesem Test prüft man gleichzeitig die dorsale und ventrale Kette. Diese beiden Ketten können so unter Spannung stehen, dass die Kette wie ein gespanntes Seil vom Okziput bis Schwanz wahrnehmbar ist.

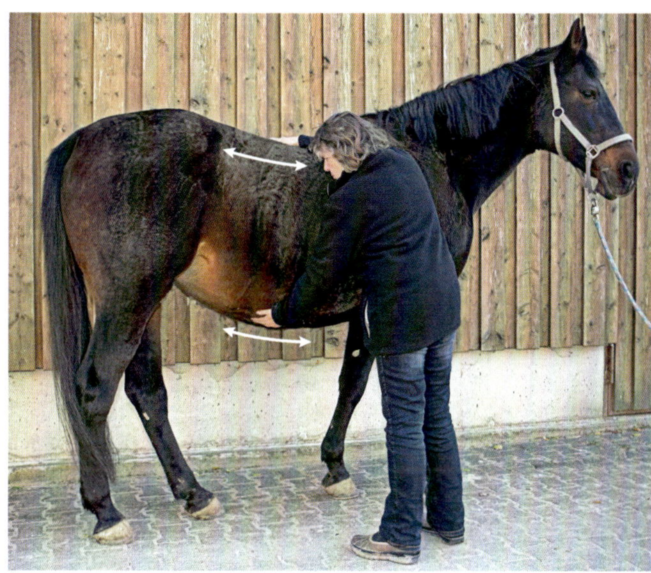

▶ **Abb. 8.9** Test des kranial-kaudalen Faszienzuges am Rumpf.

Test und Korrektur der faszialen Gürtel

Die Hände liegen dorsal und ventral des Gürtels und nehmen Kontakt mit dem faszialen Gewebe auf. Die Aufmerksamkeit ist im faszialen Gewebe der Linie. Was wird wahrgenommen? Harmonie? Disharmonie? Oder ist keine Bewegung vorhanden? Der primär respiratorische Mechanismus (S. 128) sollte überall im Körper spürbar und nicht zu stark oder zu schwach sein. Alle faszialen Gürtel müssen in der gleichen Phase sein (Inspiration bzw. Exspiration). Welcher Gürtel weist die größte Disharmonie auf? Ist ein Zug weg vom Gürtel wahrnehmbar, folgt man diesem zu bis zum Fixpunkt. Dort findet man eine Läsion.

Test des Tentorium cerebelli-Gürtels

Das Tentorium cerebelli (Kleinhirnzelt) verbindet die beiden Scheitelbeine und kann deshalb mit demselben Griff getestet werden, mit dem die Membran korrigiert wird, mit dem Zug an den Ohren (▶ **Abb. 8.10**). Bei dem Test sollte ein weiches Gefühl entstehen. Bei einer Läsion ist das Tentorium starr. Die Empfindung entsteht bei Einengung der Vena jugularis und bei Läsionen des Schläfenbeines.

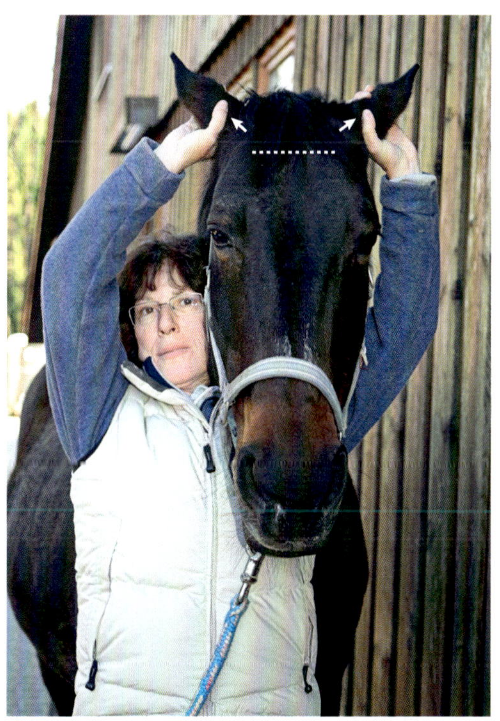

▶ **Abb. 8.10** Test des Tentorium cerebelli-Gürtels.

Test des Zungenbein-Gürtels

Eine Hand nimmt Kontakt mit dem Processus lingualis oder dem Korpus des Zungenbeins auf, die andere Hand liegt auf dem atlantookzipitalen Übergang (▶ **Abb. 8.11**). Die Aufmerksamkeit ist in der Nackenmuskulatur und der hyoidalen Muskulatur. Hypertone Nackenmuskeln blockieren nicht nur die ersten Halswirbel, sondern auch Nerven und Blutgefäße. Die Hand bzw. Finger auf dem

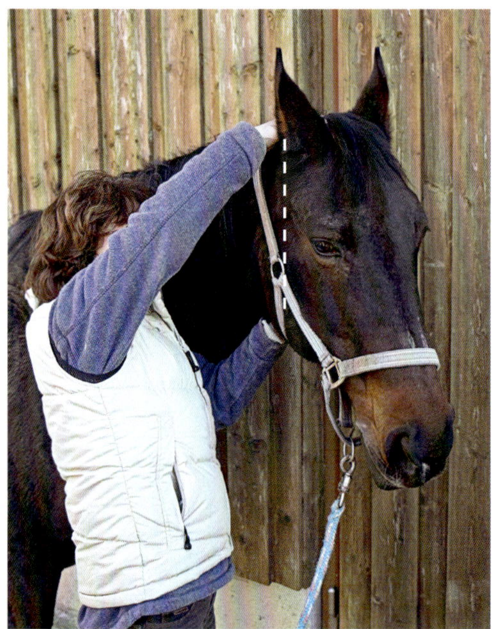

▶ **Abb. 8.11** Test des Zungenbein-Gürtels.

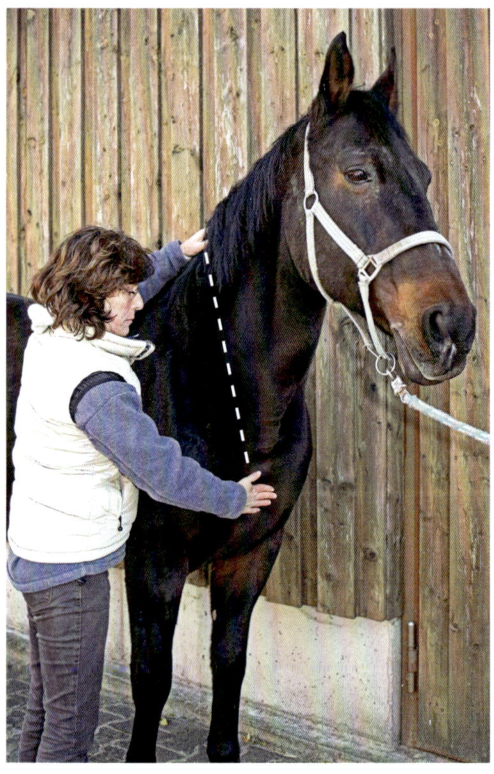

▶ **Abb. 8.12** Test des Brusteingangs-Gürtels, Variante 1.

Zungenbein prüfen die Umgebung des Zungenbeins. Ist sie weich und elastisch? Lässt sich das Zungenbein zu beiden Seiten bewegen?

Beim Zungenbein-Gürtel sind Läsionen nicht nur bei Problemen des Hyoideums selbst, sondern bei muskulären Problemen der Nackenmuskeln, der Zungenbein-Muskeln, der Ohrspeicheldrüse und des Kiefergelenks wahrnehmbar.

Test des Brusteingangs-Gürtels

Eine Hand liegt hinter den Vorderbeinen auf dem Manubrium des Sternums, die andere vor dem Widerrist in Höhe der Halswirbel C5–C7 (▶ **Abb. 8.12**). Die Aufmerksamkeit ist im Verlauf

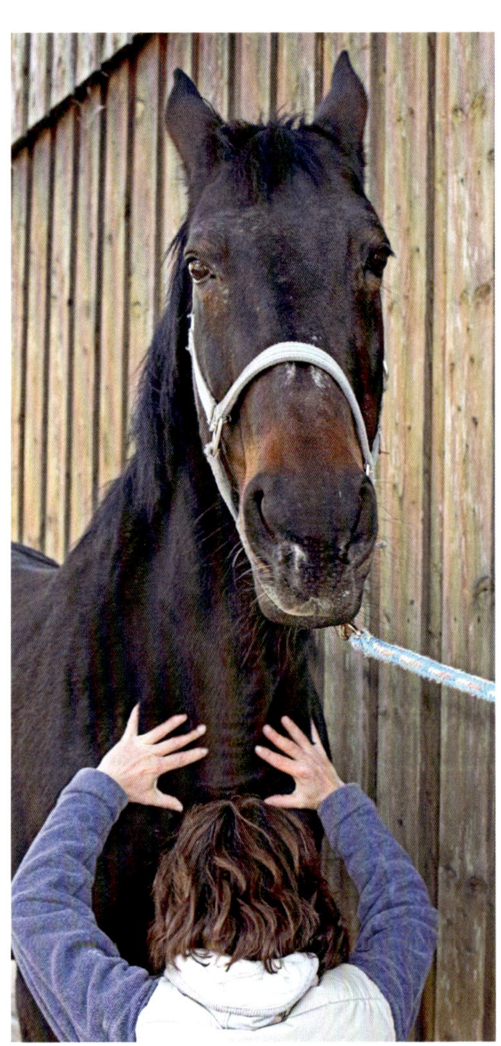

▶ **Abb. 8.13** Test des Brusteingangs-Gürtels, Variante 2.

des Gürtels. Ist die fasziale und kranioskrale Bewegung im ganzen Gürtel vorhanden? Wird die Hand auf eine Stelle des Gürtels oder weg vom Gürtel „gezogen“? Alternativ befindet sich der Therapeut direkt vor der Brust des Pferdes. Die Hände liegen medial der Buggelenke (▸ Abb. 8.13). Die Aufmerksamkeit richtet sich auf den Bereich dorsal des Sternums und des kranialen Scapula-Randes.

Test des Brust- oder Herz-Gürtels

Eine Hand liegt zwischen den Vorderbeinen, die andere auf dem Widerrist in Höhe des 9. Brustwirbels (▸ Abb. 8.14). Der Brust- oder Herz-Gürtel weist oft Läsionen auf, die vom Herz, dem Herzbeutel (Perikard) oder der Lunge herrühren. Die wahrgenommenen Läsionen können sich sowohl auf die Organe als auch auf die die Organe umgebenden Faszien und die zervikalen Faszien beziehen. Ein geübter Therapeut kann unterscheiden, wo er sich befindet.

Test des Diaphragma-Gürtels

Um das Diaphragma testen zu können, ist es hilfreich, seine Bewegung zu kennen: Bei der Einatmung spannt sich das Zwerchfell an, die Zwerchfellkuppel geht nach hinten, der äußere muskuläre Teil dehnt sich nach außen und verschafft so der Lunge Raum.

Bei der Inspiration kontrahiert sein peripher gelegener muskulärer Anteil, wodurch sich der zentrale Sehnenspiegel abflacht und nach kaudal bewegt. Die Kaudalbewegung wird durch die Bauchorgane und die Fixierung des Diaphragmas an der Vena cava caudalis begrenzt. Gleichzeitig mit der Abflachung des Diaphragmas erweitert sich durch die Arbeit der anderen Inspirationsmuskeln auch der Brustkorb. Dabei dehnen die kaudalen Rippen den Brustkorb vorwiegend nach lateral aus, erweitern also seinen transversalen Querschnitt. Die kranialen Rippen, die am Sternum befestigt sind, dehnen sich mit.

Bedingt durch die flächige Ausdehnung des Diaphragmas ist es sinnvoll, verschiedene Handpositionen einzunehmen. Wenn die Hände beidseits auf den Rippen liegen (nur bei kleinen Pferden möglich), ist die Ausdehnung besser zu spüren. Liegt eine Hand auf dem Xyphoid des Sternums,

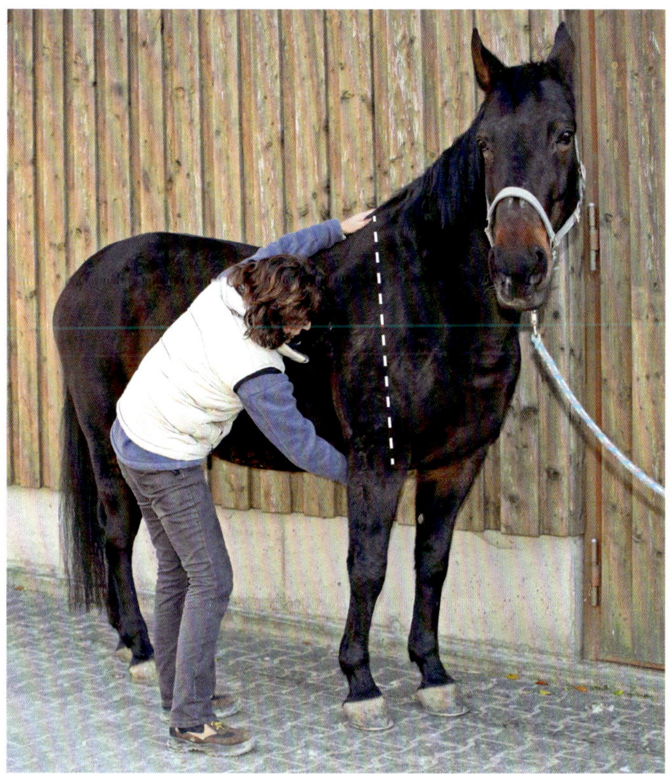

▸ **Abb. 8.14** Test des Brust- oder Herz-Gürtels.

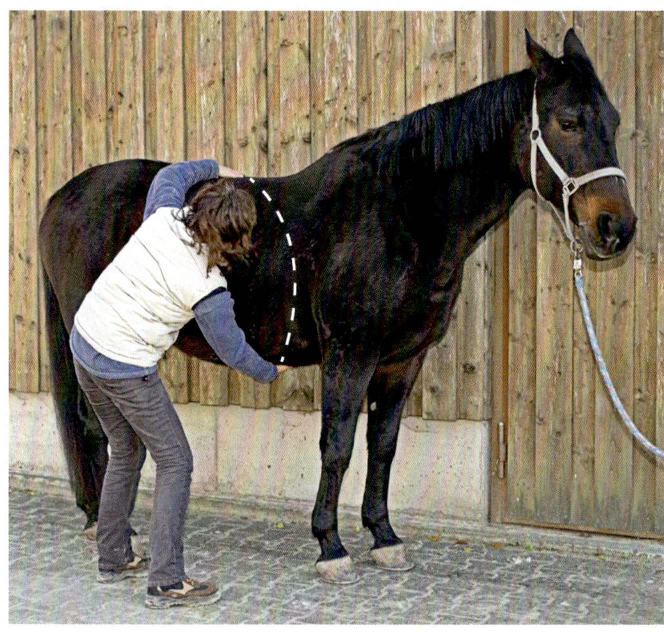

▶ **Abb. 8.15** Test des Diaphragma-Gürtels.

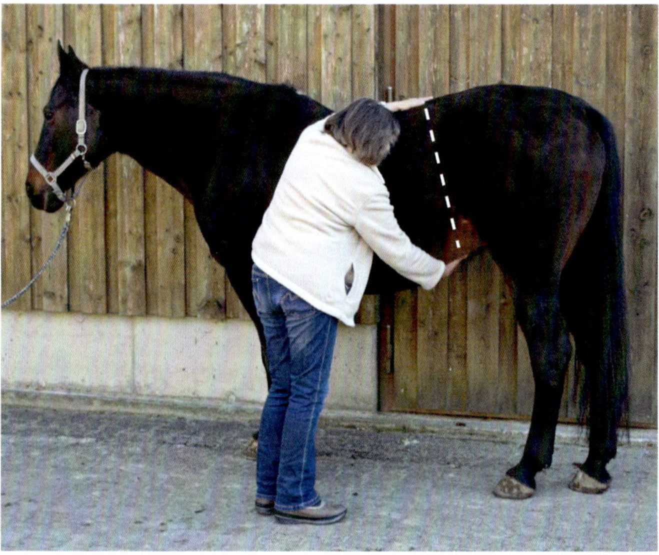

▶ **Abb. 8.16** Test des Nabel-Gürtels.

die andere auf dem thorakolumbalen Übergang, ist die kraniokaudale Bewegung besser zu spüren (▶ Abb. 8.15).

Test des Nabel-Gürtels

Eine Hand liegt auf dem Nabel, die andere auf der Lendenwirbelsäule, auf dem 2.–3. Lendenwirbel (▶ Abb. 8.16). Die Wahrnehmung ist über die untere Hand besser. Die Aufmerksamkeit ist im Verlauf des Gürtels. In welche Richtung zieht es die Hand? Richtung Leber oder Richtung Blase? Oben spüren wir eine physiologische Bewegung nach hinten. Die Aufmerksamkeit muss tief in der Bauchhöhle sein, da sonst nur die Bauchdeckenspannung wahrgenommen wird.

Test des Beckeneingangs-Gürtels

Eine Hand liegt ventral in Höhe des Os pubis (Schambein), die andere auf dem lumbosakralen Übergang (▶ Abb. 8.17). Über dem Beckeneingang

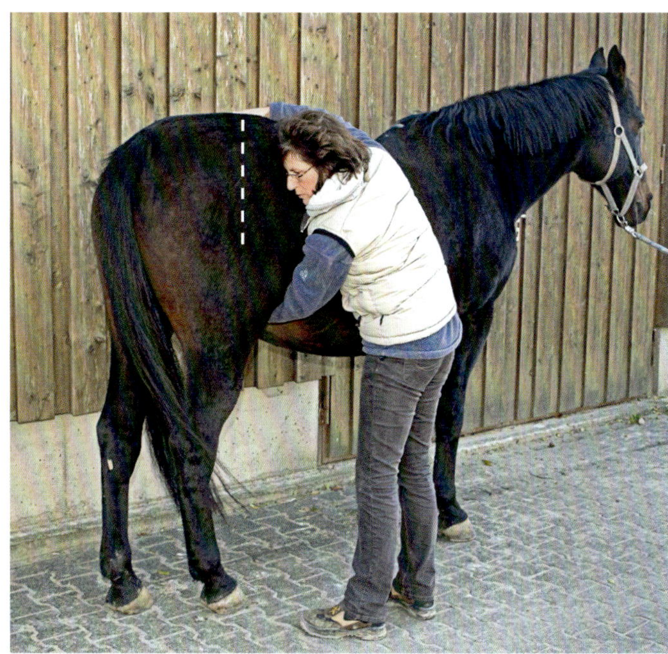

▶ **Abb. 8.17** Test des Beckeneingangs-Gürtels.

liegt die Beckensehne, die kaudale Sehne des äußeren schrägen Bauchmuskels, die am Darmbein ansetzt. Restriktionen der Bauchmuskeln hängen oft mit der Beckensehne und Läsionen in diesem Gürtel zusammen. Im Beckeneingangs-Gürtel liegt auch der kraniale Anteil der Symphyse. Die Bewegung des Beckens hängt mit der Bewegung des Sakrums zusammen. Das Becken macht gleichzeitig mit der Flexionsbewegung des Sakrums eine Außenrotation. Der Beckenring bekommt beim Einatmen mehr Druck durch Verlagerung des Diaphragmas. Über den Beckeneingangs-Gürtel können wir sowohl die Eierstöcke als auch den Dickdarm und die Blase beeinflussen.

Test des Perineal-Gürtels (Beckenausgang)

Der Perineal-Gürtel ist der Beckenausgang. Er befindet sich am kaudalen Rand des Schambeins. Das Peritoneum liegt zwischen den ersten beiden Akupunkturpunkten des Konzeptionsgefäßes (am kaudalen Rand des Schambeins).

Die Hände liegen medial der Schwanzwurzel, beidseits der Vulva bzw. des Anus (▶ **Abb. 8.18**). Die Aufmerksamkeit ist in der Beckenausgangs-Linie. Alternativ kann von oben und unten getestet werden (▶ **Abb. 8.19**).

▶ **Abb. 8.18** Test des Perineal-(Beckenausgangs-)Gürtels, Variante 1.

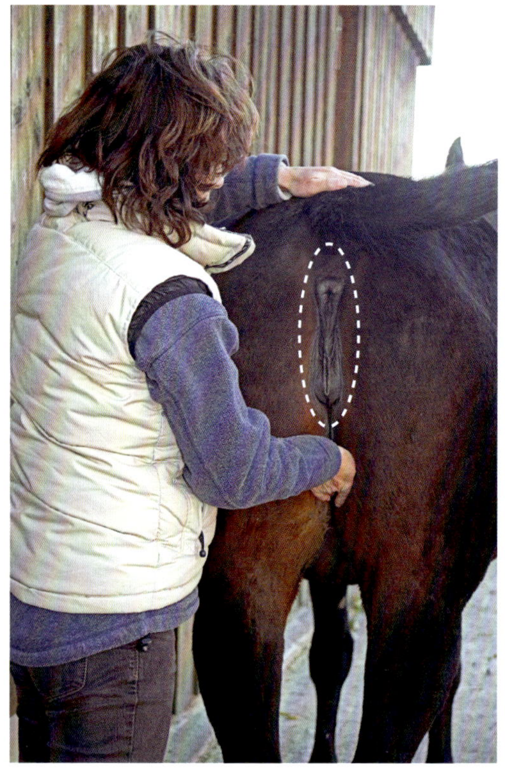

▶ **Abb. 8.19** Test des Perineal-(Beckenausgangs-)Gürtels, Variante 2.

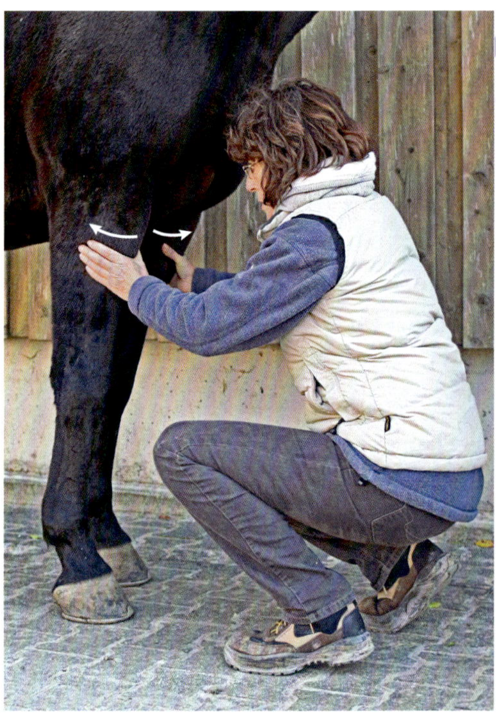

▶ **Abb. 8.20** Extremitäten-Test der Vorderbeine.

8.4.5 Durchführung der tiefer gehenden Tests

Tests der faszialen Züge der Extremitäten und Ketten

Der fasziale Zug an den Extremitäten beginnt mit einer Außenrotation. Zum Fühlen der Bewegung werden die Hände jeweils flächig auf die Beine aufgelegt, unterhalb des Ellbogen- bzw. Kniegelenks. Die Bewegung ist an diesen Zonen am besten zu spüren. Zunächst werden gleichzeitig die Vorderbeine palpiert (▶ **Abb. 8.20**), dann beide Beine einer Seite (▶ **Abb. 8.21**), dann ein Vorderbein und diagonal dazu ein Hinterbein (▶ **Abb. 8.22**) und dann beide Hinterbeine (▶ **Abb. 8.23**). Bei diesen Tests wird geprüft, ob die auftretenden Züge symmetrisch sind, ob sie physiologisch richtig in Außenrotation oder Innenrotation stehen.

Bei einer Läsion sind verschiedene Wahrnehmungen möglich. Der Zug ist schwach oder nicht vorhanden, in die falsche Richtung oder zu stark.

8.4.6 Behandlung der Faszien

Nach den diagnostischen Tests erfolgen die Korrekturen. Die Korrekturen richten sich nach den Befunden der diagnostischen Tests.

- Harmonisierung der Extremitäten-Faszien durch fasziale Entdrehung
- Harmonisierung der faszialen Gürtel
- Behandlung des Rückenmarks

Harmonisierung der Extremitäten-Faszien

Wenn das Bein mit der stärksten Läsion gefunden wurde, wird es separat korrigiert.

Das Bein, bei dem die größte Disharmonie gefunden wurde, wird am Huf palpiert. Die Aufmerksamkeit ist in den faszialen Zügen auf der Flexoren- und Extensoren-Seite, das heißt in den faszia-

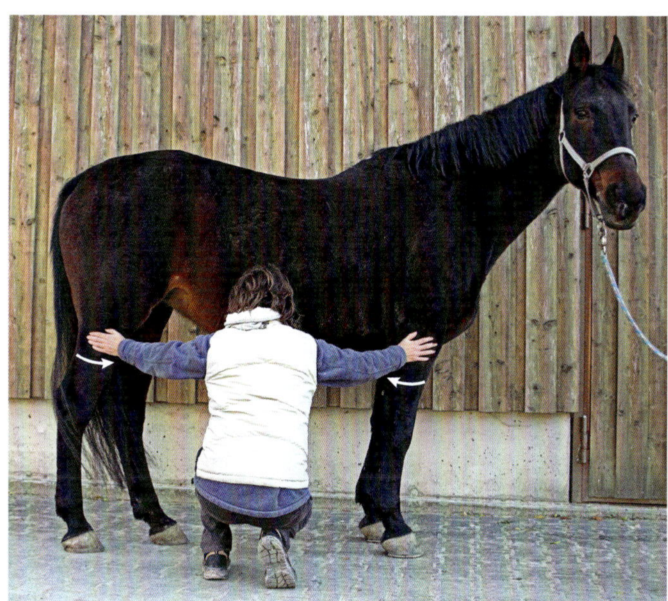

► **Abb. 8.21** Extremitäten-Test lateral.

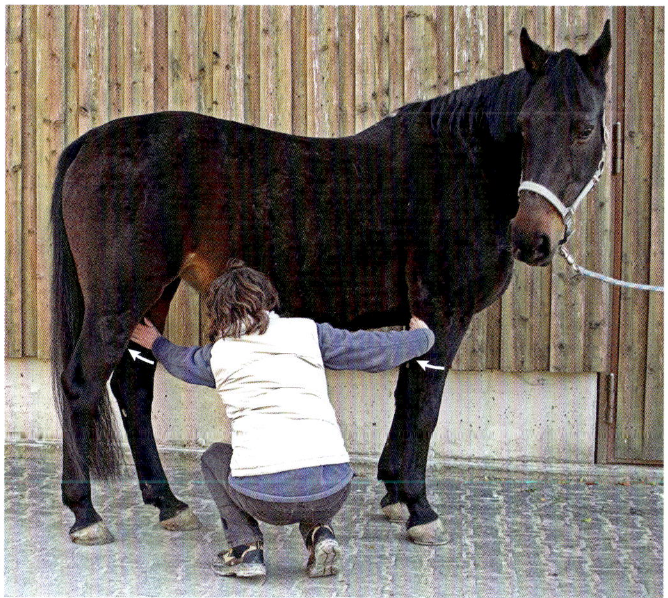

► **Abb. 8.22** Extremitäten-Test diagonal.

len Ketten, die an den Extremitäten beginnen, sowie in den spiralförmigen Faszienzügen. Dabei sind 2 Empfindungen möglich:

- Der primär respiratorische Atemrhytmus des Liquor (S. 128) ist spürbar.
- Die fasziale Empfindung einer Bewegung von Gelenk zu Gelenk. Jedes Gelenk ist ein Kreuzungspunkt der Faszienketten und eine Stelle, an der die spiralförmige Bewegung die Richtung wechselt. Hat sich ein Faszienzug nicht gedreht oder ist ein Zug vorherrschend, dann wird die Vorgehensweise einen Abschnitt weiter oben wiederholt.

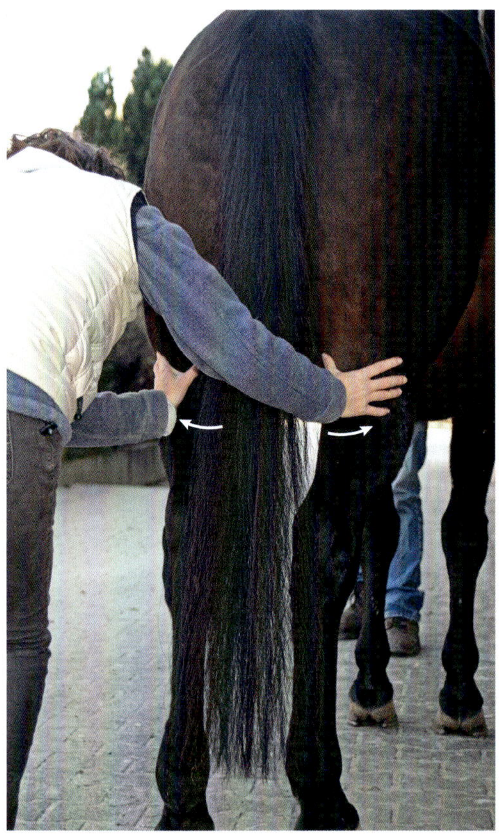

▸ **Abb. 8.23** Extremitäten-Test der Hinterbeine.

Die Befreiung des Gewebes wird nach Upledger „Unwinding“ (S. 36) und nach Dr. Gaudron „fasziale Entdrehung“ genannt. An den Extremitäten kann die fasziale Entdrehung auf unterschiedliche Weise ausgeführt werden.

Die fasziale Entdrehung im Stand

Dazu bleibt das Pferd im Stand mit Kontakt zum Boden auf allen 4 Hufen (▸ **Abb. 8.24**). Die Aufmerksamkeit des Therapeuten ist auf den Bewegungszug gerichtet. Welcher Zug steht unter der stärksten Spannung? Er folgt mental dieser Bewegung. Jeweils an der Läsion angekommen, ist ein Stillpoint, ein Stillstehen der faszialen Bewegung, wahrzunehmen. Man wird zu diesem Punkt regelrecht „hingezogen“. Erst wenn die Faszienzüge sich harmonisieren und keine der Ketten mehr vorherrschend ist, werden die Hände oberhalb des nächsten Gelenks aufgelegt, dies geht bis zum

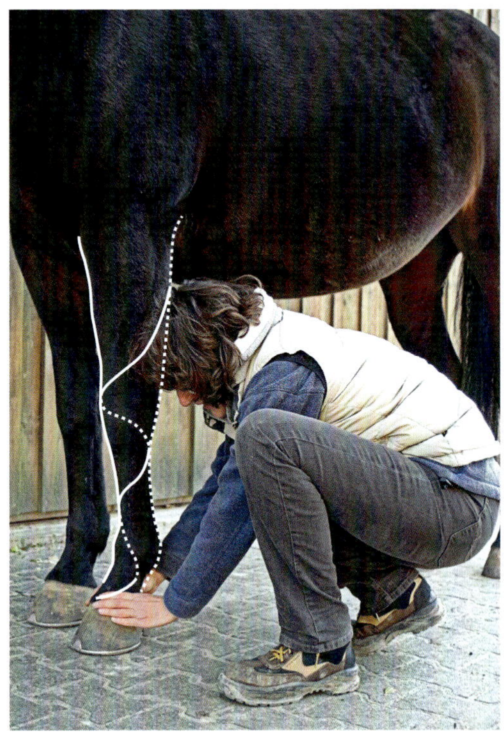

▸ **Abb. 8.24** Fasziale Entdrehung im Stand.

Rumpf so fort. An der Schaltstelle des Buggelenks bzw. des Kniegelenks wird der Weg fortgesetzt über die Kette, die die Spannung übernimmt und zu dem Gürtel trägt, der als Pufferzone die Läsion aufgenommen hat.

Beispiel: Der Gürtel mit der größten Disharmonie ist der Nabelgürtel, das Bein mit der größten Läsion ist das linke Hinterbein. Bei der Palpation ist vor der Korrektur der spiralförmige Faszienzug vorherrschend. Oberhalb des Sprunggelenks ist ein verstärkter Zug auf der Flexorenseite wahrnehmbar. Nach der Harmonisierung wird man am Rumpf zur posterioren Kette geleitet bis zum Nabelgürtel, dem Gürtel, der die größte Läsion aufwies (▸ **Abb. 8.25**). Die Zone, wo sich der fasziale Gürtel mit der Kette trifft, ist der Schlüssel des Problems. Im beschriebenen Beispiel der Nabelgürtel. Er wird mit der Unwinding-Technik behandelt. Zum Abschluss lässt man über die Faszienzüge Harmonie zum Herzen wandern.

▶ **Abb. 8.25** Beispiel: Wechsel von der Spirale zur posterioren Kette.

Fasziale Entdrehung mit aufgehobener Extremität

Der Therapeut hebt das Bein auf und hält es ohne Intention (▶ Abb. 8.26). Dabei hält er nur das Gewicht, achtet auf Entspannung und folgt dem, was im Inneren des Beines geschieht. Er wartet auf die Entspannung. Das Pferd wird von sich aus das Bein so bewegen, dass eine Entdrehung stattfinden kann. Diese Bewegung setzt zumeist sehr plötzlich ein und kann eine große Amplitude haben. Der Therapeut sollte darauf gefasst sein, dass er kurzfristig auch sehr viel Gewicht des Patienten übernehmen muss. Die fasziale Entdrehung mit aufgehobener Extremität kann sehr anstrengend sein.

Eine andere Möglichkeit besteht darin, beim aufgehobenen Bein der Bewegung, die das Pferd unwillkürlich mit den einzelnen Gelenken ausführt, bis zur Entspannung zu folgen oder hierbei zuzulassen, dass sich die Bewegungsamplitude immer weiter vergrößert.

Die Entdrehung bei aufgehobenem Bein verlangt viel Erfahrung. Beim Menschen werden Dehnungen, passive Lageveränderungen und dynamische Techniken zur Entdrehung angewendet, die aber beim Pferd nicht praktikabel sind.

Harmonisierung der faszialen Gürtel

Bei den faszialen Gürteln kommt das Unwinding/Entdrehung zur Anwendung. „Unwinding“ bedeutet so viel wie „Freiwinden“. Beim Unwinding lösen sich Verspannungen und Verklebungen, aber auch im Gewebe gespeicherte „Erinnerungen“. Bei dieser Technik liegt die Hand flach auf der zu untersuchenden Körperregion und „verschmilzt“ mit dem darunterliegenden Gewebe. „Lauschen mit den Händen“ kann man diese Art der Palpation auch bezeichnen. In der Osteopathie nennt man diesen Gewebetest auch Ecoute-Test oder Listening (Hörtest) und beschreibt damit sehr genau,

▶ **Abb. 8.26** Fasziale Entdrehung bei aufgehobener Extremität.

um was es geht. Die Wahrnehmung der Hände geschieht auf einer noch subtileren Ebene, der des reinen Fühlens und Tastens. Das Ziel ist es, die Wahrnehmung so zu verfeinern, dass, von der aufgelegten Hand aus, jede auch weit entfernte Restriktion im Inneren des Weichteilgewebes lokalisiert werden kann.

Man beginnt die Unwinding-Technik damit, dass mit der flach aufliegenden Hand sanfter Druck auf das Gewebe ausgeübt wird. Dieser Druck wird langsam gesteigert, bis sich das Gewebe zu bewegen beginnt. Es wird gerade so viel Druck angewendet, wie notwendig ist, um diese Eigenbewegung auszulösen und aufrechtzuerhalten. Wenn ein Gewebezug in eine abnorme Richtung gespürt wird, folgt man dieser Richtung bis zum Fixierungspunkt und hält die Bewegung an dieser Stelle an. Der sanfte Druck wird beibehalten, bis die Gewebeentspannung wahrnehmbar ist.

Praxistipp
Wichtig ist die Intention. Wo die Aufmerksamkeit ist, geschieht etwas.

Bei Gewebeläsionen können verschiedene Eindrücke entstehen:

- Das Gewebe wird in eine bestimmte Richtung gezogen.
- Es baut sich ein Widerstand oder eine Härte auf. Man hat das Gefühl, an dieser Stelle kann man nicht tiefer hineingleiten oder man wird regelrecht „zurückgestoßen".
- Die Gewebebewegung steht still (Stillpoint).

Es sollte jegliche Erwartungshaltung oder gar Beeinflussung vermieden werden. Allein das Lauschen auf die Sprache des Gewebes ist wichtig, um Veränderungen zu erkennen. Nur durch passives Beobachten und Fühlen werden Störungen, Spannungen, Widerstände und Barrieren wahrgenommen. Jedes auch schon lange zurückliegende Trauma, aber auch jede Veränderung durch Krankheiten und Stoffwechselstörungen ist im Gewebe gespeichert. Jede Reizung der Schmerzrezeptoren im Gewebe führt zu einer Verringerung der Verschiebbarkeit der Haut, Faszien und Muskeln.

Bei einem Stillpoint verharrt man an dieser Stelle und wartet, bis wieder Bewegung spürbar wird. Bei Zügen in andere Richtungen wird weder in eine Bewegungsrichtung forciert noch das Gewebe bedrängt, sich weiter in die blockierte Richtung hineinzubewegen. Der Therapeut verhindert nur, dass es sich in die gleiche Richtung zurückbewegt, aus der es gekommen ist. So lange, bis sich die Barriere auflöst und entspannt. Dadurch können sich alte dysfunktionelle Bewegungs- und Spannungsmuster des Gewebes auflösen. Das Gewebe erlangt wieder eine größere Bewegungsfreiheit und setzt seinen Weg fort zu einer neuen Barriere. Wenn die Gedanken des Therapeuten woanders sind, wird man keine Informationen erhalten. Gerade das ist es, was diese Arbeit am Pferd so schwierig macht. Gleichzeitig sollte man auf die eigene Sicherheit achten. Geräusche und Unruhe im Stall lenken ab. Viele Pferde halten nicht so lange still, bis die Gewebebewegung spürbar ist.

Der Druck der Hand wird beibehalten und den Gewebebewegungen gefolgt, bis sich das Gewebe zu entspannen beginnt. Wenn eine Barriere beseitigt ist, dringen wir mit der Wahrnehmung unserer Hand in tiefere Schichten vor und wiederholen den Vorgang.

Praxistipp
Bei Widerständen versucht man nicht, mit Gewalt durch das Hindernis zu kommen, sondern wartet auf die Entspannung.

Häufig anzutreffende Fehler bei der Unwinding-Technik sind:

- Es wird nur den oberflächlichen Gewebespannungen in ihren endlosen Bewegungskreisen gefolgt.
- Dem Gewebe werden Bewegungen aufgedrängt, Gewebebewegungen werden forciert mit der Folge, dass sich das Gewebe noch mehr verspannt.

Die Kunst besteht darin, das Gewebe weder mit Gewalt in die Barriere zu bringen, noch es sich von der Barriere einfach zurückziehen zu lassen.

Folgender wichtiger Aspekt ist beim Unwinding außerdem zu beachten: Sobald der Kontakt zum faszialen Gewebe aufgenommen wurde, darf er nicht wieder verloren gehen, sondern muss stetig beibehalten werden. Nur so kann gewährleistet werden, dass man in immer tiefer gelegene dysfunktionelle Mechanismen eindringt und sich die

Folgen traumatischer Einflüsse Schicht für Schicht lösen können.

Die Gewebeentspannung kann sich auf verschiedene Weisen zeigen:

- erst verstärkte Gewebebewegung, schaukelnde Bewegung, schließlich Stopp der Bewegung
- Wärme
- Weichwerden des Gewebes
- Feuchtigkeitsbildung
- Stopp des kraniosakralen Rhythmus
- Der therapeutische Puls. Der therapeutische Puls ist eine verstärkte Bewegung, ein Pulsieren im Gewebe, das dem Therapeuten die Lösung einer Blockierung anzeigt. Er ist eine verstärkt im Gewebe wahrnehmbare Frequenz, die zwischen der Frequenz von Kraniosakralrhythmus und Herzrhythmus liegt. Er zeigt, dass die Selbstheilung der Struktur begonnen hat. In diesem Fall sollte die Behandlung auf keinen Fall unterbrochen werden.

Eine Unwinding-Technik kann beendet werden, wenn keine neuen asymmetrischen Bewegungsmuster mehr im Gewebe wahrzunehmen sind. Das Lösen der Abwehrspannung und eine Rückkehr des kraniosakralen Rhythmus sind Zeichen für den Therapeuten, zu diesem Zeitpunkt seine Hände zu entfernen. Beim erneuten Test wird keine asymmetrische Bewegung mehr auftreten, vielmehr wird sich der kraniosakrale Impuls wie eine symmetrische Welle unter den Händen ausbreiten.

Sollten sehr starke Dysfunktionen vorhanden sein, ist es eventuell notwendig, diese auch direkt mithilfe spezifischer viszeraler Techniken zu behandeln.

Praxistipp

Bei der Unwinding-Technik sollte das Pferd die Freiheit haben, sich zu bewegen. So kann es unter Umständen die Körperhaltung einnehmen, bei der die Restriktion entstanden ist.

Zuweilen ist es schwierig, zu unterscheiden, ob das Pferd nur unkonzentriert und unwillig ist oder ob es versucht, sich „freizuwinden". Wenn das Pferd zuvor kooperativ war und die Behandlung ruhig über sich ergehen ließ, ist die beim Unwinding auftretende Unruhe oder ein Bewegungsdrang mit ziemlicher Sicherheit eine Reaktion auf die Behandlung.

Im Humanbereich gibt es auch eine dynamische Art des Unwinding, die der faszialen Entdrehung bei aufgehobener Extremität (S. 121) ähnelt, die beim Pferd nicht praktikabel ist.

Behandlung des Rückenmarks

Das Rückenmark befindet sich im Spinalkanal, umhüllt von der Dura mater spinalis, der Pia mater, die direkt dem Mark aufliegt, der Dura mater, die beide Schichten und die Nervenwurzeln umhüllt, und der bindegewebigen Zwischenschicht, der Arachnoidea. Nervenenden des Rückenmarks reichen bis zum 3. Kreuzwirbel. Hier endet die Dura mater. Die Pia mater endet erst in der Mitte der Schwanzwirbel.

Das Rückenmark ist kürzer als der ganze Wirbelkanal, da es in der Embryonalphase langsamer wächst als der Kanal.

Struktureller und emotionaler Stress wirkt sich auf die intrakraniellen oder intraspinalen Membranen aus und führt in der Folge zur Störung der wechselseitigen Spannungszustände. So hat Stress/Anspannung in der Dura mater spinalis Auswirkungen auf die Spinalnerven, auf die intrakraniellen Membranen, was wiederum Störungen im kraniosakralen System, in den Spinalnerven und Aufhängungen der Organe zur Folge hat. Dies wiederum führt zu funktionellen Organstörungen. Ebenso überträgt sich die Spannung nach kaudal zum Sakrum. Störungen im Iliosakralgelenk und Becken sind die Folge.

Ist der Zug zwischen Rückenmark und Dura mater nicht ausgeglichen, kommt zu wenig Kraft über das Rückenmark. Entweder wird das Rückenmark nach vorne oder die Dura mater wird zu weit nach hinten gezogen. Ist der Atlas blockiert, wird das Rückenmark nach vorne gezogen.

Rückenmark-Zug

Zur Befreiung des Rückenmarks liegt eine Hand auf den ersten Schwanzwirbeln, die andere Hand hebt den Schwanz leicht an, ohne einen Zug auszuüben. Dadurch bewegt sich die Dura mater. Die Aufmerksamkeit des Therapeuten ist am Filum terminale, in der Tiefe des Rückenmarkkanals. Er spürt eine Wellenbewegung in beide Richtungen.

Er achtet darauf, ob Dura mater und Rückenmark die gleiche Spannung haben.

Der geübte Therapeut spürt über den Rückenmark-Zug, welches Segment, welche Organverbindung gestört ist. Wir folgen dem Rückenmark-Zug bis zur Befestigung der Dura an den ersten 3 Halswirbeln.

Zu viel Spannung im Rückenmark kann zu einer Flexionsläsion (Aufwölbung) der Wirbelsäule, zu wenig Spannung zu einer Extensionsläsion (Senkung, Lordose) führen. Bei einem Karpfenrücken beispielsweise besteht zu viel Spannung in der Lendenwirbelsäule.

Auch Verhaltensprobleme können entstehen, wenn die Dura mater zu sehr unter Spannung steht.

Ausführung des Rückenmark-Zuges (► Abb. 8.27):

Bei zu viel Tension:

- indirekt über eine Verstärkung des Zuges am Schwanz
- direkt über Schub nach kranial mit anschließendem Zug nach kaudal

Bei zu wenig Tension:

- direkt über Zug nach kaudal
- indirekt („schieben" des Rückenmark nach kranial) mit darauffolgendem Zug nach kaudal

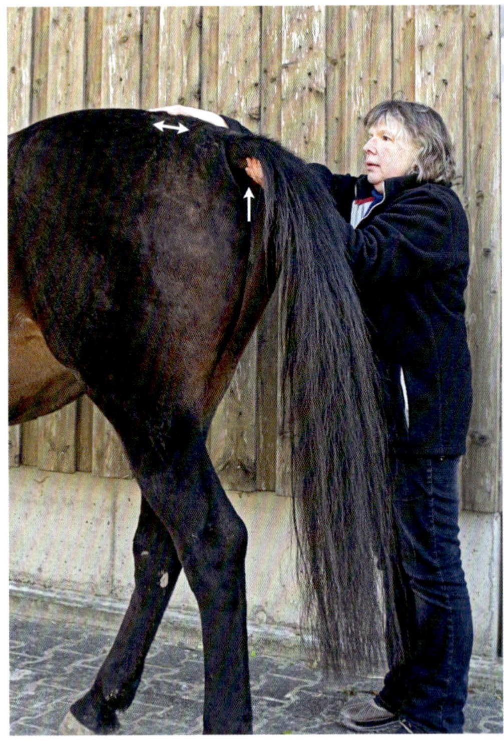

► **Abb. 8.27** Rückenmark-Zug.

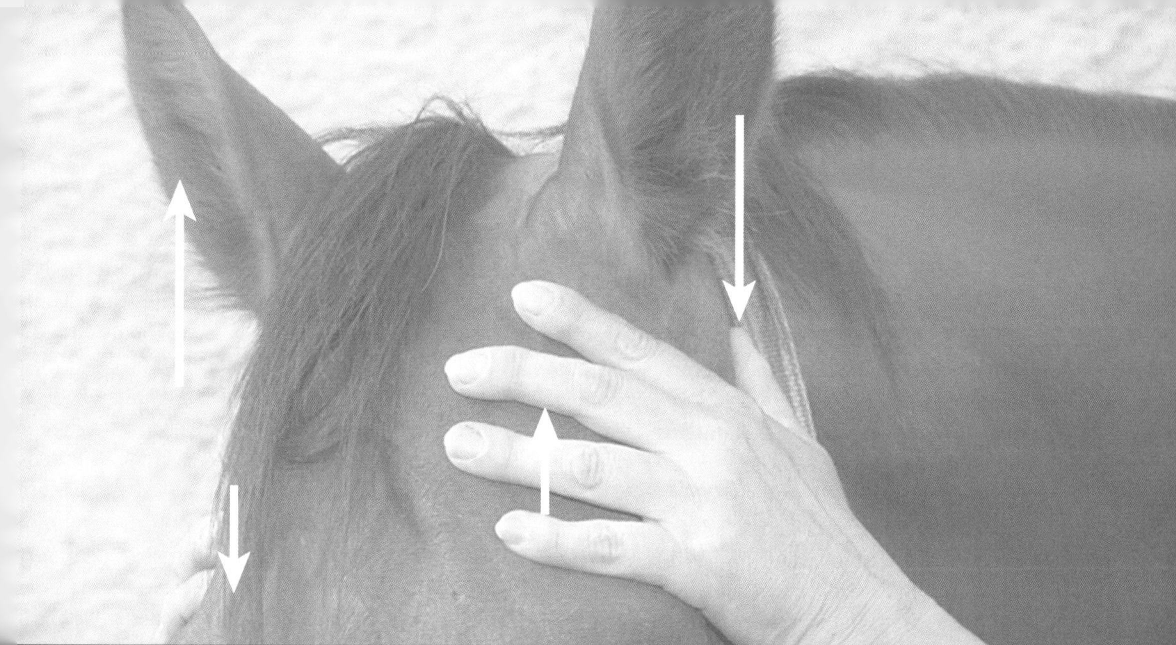

Teil 4
Kraniosakrale Osteopathie

9 Grundlagen

9.1 Geschichte

Die Osteopathie befasste sich ursprünglich ausschließlich mit Beschwerden des Bewegungsapparates und deren manueller Behandlung. Der Schädel galt damals als verknöcherte Einheit ohne eigene Beweglichkeit. Die Ausweitung der klassischen Osteopathie auf den Kopfbereich ist das Verdienst des Osteopathen Dr. William Garner Sutherland (1873–1954), einem Schüler Stills.

Sutherland vertiefte die osteopathischen Erkenntnisse und formulierte die Grundthesen der kranialen Osteopathie. Er entdeckte in den ersten Jahrzehnten des letzten Jahrhunderts, dass der Schädel (Kranium) rhythmische Bewegungen ausführt, die sich bis hinunter zum Kreuzbein (Sakrum) fortsetzen. Er entwickelte Techniken, mit denen er dieses System beeinflussen konnte.

! Da der Schädel (Kranium) und das Kreuzbein (Sakrum) eine Schlüsselstellung einnehmen, nannte Sutherland sein Konzept Kraniosakraltherapie.

Sutherland stieß mit seiner Idee, dass der knöcherne Schädel auch andere Funktionen als den Schutz der Hirnmasse haben sollte, sondern auch noch rhythmische Bewegungen durchführe, in Kollegenkreisen auf heftigen Widerstand. Durch detaillierte anatomische Studien, Experimente am eigenen Körper sowie feinfühlige Palpation und Beobachtung entwickelte er sein Therapiekonzept. Er gewann Erkenntnisse über das körpereigene Regulationssystem, das für das Gleichgewicht und ein gesundes Funktionieren des Körpers verantwortlich ist. Sutherland fühlte den kraniosakralen Rhythmus und hörte nie damit auf, Techniken zu kreieren, die der harmonischen Expansion und Reduktion des Kopfes galten.

Der amerikanische Arzt und Operateur Dr. John Upledger bemerkte die pulsierende Arbeit der Hirn- und Rückenmarkshäute in den 60er-Jahren, als er bei einer Operation am Rückenmarkskanal assistierte. Er hatte keine Erklärung dafür, bis er auf die Osteopathie nach Sutherland aufmerksam wurde. Anfang der 70er-Jahre bereicherte Upledger dessen Arbeit mit neuen Erfahrungen und entwickelte in der Folge das, was wir heute Kraniosakraltherapie nennen. In seinem Buch „Auf den inneren Arzt hören" beschrieb er anhand vieler Fallbeispiele sehr spannend und lebendig seine Erfahrungen und die weitere Entwicklung. Sein Modell der kraniosakralen Therapie bezieht sich auf das zelluläre Gedächtnis, ermöglicht dessen emotionale Entspannung und bezieht neben dem Körper erstmals auch den Geist und die Seele in die Therapie ein. Er vertrat die These, dass jedes Trauma im Gewebe gespeichert wird, und nannte dieses Trauma „Energiezyste". Durch Auflösung der Gewebeerinnerung konnte er viele Patienten von körperlichen, seelischen und geistigen Leiden befreien. Upledger prägte den Begriff „Somato Emotional Release".

9.2 Kritik an der kraniosakralen Osteopathie

In konventionellen und medizinischen Fachkreisen zählt die kraniosakrale Osteopathie zur Kategorie alternativer Heilweisen. Ihre Wirkung wird als Einbildung oder Plazeboeffekt bewertet.

Unter den Schulmedizinern, Orthopäden und Chiropraktikern, aber auch unter einigen Osteopathen bestehen Zweifel hinsichtlich der Beweglichkeit der Synchondrosis sphenobasilaris (S. 146), kurz SSB. Wir möchten auch diese Zweifler zu Wort kommen lassen.

Hans Joachim Merkt, selbst Osteopath, D.O. (Doctor of Osteopathy), mit Ausbildung am Upledger-Institut, stellte in eigenen Recherchen fest, dass die SSB beim Schädel eines Erwachsenen vollständig verknöchert ist, ebenso wie die Suturen der Schädelbasis. Bei den Suturen des Schädeldaches war eine gewisse Beweglichkeit erkennbar. Merkt stellte infrage, dass Bewegungen in einer verknöcherten Struktur zu Spannungen in den Hirnhäuten führen können. Er hielt Funktionsstörungen in den Kopfgelenken oder im zervikothorakalen Übergang (Übergang zwischen Hals und Brustkorb) für die Ursache und stellte die Fragen: Ist die SSB nur ein theoretisches Gebilde? Kann man überhaupt diese verschiedenen Läsionen (Flexion, Extension, Rotation usw.) ertasten und korrigieren, wenn es im Erwachsenenalter keine SSB mehr gibt? Oder ist das alles nur Einbildung? Es sei noch hinzugefügt, dass Merkt die Wirksamkeit der kraniosakralen Osteopathie nicht infrage stellt.

Auch Dr. Alain Abehsera, ebenfalls Osteopath, M.D., D.O. (Israel), stellte unter anderem infrage, dass

- die Fluktuation der Liquorwelle ohne Verzögerung oder Verlust der Amplitude in der Peripherie ankommt,
- es einen kranialen rhythmischen Impuls gibt,
- die SSB in verschiedene Richtungen bewegt wird, obwohl sie nachweislich im Jugendalter verknöchert,
- sich das Gehirn anders als mit dem Herzpuls und der Atmung bewegt,
- der Liquordruck mit der Einatmung fällt und mit der Ausatmung steigt.

Als weitere kritische Stimme sei noch Jean Pierre Guilliome erwähnt, D.O. und Leiter des europäischen Kolleg für Osteopathie (COE) in München, der sich wie folgt äußert: *„Es scheint geboten, das bestehende kraniale Modell einschließlich der dazugehörenden Terminologie aufzugeben. Vorstellungen wie eine gelenkphysiologische Beweglichkeit der Schädelknochen, eine einzige bedeutsame Verbindung über die kraniosakrale Dura-Mater-Achse, sowie eine rhythmische Liquorbewegung als Quelle der wahrnehmbaren autonomen Bewegung sind im Lichte der modernen Wissenschaft nicht länger haltbar.“* Er stellt die Frage, ob die Torsion der sphenobasilaren Synchondrose eine bestimmte Schädelform, einen Mobilitätsverlust, einen Gewebezug oder eine abnorme autonome Bewegung bezeichnet.

Italienische Wissenschaftler lehrten jedoch schon Anfang des 20. Jahrhunderts, dass eine Verknöcherung der Schädelnähte bereits pathologisch, also krank machend ist.

E. W. Retzlaff, ein US-amerikanischer Anatom, konnte nachweisen, dass die Schädelnähte nicht, wie bisher gelehrt, verknöchert, sondern beweglich sind. Sie bestehen aus Bindegewebe, Blutgefäßen, Nerven und sensorischen Endorganen. Die anatomisch unterschiedlichen Suturenformen ermöglichen entsprechend unterschiedliche Bewegungen und stellen die anatomisch funktionelle Grundlage für die kraniale Bewegungsrhythmik dar.

Im Gegensatz zu den oben zitierten Stimmen, die die Beweglichkeit der Schädelknochen verneinen, gibt es neue Erkenntnisse, die durch Röntgenaufnahmen eine Mobilität beweisen. Radiografische Untersuchungen und Messungen zeigten, dass Bewegungen an den Suturen eines mazerierten menschlichen Schädels möglich sind. Eine ähnliche Erfahrung haben wir selbst gemacht, als wir einen gefundenen Schafschädel zur Reinigung in eine Lösung legten, um ihn anschließend als Anschauungsobjekt zu zerlegen. Frisch aus der Lösung genommen, waren die meisten Nähte relativ leicht zu sprengen. Je trockener aber der Schädel wurde, desto schwieriger war die Trennung, bis es schließlich unmöglich war. Ist die Bewegung also nur am lebenden Schädel vorhanden? Trifft dies zu, haben beide Stimmen recht.

Vielleicht sind die Bewegungen, die der Osteopath am und im Schädel fühlt, nur Informationen von Läsionen, die irgendwann in die Strukturen „eingespeichert“ wurden. Sind die Bewegungen nur Ausdruck von Energie, die bis jetzt noch nicht messbar ist? Sind die wahrnehmbaren Spannungen und Blockierungen nur Erinnerungen des Gewebes an frühere Traumata? Upledger glaubt, Erinnerung sei nicht nur im Gehirn, sondern in jeder Gewebestruktur vorhanden. Mancher Therapeut kennt das Phänomen, dass beim Berühren von bestimmten Körperstellen Erinnerungen und Emotionen ausgelöst werden können. Löst der Therapeut beim Palpieren und Korrigieren diese Erinnerungen auf?

Vielleicht kann man die kraniosakrale Osteopathie auch mit der Wirkung der Homöopathie vergleichen. Homöopathische Hochpotenzen wirken, obwohl in den Mitteln keine chemisch nachweisbare Substanz vorhanden ist. Kraniosakrale Osteopathie bewegt Strukturen, die nach wissenschaftlichen Erkenntnissen gar nicht bewegt werden können. Ist sie also wie die Homöopathie oder die Akupunktur „nur“ eine energetische Behandlungsform? Palpieren wir mit dem Schädel und seiner Mobilität auch die Aura? Fragen über Fragen …

Wir sollten das so stehen lassen im Bewusstsein, dass viele, heute für uns normale und nachweisbare Erscheinungen in der Wissenschaft einmal suspekt waren und erst im Laufe der Zeit ihre Rechtfertigung und wissenschaftliche Begründung erfahren haben. Wichtig ist, dass wir dem Patienten helfen können.

9.3 Konzeption

Grundlage der kraniosakralen Osteopathie ist die Erkenntnis, dass die Schädelnähte durch Membranen beweglich miteinander verbunden sind. Die Bewegung entsteht durch den Fluss des Liquors (Liquor cerebrospinalis, Hirn-Rückenmarks-Flüssigkeit), der einen vom Atem- oder Herzrhythmus unabhängigen Rhythmus erzeugt. Sutherland nannte diesen Rhythmus den **primären Atemrhythmus**. Von dieser feinen, kaum wahrnehmbaren Pumpbewegung werden Körperzellen rhythmisch drainiert und die Zellatmung sowie das Atemzentrum im Gehirn beeinflusst. Über extrazelluläre Flüssigkeiten werden diese Rhythmen auf den gesamten Körper übertragen. Das kraniosakrale System steht in enger Beziehung zum Nervensystem, Atemsystem, endokrinen System und Immunsystem.

9.3.1 Bewegung der Hirn- und Rückenmarkshäute

Das zentrale Nervensystem ist in die Hirn- bzw. Rückenmarkshäute wie in Taschen eingebettet. Fehlspannungen dieser Bindegewebshäute werden wie mit Seilzügen fortgeleitet. Diesem Membranensystem kommt eine wichtige Integrationsfunktion der verschiedenen Aspekte des kraniosakralen Systems zu.

9.3.2 Bewegung des Kraniosakralrhythmus

Der kraniosakrale Rhythmus dient der Diagnose und Therapie. Mit minimalen Impulsen können einzelne Schädelknochen, aber auch innere Strukturen des Schädels behandelt und die Bewegung der Hirnflüssigkeit beeinflusst werden.

! Ziel der kraniosakralen Therapie ist es, eine freie Entfaltung des Kraniosakralrhythmus im gesamten Körper zu ermöglichen und damit die Eigenregulation und die Selbstheilungskräfte des Körpers zu fördern.

Die ständige Produktion und Absorption des Liquors bewirkt eine **Extension** (Zusammenziehen) und eine **Flexion** (Ausdehnen) des Gewebes, der Schädelknochen und der Membranen. Dieses Ausdehnen ist an allen Körperteilen wahrnehmbar.

Die Bezeichnung Flexion oder Extension hängt mit der Synchondrosis sphenobasilaris (S. 132), der knorpeligen Verbindung zwischen Os sphenoidale (S. 135) und Os occipitale (S. 133) zusammen, die im Kraniosakralrhythmus in die „Beugung und Streckung" geht.

! Das Ausdehnen wird als Inspiration, Außenrotation oder Flexion bezeichnet. In dieser Phase entfernen sich Os sphenoidale und Os occipitale voneinander.
Das Zusammenziehen wird als Exspiration, Innenrotation oder Extension bezeichnet. In dieser Phase nähern sich Os sphenoidale und Os occipitale einander an.

In der Inspiration (nicht zu verwechseln mit der Lungenatmung!) füllen sich die Hirnventrikel. Dabei gehen der Schädel und der gesamte Körper in eine Außenrotation (▶ **Abb. 9.1a**). In der Exspiration entleeren sich die Ventrikel, der Schädel wird schmaler, der Körper geht in eine Innenrotation (▶ **Abb. 9.1b**). Im Idealfall sind Stärke und Amplitude beider Phasen gleich. Wenn dies nicht der Fall ist, sprechen wir von einer Läsion.

9.4 Anwendungsbereiche

Beim Menschen werden Läsionen innerhalb des kraniosakralen Systems meist durch Probleme bei der Geburt (z. B. Kaiserschnitt, Saugglockengeburt oder Sauerstoffmangel) verursacht. Aber auch Krankheiten, Unfälle, Infektionen oder Schock können zu Läsionen führen. Diese Läsionen können Saugstörungen, Würgen und Erbrechen bei Säuglingen verursachen. Bei Verhaltensstörungen, Lern- und Entwicklungsstörungen von Kindern

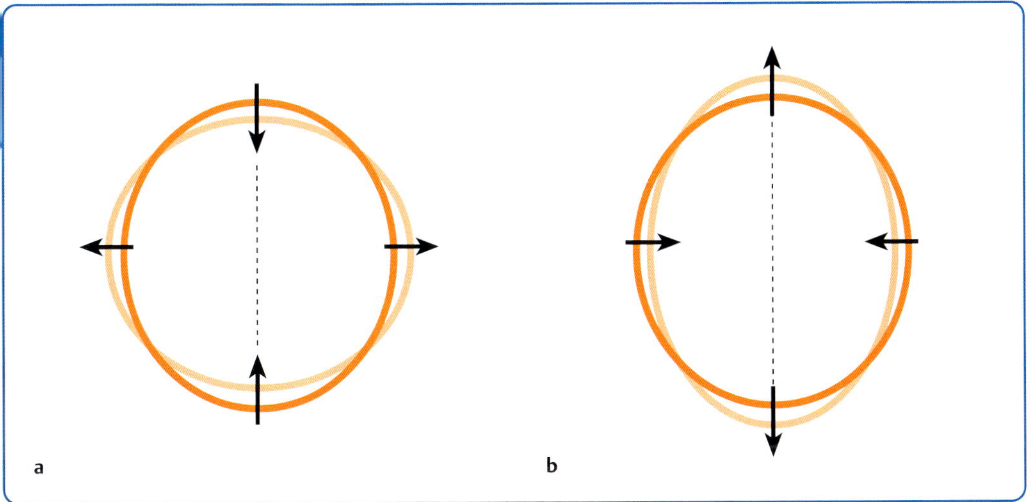

▸ **Abb. 9.1** Kraniosakralrhythmus.
a Inspiration/Außenrotation/Flexion.
b Exspiration/Innenrotation/Extension.

sind oft kraniosakrale Restriktionen festzustellen. Auch bei langjährigen Kopfschmerzen, Migräne oder Rückenschmerzen, Beckenfehlstellungen und anderen Problemen des Bewegungsapparates wird die kraniosakrale Therapie eingesetzt.

9.4.1 Indikationen beim Pferd

Auch beim Pferd ist der kraniosakrale Mechanismus vorhanden und kann dementsprechend behandelt werden. Pferde sprechen auf diese sanfte Art der Therapie besonders gut an. Viele Kenntnisse der humanen Osteopathie wurden inzwischen auf das Pferd übertragen. Vorrangiges Ziel ist es, durch gezielte sanfte Handgrifftechniken

- Störungen der Körperfunktion zu beseitigen und zu vermeiden,
- Fehlentwicklungen zu korrigieren und
- Heilungsprozesse einzuleiten oder zu unterstützen.

! Mit der Pferde-Osteopathie werden keine „Krankheiten“, sondern Bewegungseinschränkungen der körpereigenen Strukturen behandelt.

Indikationen für die Anwendung der Osteopathie bzw. der Kraniosakraltherapie beim Pferd sind:

- alle akuten und chronischen Erkrankungen des Bewegungsapparates
- Haltungs- und Stellungsfehler
- Verhaltensauffälligkeiten (Angst, Nervosität, Aggressivität)
- sogenannte „Untugenden“ (Headshaking, Weben usw.)
- chronische und akute organische Probleme
- Stoffwechselkrankheiten

Die kraniosakrale Therapie beim Pferd ersetzt nicht die anderen manuellen Behandlungsarten wie Physiotherapie oder energetische Therapien wie z. B. Akupunktur oder Akupunktmassage. Sie ist aber eine ideale Ergänzung.

10 Anatomische Grundlagen

10.1 Kraniosakralsystem

Das Kraniosakralsystem besteht aus:
- Meningealmembranen (Dura mater, Pia mater, Arachnoidea) und den daran befestigten Knochenstrukturen, Wirbelsäule und Sakrum
- bindegewebigen Strukturen
- Liquor cerebrospinalis
- Strukturen, die Liquor produzieren und beinhalten wie Ventrikel und Duraschlauch

10.2 Das Nervensystem

Das kraniosakrale System ist eng verflochten mit dem Nervensystem und hat auf dieses große Auswirkungen. Das Nervensystem kann nach seiner Topografie und Funktion eingeteilt werden. So unterscheidet man topografisch das periphere und das zentrale Nervensystem, nach der Funktion werden somatisches (willkürliches) und vegetatives (unwillkürliches) Nervensystem voneinander getrennt (▸ **Abb. 10.1**). Der Parasympathikus, der zum vegetativen Nervensystem zählt, wird auch als kraniosakrales System bezeichnet, da sich seine Kerne im Hirnstamm und im Sakrum befinden. Durch die kraniosakrale Therapie werden die Funktionen des Parasympathikus und des Sympathikus, der im Rückenmark verläuft und ebenfalls Teil des vegetativen Nervensystems ist, beeinflusst.

10.3 Der Schädel des Pferdes

Der Schädel des Pferdes besteht aus 22 Knochen (▸ **Abb. 10.2**, ▸ **Abb. 10.3**, ▸ **Abb. 10.4**, ▸ **Abb. 10.5**). Seine Form variiert bei den verschiedenen Säugetieren und beim Menschen. Vor allem bei Pflanzenfressern, also auch beim Pferd, ist der Gesichtsschädel deutlich größer als der Hirnschädel.

Zu den Knochen des Hirnschädels zählen:
- Os occipitale (Hinterhauptsbein)
- Os sphenoidale (Keilbein)
- Os interparietale (Zwischenscheitelbein)
- Os parietale (Scheitelbein)
- Os frontale (Stirnbein)
- Os ethmoidale (Siebbein)
- Os temporale (Schläfenbein)

Zu den Knochen des Gesichtsschädels zählen:
- Os nasale (Nasenbein)
- Os lacrimale (Tränenbein)
- Os zygomaticum (Jochbein)
- Maxilla (Oberkiefer)
- Os incisivum (Zwischenkieferbein)
- Os palatinum (Gaumenbein)
- Os pterygoideum (Flügelbein)
- Vomer (Pflugscharbein)
- Mandibula (Unterkiefer)
- Os hyoideum (Zungenbein)

Die Schädelknochen sind meist platte Knochen, die durch Nähte verbunden sind.

In der Kraniosakraltheorie werden die Knochen nach ihrer Bewegungsart unterschieden und zwar in die Knochen der Mittellinie und die Knochen der Peripherie.

10.3.1 Knochen der Mittellinie

Zu den Knochen der Mittellinie gehören:
- Os occipitale
- Os sphenoidale
- Os ethmoidale
- Vomer

Diese Knochen machen eine Flexions-Extensions-Bewegung. Hierbei greifen die einzelnen Knochen wie ein Zahnrad ineinander und aktivieren sich gegenseitig. Wenn ein Rädchen blockiert ist, sind es die folgenden auch (▸ **Abb. 10.6**).

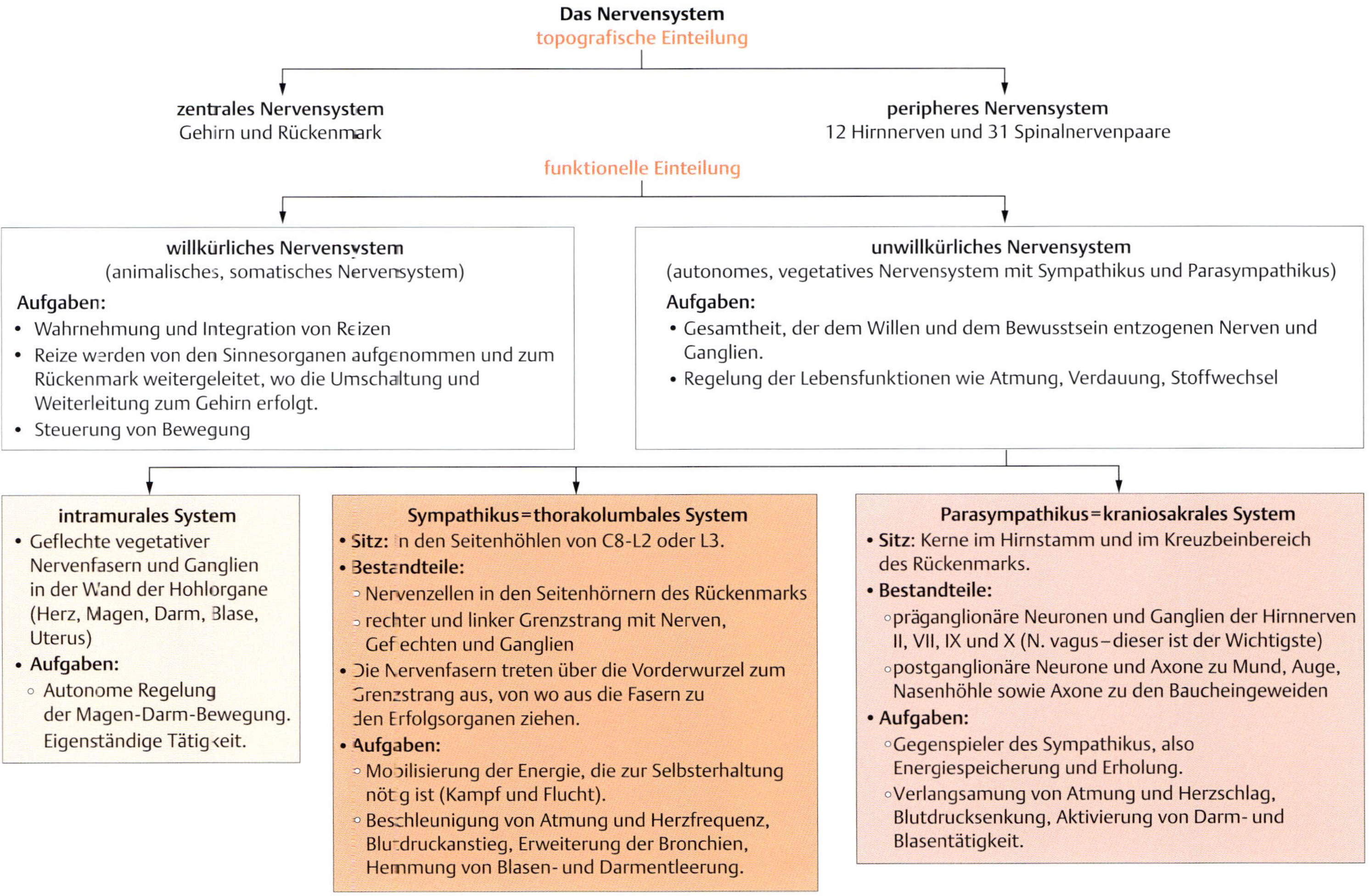

▶ **Abb. 10.1** Einteilung und Bestandteile des Nervensystems.

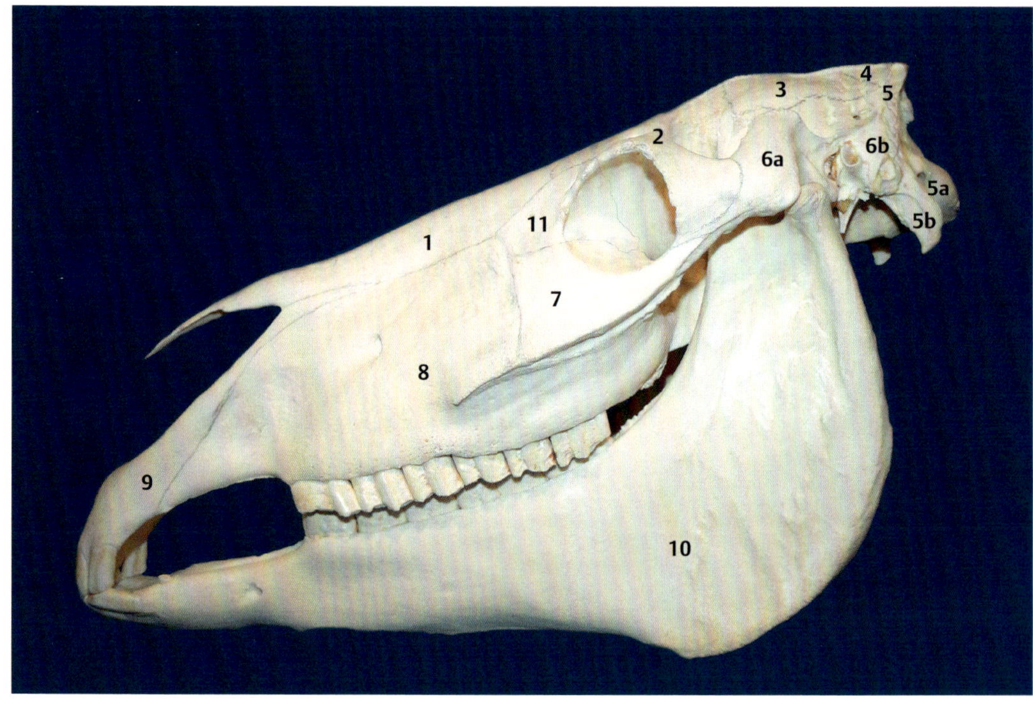

▸ **Abb. 10.2** Schädelknochen des Pferdes. Seitenansicht.
1 Os nasale (Nasenbein) **2** Os frontale (Stirnbein, Jochfortsatz) **3** Os parietale (Scheitelbein) **4** Os interparietale (Zwischenscheitelbein) **5** Os occipitale (Hinterhauptsbein) **5 a** Condylus occipitalis **5 b** Proc. paracondylaris des Os occipitale **6 a** Os temporale (Schläfenbein) **6 b** Mastoid (Teil des Os temporale) **7** Os zygomaticum (Jochbein) **8** Maxilla (Oberkiefer) **9** Os incisivum (Zwischenkieferbein) **10** Mandibula (Unterkiefer) **11** Os lacrimale (Tränenbein)

10.3.2 Knochen der Peripherie

Zu den Knochen der Peripherie gehören:

- Os temporale
- Os frontale
- Maxilla
- Mandibula
- Os palatinum
- Os parietale
- Os lacrimale
- Os nasale
- Os zygomaticum
- Os hyoideum

Diese Knochen machen eine Innen- und Außenrotation. Dabei dehnen sie sich nach außen und verschmälern sich (▸ **Abb. 10.7**).

10.3.3 Schädelknochen und ihre Bewegungen

Synchondrosis sphenobasilaris (SSB)

Das Zentrum der Bewegung der Schädelknochen ist die Synchondrosis sphenobasilaris (SSB), die membranöse Verbindung zwischen Os sphenoidale und Os occipitale. Die vorderen Schädelknochen werden durch das Os sphenoidale, die hinteren durch das Os occipitale beeinflusst.

Läsionen

Die SSB gewinnt zusätzlich durch ihre räumliche Nähe zur Sella turcica, in der sich die Hypophyse befindet, an Bedeutung. Die Sella turcica liegt oberhalb der SSB. Somit können sich Läsionen der SSB nicht nur auf den gesamten Bewegungsapparat, sondern auch auf hormonelle und immunologische Funktionen auswirken.

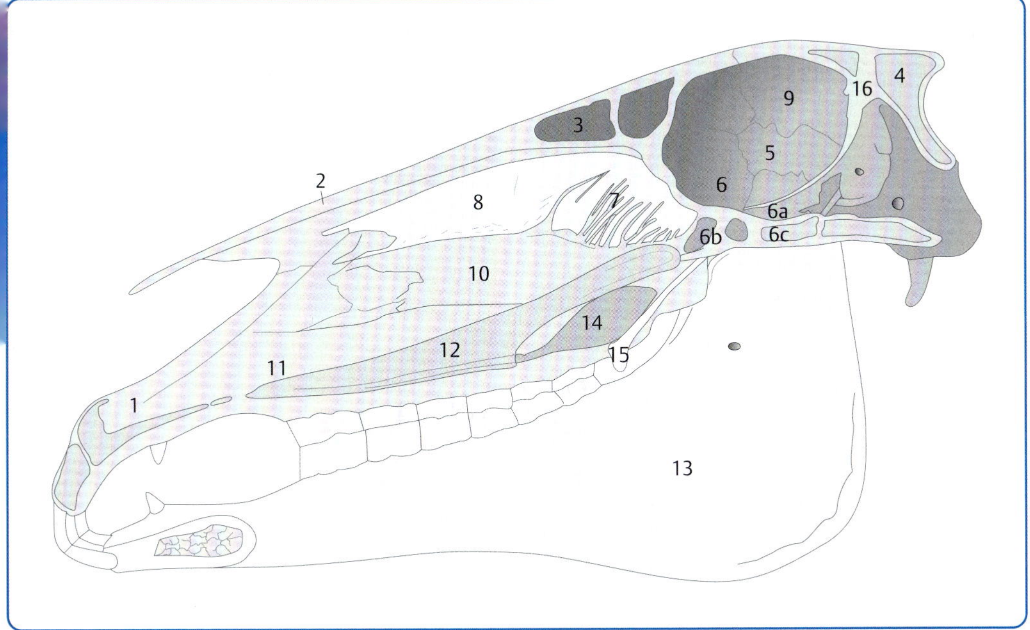

▶ **Abb. 10.3** Schädelknochen des Pferdes. Medianschnitt.
1 Os incisivum (Zwischenkieferbein) **2** Os nasale (Nasenbein) **3** Os frontale (Stirnbein) **4** Os occipitale (Hinterhauptsbein) **5** Schuppenteil des Os temporale **6** Os sphenoidale (Keilbein) **6 a** Flügel des hinteren Teils des Os sphenoidale **6 b** Korpus des vorderen Teils des Os sphenoidale **6 c** Korpus des hinteren Teils des Os sphenoidale **7** Os ethmoidale (Siebbein) **8** Concha nasalis dorsalis (dorsale Nasenmuschel) **9** Os parietale (Scheitelbein) **10** Concha nasalis ventralis (ventrale Nasenmuschel) **11** Maxilla (Oberkiefer) **12** Vomer (Pflugscharbein) **13** Mandibula (Unterkiefer) **14** Lamina perpendicularis (senkrechte Platte des Os palatinum) **15** Os pterygoideum (Flügelbein) **16** Os interparietale (Zwischenscheitelbein)

Os occipitale (Hinterhauptsbein)

Das Os occipitale liegt an der Nackenwand des Schädels und umschließt das Foramen magnum (Hinterhauptsloch). Es besteht aus:

- Squama occipitalis (Hinterhauptschuppe) mit Crista nuchae (Genickkamm)
- Partes laterales mit Condyli occipitales
- Proc. paracondylaris

Aus dem Os occipitale treten die Hirnnerven IX–XII aus. In diesem Gebiet befindet sich der Kopfteil des sympathischen Nervensystems. Restriktionen zwischen dem Os occipitale und dem Atlas (1. Halswirbel) machen sich somit im peripheren Nervensystem als Störungen des Bewegungsapparates sowie als vegetative Störungen bemerkbar.

Bewegung

- Das Os occipitale macht eine kippende Bewegung um eine transversale Achse, bei der sich der Korpus nach dorsal hebt.
- In der Flexionsphase gehen die lateralen Teile (Condylus occipitalis und Proc. paracondylaris) leicht nach außen.
- Der Korpus wird leicht gedehnt (▶ **Abb. 10.8**).

Knöcherne Verbindungen

- Os sphenoidale
- Ossa temporalia
- Ossa parietalia

Muskuläre Verbindungen

- Lig. nuchae (Nackenband)
- M. temporalis (Schläfenmuskel)
- M. longus capitis
- M. splenius capitis

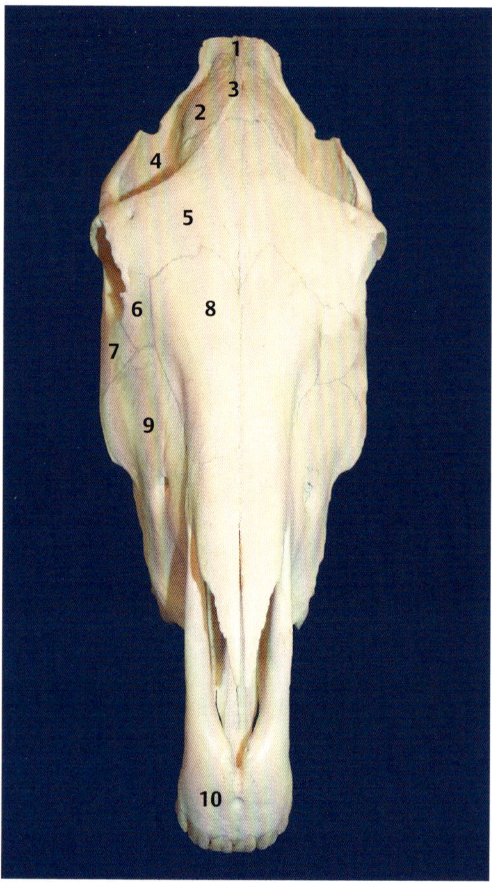

▶ **Abb. 10.4** Schädelknochen des Pferdes. Ansicht von oben.
1 Os occipitale (Hinterhauptsbein) **2** Os parietale (Scheitelbein) **3** Os interparietale (Zwischenscheitelbein) **4** Os temporale (Schläfenbein) **5** Os frontale (Stirnbein) **6** Os lacrimale (Tränenbein) **7** Os zygomaticum (Jochbein) **8** Os nasale (Nasenbein) **9** Maxilla (Oberkiefer) **10** Os incisivum (Zwischenkieferbein)

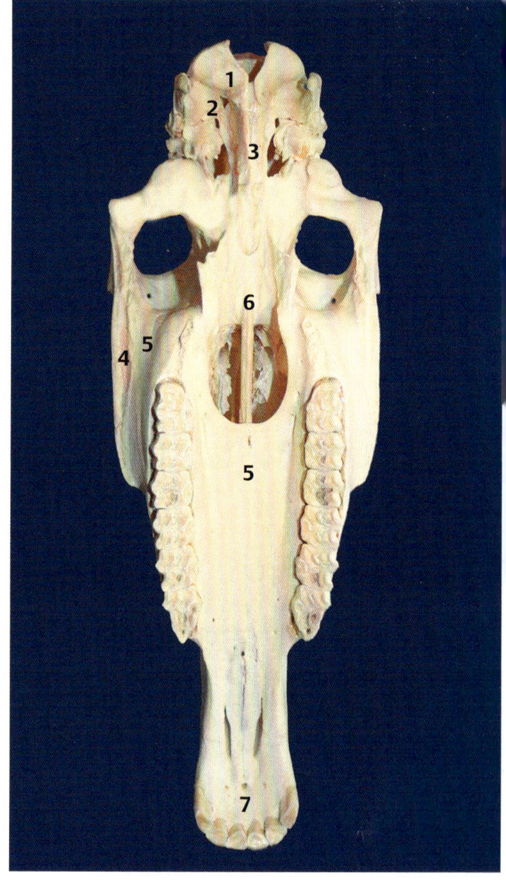

▶ **Abb. 10.5** Schädelknochen des Pferdes. Ansicht von unten.
1 Os occipitale (Hinterhauptsbein) **2** Os temporale (Schläfenbein) **3** Korpus des hinteren Teils des Os sphenoidale **4** Os zygomaticum (Jochbein) **5** Maxilla (Oberkiefer) **6** Vomer (Pflugscharbein) **7** Os incisivum (Zwischenkieferbein)

- M. semispinalis capitis (Squama occipitalis/ 5.–6. Halswirbel)
- M. rectus capitis dorsalis major und minor
- M. occipitohyoideus (Hinterhaupts-Zungenbein-Muskel)
- M. occipitomandibularis (Teil des M. digastricus)
- M. obliquus capitis cranialis

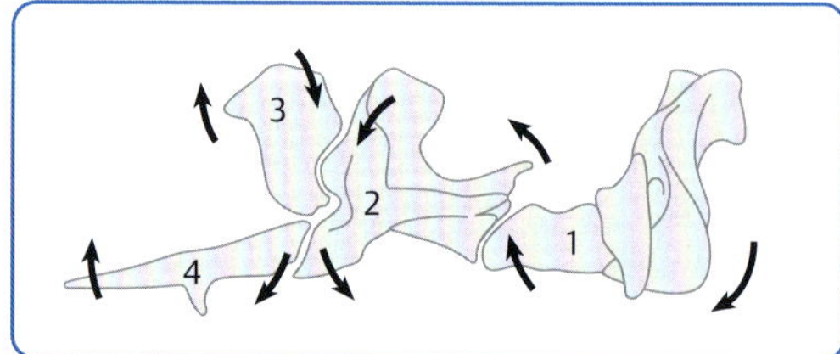

▶ **Abb. 10.6** Flexionsbewegung der inneren Schädelknochen.
1 Os occipitale **2** Os sphenoidale **3** Os ethmoidale **4** Vomer

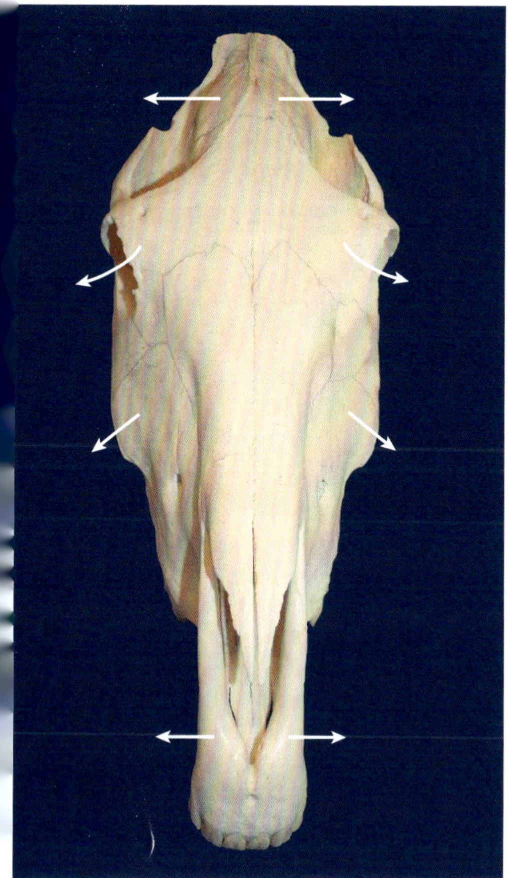

▶ **Abb. 10.7** Außenrotation der äußeren Schädelknochen.

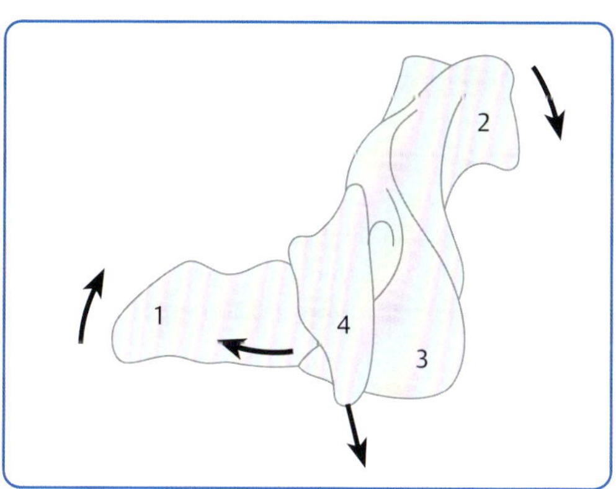

▶ **Abb. 10.8** Os occipitale.
1 Korpus **2** Squama occipitalis **3** Condylus occipitalis **4** Proc. paracondylaris

Läsionen

Alle Restriktionen des gesamten Fasziensystems des Körpers wirken sich auf die Bewegung des Os occipitale und damit auf die SSB aus. Da am Os occipitale viele Muskeln ansetzen, sind die Auswirkungen von Muskelverspannungen sehr vielfältig und nur schwer zu differenzieren.

M. longus capitis, M. rectus capitis und M. splenius capitis können bei einseitigem Hypertonus zur Seitneigungsläsion, bei beidseitigem Hypertonus zur Flexionsläsion und zur Kompression des Atlantookzipitalgelenks führen. Bei einseitigem Hypertonus des M. occipitohyoideus kommt es sowohl zur Schiefstellung des Os hyoideum als auch zu Seitneigungsläsionen der SSB. Hypertone Mm. occipitomandibularia können sowohl zu Kompressionen des Kiefergelenks als auch zur totalen Kompression der SSB führen.

Hypertone Muskeln und Faszien können eine Kompression des N. vagus und damit vegetative Störungen verursachen.

Praxistipp

Bei allen Läsionen der SSB ist es ratsam, zusätzlich die am Os occipitale ansetzenden Muskeln zu entspannen.

Die Symptome können vielfältig sein, z. B. Probleme bei der Biegung des Halses, Schiefhaltung des Kopfes, Headshaking.

Os sphenoidale (Keilbein)

Das Os sphenoidale des Pferdes besteht, wie das des Menschen, aus einem Körper (Korpus) und den Flügeln (Alae), die sich jeweils in einen vorderen und einen hinteren Teil aufgliedern. Die einzelnen Teile sind:

- Corpus ossis basisphenoidalis
- Ala ossis basisphenoidalis
- Corpus ossis presphenoidalis
- Ala ossis praesphenoidalis
- Proc. pterygoideus

Das Os sphenoidale bildet den rostralen Abschnitt der Schädelbasis. Es ist wie ein Keil zwischen Os occipitale und Os ethmoidale eingefügt. Zwischen den vorderen Flügeln befindet sich ein Teil der inneren Stirnbeinplatte sowie die Siebbeinplatte mit der Crista galli (Hahnenkamm). Die Außenflächen der vorderen Flügel (Alae ossis praesphenoidalis) sind an der Bildung der Augenhöhlen beteiligt. Der kaudale Rand der hinteren Flügel (Alae ossis basisphenoidalis) bildet die rostrale Begrenzung des Foramen lacerum. Die Schädelhöhlenfläche des Corpus ossis basisphenoidalis formt die Sella turcica.

Bewegung

- Das Os sphenoidale bewegt sich um eine transversale Drehachse.
- Der kaudale Teil bewegt sich in der Flexion nach dorsal.
- Der kraniale Teil geht nach ventral.
- Die Keilbeinflügel dehnen sich in der Flexion nach lateral und bewegen dadurch direkt das Os temporale. Die Bewegung der Keilbeinflügel übt außerdem eine große Wirkung auf das Os frontale und die Siebbeinzellen aus (▶ **Abb. 10.9**).

Knöcherne Verbindungen

- Os occipitale
- Ossa temporalia
- Ossa parietalia
- Ossa zygomatica
- Os frontale
- Os ethmoidale
- Ossa palatina
- Vomer

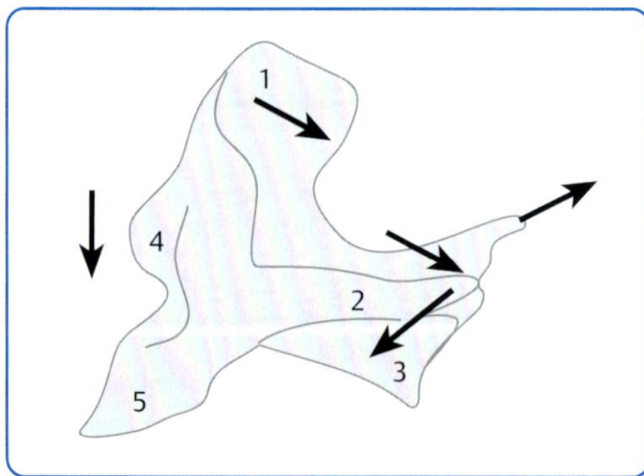

▶ **Abb. 10.9** Os sphenoidale. Der Korpus des Os sphenoidale macht eine Flexion-Extension. Die Flügel gehen in die Außenrotation.
1 Ala ossis praesphenoidalis **2** Ala ossis basisphenoidalis **3** Korpus des hinteren Teils des Os sphenoidale **4** Korpus des vorderen Teils des Os sphenoidale **5** Proc. pterygoideus

Muskuläre Verbindungen

- M. temporalis, der durch seine breite Fächerung Fasern zum Os frontale, Os parietale und Unterkiefer besitzt.
- M. pterygoideus medialis und M. pterygoideus lateralis verbinden den äußeren Keilbeinflügel mit Oberkiefer und Unterkiefer.

Praxistipp
Aufgrund der mechanischen Anordnung ist eine Prüfung des Kiefergelenks bei allen Läsionen der SSB sinnvoll.

Läsionen

Muskuläre Dysbalancen der Kaumuskeln führen nicht nur zur Kompression des Kiefergelenks, sie behindern auch die Bewegung des Os sphenoidale.

Da Os sphenoidale und Os occipitale über die SSB verbunden sind, wirken sich Läsionen des Os sphenoidale auch auf das Os occipitale aus. Die Symptome können vielfältig sein. So können z. B. Headshaking, Probleme bei der Bewegung des Halses und am Zügel sowie Rückenprobleme auftreten.

Os temporale (Schläfenbein)

Das Os temporale besteht aus:

- Squama temporalis (Schläfenbeinschuppe)
- Proc. zygomaticus
- Proc. mastoideus (Warzenteilfortsatz)
- Proc. styloideus
- Pars tympanica (Paukenteil)
- Pars petrosa (Felsenteil)

Der Proc. styloideus ist besonders zu erwähnen. Er dient als Ansatz für den M. styloideus, der vom Os temporale zum Os hyoideum zieht, und den M. stylopharyngeus, der vom Os temporale zum Rachen zieht.

Bewegung

- Die Squama temporalis bewegt sich in der Flexion exzentrisch um eine schräge, vom Ohr zur SSB verlaufenden Achse. Diese diagonale Achse bewirkt eine kiemenartige Öffnung in der Flexionsphase, das heißt der kaudale Teil der Schuppe „öffnet“ sich nach lateral, der Proc. zygomaticus geht nach innen.

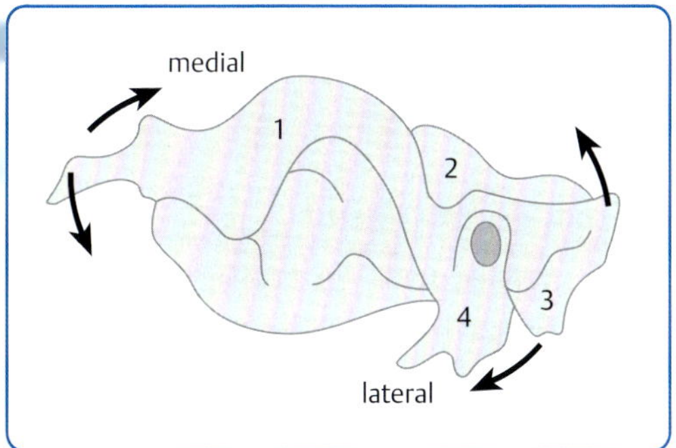

▸ **Abb. 10.10** Os temporale.
1 Korpus **2** Squama temporalis **3** Proc. mastoideus **4** Pars tympanica

- Gleichzeitig findet eine kippende Bewegung nach vorne statt. Der Proc. zygomaticus kippt nach ventral, der Proc. mastoideus nach oben (dorsal, ▸ **Abb. 10.10**).

Knöcherne Verbindungen

- Os hyoideum
- Os parietale
- Os frontale
- Os occipitale
- Os zygomaticum

Muskuläre Verbindungen

- M. temporalis
- M. masseter (Kaumuskel)
- M. brachiocephalicus. Die Ursprungssehne entspringt am Proc. mastoideus und steht mit den Sehnen des M. splenius capitis und M. longissimus capitis in Verbindung. Der Ansatz befindet sich am Schultergelenk.
- M. splenius capitis. Er setzt teils an der Crista nuchae des Os occipitale und am Proc. mastoideus des Os temporale an und zieht zu den Querfortsätzen des 3., 4. und 5. Halswirbels.
- M. tensor veli palatini (Spanner des Gaumensegels)
- M. levator palatini (Heber des Gaumensegels)
- Ohrmuskeln
- M. styloglossus und stylopharyngeus

Wichtige Muskeln sind mit dem Os temporale direkt verbunden. Am Os temporale direkt setzt der M. temporalis und am Os zygomaticum der M. masseter an. Am Warzenfortsatz ist der M. splenius capitis, der beim Pferd besonders stark ausgeprägt ist. Am Proc. stylohyoideus setzen M. stylohyoideus und M. styloglossus an. Sie stellen die Verbindung zum Os hyoideum her.

Studien am menschlichen Schädel lassen vermuten, dass der Proc. styloideus und der M. stylohyoideus mit einem Kanal versehen sind, der als Drainage für den Innenohrbereich dienen könnte. Ein hypertoner Muskel könnte somit zum Lymphstau im Innenohr und/oder Gleichgewichtsproblemen führen.

Anatomischer Zusammenhang

Durch seine vielen Verbindungen ist das Os temporale sehr empfänglich für muskuläre Verspannungen im Hals- und Nackenbereich.

Läsionen

Bei Blockierung des Os temporale kann es zu rezidivierenden Ohren- und Gleichgewichtsproblemen kommen. Ein Hypertonus des M. sternocephalicus kann die Bewegung des Os temporale behindern, ein hypertoner M. temporalis kann sowohl zur Verkeilung der Sutura squamosa (Schuppennaht) als auch zur Kompression der SSB führen. Ein einseitiger Hypertonus kann eine Torsion und/oder eine Seitneigungsläsion verursachen. Die mangelnde Zusammenarbeit zwischen Spanner und Heber des Gaumensegels kann Atemgeräusche wie z. B. Kehlkopfpfeifen unterhalten.

Symptome können Zahnfehlstellungen sowie Kauprobleme und Kiefergelenksprobleme sein. Wenn der Proc. styloideus durch hypertone Muskeln betroffen ist, kann es zum Lymph- oder Liquorstau im Kopfbereich kommen. Das kann sich als Kopfschmerzen, Ohrenprobleme oder Gleichgewichtsstörungen äußern. Bei länger bestehendem Lymphstau können Allergien und Infekte der Nebenhöhlen die Folge sein.

Os parietale (Scheitelbein)

Das Os parietale ist paarig angelegt und bildet zwischen Os occipitale und Os frontale das Dach des Schädels. Zwischen den kaudalen Anteilen liegt das Os interparietale, rostral vereinigen sich beide Teile zur Sutura sagittalis (Pfeilnaht). An der Sutura squamosa liegt das Os temporale wie eine Schuppe über dem Os parietale.

Bewegung

- Die physiologische Bewegung des Os parietale ist die Innen- und Außenrotation.
- In der Flexion senkt sich das Schädeldach.
- Die Seiten gehen leicht nach außen (▶ Abb. 10.11).

Knöcherne Verbindungen

- Os interparietale. Es ist ursprünglich paarig angelegt und liegt zwischen den Scheitelbeinen und rostral vor dem Os occipitale. An seiner Innenseite bildet es als Proc. tentoricus das knöcherne Tentorium cerebelli (Kleinhirnzelt).
- Os occipitale
- Os sphenoidale
- Os frontale
- Os temporale

Muskuläre Verbindungen

- M. temporalis
- M. parotidoauricularis (Niederzieher der Ohrmuschel)
- M. parietoauricularis (Schläfenbein-Ohrmuschel-Muskel)
- M. scutuloauricularis

Läsionen

Wenn das Os parietale in seiner Flexion eingeschränkt ist, hat dies direkte Auswirkung auf das Os temporale. In diesem Fall muss erst das Os parietale gelockert werden. Ebenso wie das Os frontale wird auch das Os parietale durch membranöse Restriktionen beeinflusst und kann bei Drainagestörungen beteiligt sein.

Bei Headshaking sollte an ein blockiertes Os frontale gedacht werden. Ebenso bei Problemen mit der Beizäumung.

Os frontale (Stirnbein)

Das Os frontale spielt im kranialen System des Pferdes eine wichtige Rolle. Seine Bewegungen werden direkt auf die großen Keilbeinflügel und damit auf die SSB übertragen und können bei einer Blockierung zu einer totalen Kompression der SSB führen. Es ist außerdem wichtig wegen des Ansatzes der Falx cerebri (Hirnsichel) an seiner Innenseite: Die intrakraniellen Membranen stehen in direkter Verbindung zur Dura mater spinalis. Auswirkungen eines blockierten Os frontale können somit die gesamte Wirbelsäule betreffen.

Es besteht entwicklungsgeschichtlich aus 2 Hälften, die aber verknöchert sind. Jede Hälfte hat eine geringe Beweglichkeit um eine vertikale Achse.

Bewegung

- In der Flexion senkt sich das Stirnbeindach und die Seiten gehen nach außen.
- Gleichzeitig entsteht ein Zug an der Crista galli nach hinten (▶ Abb. 10.12).

Knöcherne Verbindungen

- Os sphenoidale
- Os ethmoidale
- Os parietale
- Os zygomaticum
- Os nasale
- Os lacrimale
- Oberkiefer

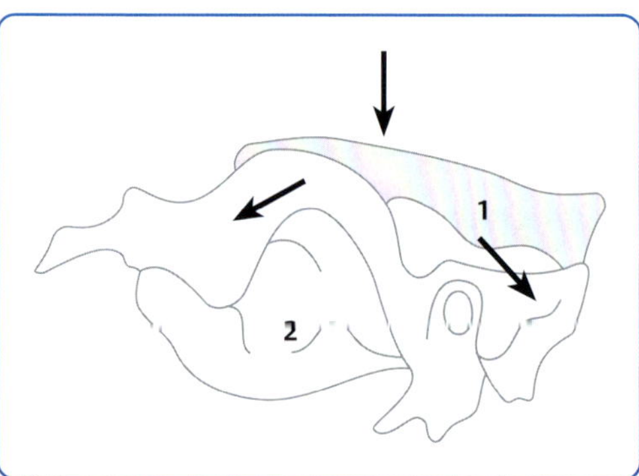

▶ **Abb. 10.11** Os parietale.
1 Os parietale **2** Os temporale

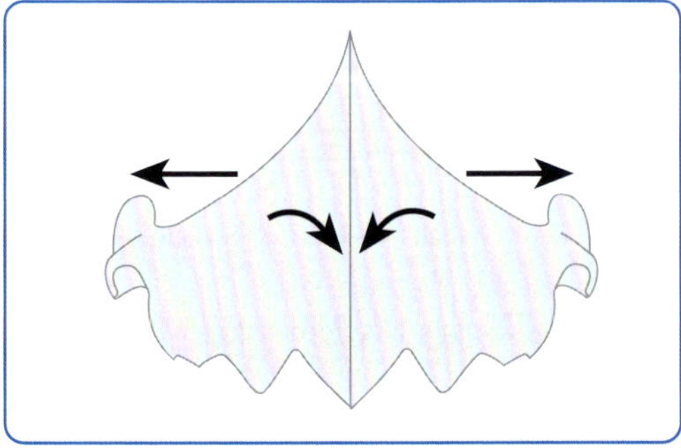

▶ **Abb. 10.12** Os frontale.

Muskuläre Verbindungen

- M. temporalis
- M. interscutularis (Zwischenschildchenmuskel)
- M. frontoscutularis (Stirnbein-Schildchen-Muskel) setzt mit einem Teil am Os frontale und mit einem Teil am Os zygomaticum an und zieht zum Schildchen.

Läsionen

Ein blockiertes Os frontale ist durch seine direkte Verbindung zum Os ethmoidale und dem Sinus frontalis bei Herden in diesen Höhlen beteiligt. Eine Deblockierung des Os frontale kann dazu führen, dass die nervale Versorgung verbessert wird und gestautes Sekret aus der Stirnhöhle abfließt.

Wenn das Os frontale in seiner Außenrotation eingeschränkt ist, wird zusätzlich der große Keilbeinflügel und dadurch die Beweglichkeit der SSB blockiert. Die Folge kann eine totale Kompression sein.

Restriktionen der intrakranialen Membranen, aber auch fasziale Spannungen außerhalb des Schädels können durch Blockierung des Sinus sagittalis die Drainage des Kopfes behindern. Es kommt zum venösen Stau.

Symptome sind Stauungszustände wie Kopfschmerzen, Ödeme, Gleichgewichtsstörungen und rezidivierende Nebenhöhleninfekte.

Os nasale (Nasenbein)

Das Os nasale besteht wie das Os frontale aus 2 Knochen.

Bewegung

- Als Knochen der Peripherie macht das Os nasale eine Innen- und Außenrotation, wobei, wie beim Os frontale, beide Teile eine Außenrotation um eine vertikale Achse vollziehen.
- Gleichzeitig macht der gesamte Knochen eine kippende Flexions-Extensions-Bewegung (▸ Abb. 10.13).

Knöcherne Verbindungen

- Os frontale
- Os lacrimale
- Os ethmoidale
- Oberkiefer

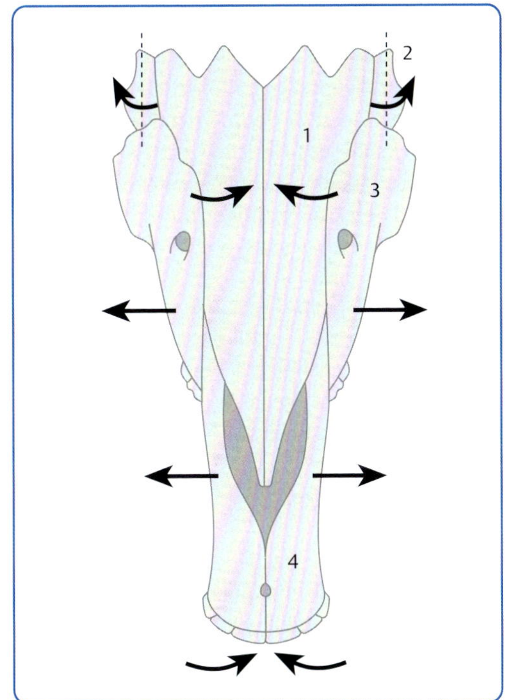

▸ **Abb. 10.13** Os nasale.
1 Os nasale **2** Os lacrimale **3** Maxilla **4** Os incisivum

Muskuläre Verbindungen

- M. nasi lateralis

Läsionen

Eine Läsion des Os nasale hat meist eine traumatische Ursache (Sturz, Schlag, gewaltsames Zerren am Halfter). Meist ist die Sutura internasalis blockiert. Aber auch jede Verbindung zu den angrenzenden Knochen kann verkeilt sein und muss durch Suturen-Techniken (S. 165) gelöst werden.

Bei rezidivierenden Nasennebenhöhleninfekten muss an das Os nasale gedacht werden.

Maxilla und Os incisivum (Oberkiefer und Zwischenkieferbein)

Der Oberkiefer bildet den größten Teil des Gesichts, des Gaumendachs und der Nasen- und Maulhöhlenwand. Er besteht aus 2 Knochen, die durch die Sutura palatina mediana getrennt sind. Er wird in den an der Außenseite gelegenen Korpus und die nach ventral ragenden Proc. alveolaris eingeteilt. Vom Proc. alveoaris geht als horizontal liegende Platte der Proc. palatinus aus.

Das Os incisivum (beim Menschen das mit dem Gaumen verwachsene Os intermaxillare genannt), bildet die Spitze des Gesichtsschädels. Es wird in den Korpus mit den Schneidezähnen, den Proc. nasalis und den Proc. palatinus unterteilt.

Bewegung

- Der Oberkiefer dehnt sich in der Flexion, wobei sich die dorsalen Teile zusammen mit dem Os zygomaticum nach lateral bewegen.
- Der Zahnbogen weitet sich.
- Das Os incisivum weitet sich, wobei es eine Rotationsbewegung um eine eigene Achse macht. Es folgt der Bewegung von Oberkiefer und Os nasale.
- Die dorsalen Teile machen durch die Abflachung der lateralen Teile eine Außenrotation. Beide Hälften machen eine Rotationsbewegung nach innen.

Knöcherne Verbindungen

- Unterkiefer
- Os nasale
- Os zygomaticum
- Os lacrimale
- Os palatinum

Muskuläre Verbindungen

- M. buccinator mit Pars buccalis, von dem ein Teil in den M. orbicularis oris (Ringmuskel des Mundes) übergeht, und dem Pars molaris, der größtenteils vom M. masseter bedeckt ist.
- M. masseter
- M. pterygoideus medialis (innerer Kaumuskel)
- M. caninus (Eckzahnmuskel)

Läsionen

Vor allem eine Läsion des Os zygomaticum und des Os nasale wirken sich auf die Beweglichkeit des Oberkiefers aus. Meist sind es Kompressionen der Suturen durch Traumata, die hier besonders erwähnenswert sind.

Kieferhöhlenprobleme können mit einem blockierten Oberkiefer zusammenhängen.

Os lacrimale (Tränenbein)

Das Os lacrimale bildet mit Os frontale, Os nasale, Os zygomaticum, Os temporale und Os parietale die Augenhöhle. Es werden eine Außen- oder Angesichtsfläche und eine Augenhöhlenfläche unterschieden. Die Angesichtsfläche trägt den Proc. lacrimalis rostralis, der Canalis nasolacrimalis (Tränennasengang) befindet sich in der Augenhöhlenfläche.

Bewegung

- Das Os lacrimale macht eine Rotationsbewegung um die eigene vertikale Achse. Die Bewegung wird vom Os sphenoidale beeinflusst.
- Es rotiert leicht nach außen.
- In der Flexionsphase weitet sich der Canalis nasolacrimalis.

Knöcherne Verbindungen

- Os frontale
- Os sphenoidale
- Os zygomaticum

Muskuläre Verbindungen

- M. levator labii superioris (entspringt an der Verbindungsstelle von Oberkiefer, Os lacrimale und Os zygomaticum)
- M. levator nasolabialis (Nasen-Lippen-Heber)

Läsionen

Es können Symptome auftreten wie z. B. tränende, eitrige Augen und eine verstopfte Nase.

Os zygomaticum (Jochbein)

Das Os zygomaticum besteht aus einem Korpus, aus dem kaudal der Proc. temporalis (Schläfenfortsatz) hervorgeht. Der Proc. zygomaticus (Jochfortsatz) des Os temporale bildet mit dem Jochfortsatz des Os frontale den Augenhöhlenrand. Das Os zygomaticum bildet also einen Teil der Augenhöhle.

Der gesamte Jochbogen ist der Ursprung des M. masseter und steht damit in direkter Verbindung zu den Halsmuskeln und zum Os hyoideum.

Bewegung

- Es reagiert auf die Lateralbewegung des großen Keilbeinflügels und macht dadurch eine Drehbewegung um eine halbschräge Achse, ähnlich wie das Os temporale.

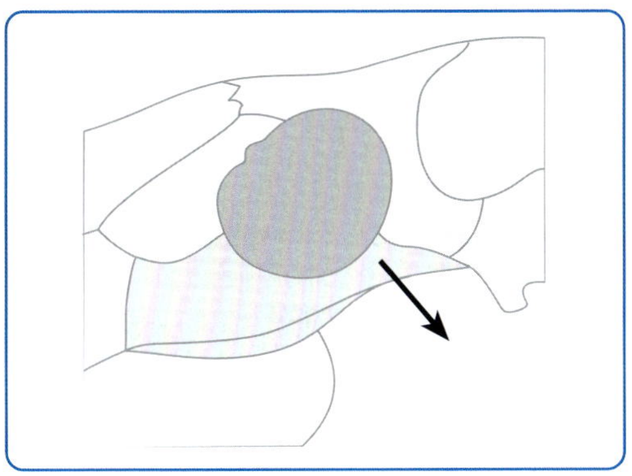

▸ **Abb. 10.14** Os zygomaticum.

- Es überträgt die Bewegung auf den Oberkiefer (▸ **Abb. 10.14**).

Knöcherne Verbindungen

- Os temporale
- Os sphenoidale
- Os lacrimale
- Oberkiefer

Muskuläre Verbindungen

- M. zygomaticus (Jochmuskel). Er steht in direkter Verbindung zum M. orbicularis oris.
- M. zygomaticoauricularis (Jochbein-Ohrmuschelmuskel)
- M. zygomaticobuccalis
- M. masseter. Dieser entspringt am Unterkiefer und setzt am Os zygomaticum an. Bei beidseitiger Kontraktion presst er den Unterkiefer gegen den Oberkiefer und verursacht Kiefergelenksblockierungen.

Läsionen

Eine blockierte Jochbein-Tränenbein-Naht kann für chronischen Augenausfluss verantwortlich sein. Kiefergelenksprobleme, Kau- und Schluckstörungen können unter anderem mit einer Blockierung des Os zygomaticum im Zusammenhang stehen. Ursachen sind oft zu enge Halfter.

Vomer (Pflugscharbein)

Das Vomer ist ein unpaariger Knochen, der die Choanen (Nasenmuscheln) durchzieht und in die Nasenhöhle hineinragt.

Bewegung

- Es macht in der Flexionsphase, angetrieben vom rostralen Teil des Os sphenoidale, eine nach oben kippende Bewegung.
- Der kaudale Teil kippt nach ventral, der rostrale Teil nach dorsal (▸ **Abb. 10.15**).

Os palatinum (Gaumenbein)

Das Os palatinum ist zwischen Oberkiefer und Os sphenoidale eingefügt und ist somit deren Bindeglied. Es besteht aus der Lamina horizontalis (Horizontalplatte), die einen Teil des harten Gaumens bildet, und einer sagittal stehenden Lamina perpendicularis (Perpendikularplatte), die einen Teil des Nasenrachenraums bildet. Das Os palatinum verfügt über eine gute Verformbarkeit.

Bewegung

- Während der Flexion macht es eine Drehung um eine transversale Achse, die durch die Bewegung des Corpus ossis presphenoidalis angetrieben wird.
- Dabei bewegt sich der kaudale Teil nach ventral, der kraniale Teil nach dorsal.
- Gleichzeitig findet eine Außenrotation der lateral gelegenen horizontalen Platten statt (▸ **Abb. 10.15**).

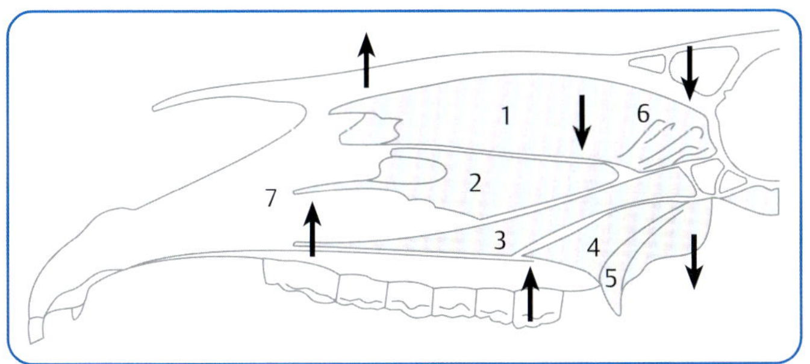

▸ **Abb. 10.15** Bewegung von Vomer, Os palatinum und Os pterygoideum. **1** dorsale Choane **2** ventrale Choane **3** Vomer **4** Os palatinum **5** Os pterygoideum **6** Os ethmoidale **7** Maxilla

Knöcherne Verbindungen

- Os sphenoidale
- Os ethmoidale
- Os conchae nasalis ventralis (ventrales Nasenmuschelbein)
- Oberkiefer
- Vomer

Muskuläre Verbindungen

- M. tensor veli palatini
- M. levator veli palatini
- M. pterygoideus medialis

Läsionen

Das Os palatinum ist beteiligt bei Infekten der Nasennebenhöhlen und der Kieferhöhlen. Kontrahierte Mm. pterygoidei können zu Problemen der Eustachischen Röhre führen. Korrekturen sind nur energetisch z. B. über die V-Spread-Technik (S. 36) möglich.

Alle Muskeln des Os palatinum sind nur intraoral palpabel und auch nicht direkt beeinflussbar. Eine Korrektur ist beim Pferd nicht möglich, da die Muskeln nur in der Mundhöhle zu erreichen sind.

Os pterygoideum (Flügelbein)

Das Os pterygoideum ist eine geschwungene Knochenplatte, die sich an der rachenseitigen Fläche von Os sphenoidale und Vomer sowie sagittal an der Perpendikularplatte des Os palatinum anfügt. Nach ventral ragt der Hamulus pterygoideus (Häkchen am Os pterygoideum, das als Umlenkrolle für den Gaumensegelspannmuskel dient) weit hervor (▸ Abb. 10.15).

Os ethmoidale (Siebbein)

Das Os ethmoidale liegt in der Tiefe des Schädels, in Höhe der Augenhöhlen. Es grenzt die Nasenhöhle gegen die Schädelhöhle ab.

Bewegung

- Bewegung um eine horizontale Achse (Mitte der medianen Platte). Der kaudale Teil bewegt sich nach ventrokaudal, der kraniale Teil nach dorsokranial.
- Die dorsale und die ventrale Nasenmuschel machen die Extensions- und Flexionsbewegung gemeinsam mit Os ethmoidale und Vomer.
- Dorsal trennt die Siebplatte mit der Crista galli die Nasenhöhle von der Schädelhöhle. Sie ist zwischen die Keilbeinflügel eingefügt.

Knöcherne Verbindungen

- Os sphenoidale
- Os frontale
- Os palatinale
- Os nasale
- Os lacrimale
- Vomer

Mandibula (Unterkiefer)

Der Unterkiefer besteht aus dem Corpus mandibulae mit Pars incisiva (rostrale Schneidezahnanteile) und Pars molaris (kaudaler Backenzahnteil) sowie den Rami mandibulae (aufsteigende Unterkieferäste). Die beiden Äste bestehen aus dem Proc. coronoideus und dem Proc. condylaris, die mit dem Tuberculum articulare, der Fossa mandibularis und dem Proc. retroarticularis das Kiefergelenk bilden (▸ Abb. 10.16).

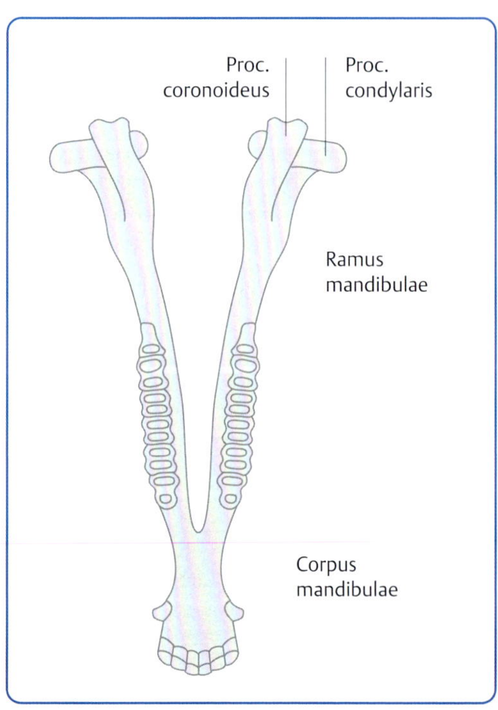

▸ **Abb. 10.16** Mandibula.

Bewegung

- Die Mandibula macht in der Flexion eine Außenrotation, wobei die Front, wie das Os frontale, nach innen geht.
- Die Seitenteile dehnen sich nach lateral.

Knöcherne Verbindungen

- Oberkiefer
- Os temporalis
- Os sphenoidalis über den Proc. pterygoideus, dem Ansatz des M. pterygoideus

Muskuläre Verbindungen

- M. pterygoideus lateralis mit 2 Bäuchen
- M. pterygoideus medialis
- M. temporalis
- M. masseter
- M. buccinator (Backenmuskel, Verbindung zwischen den Alveolarfortsätzen von Ober- und Unterkiefer, er liegt unter dem M. masseter)
- M. occipitomandibularis (Hinterhaupt-Unterkiefer-Muskel, Teil des M. digastricus)
- M. digastricus
- M. sternomandibularis
- supra- und infrahyoidale Muskeln

Läsionen

Der M. masseter entspringt am Os temporalis, setzt am Proc. coronoideus des Unterkiefers an und ist bei Kiefergelenksproblemen beteiligt. Hypertone Mm. masseter können zur Kompression des Kiefergelenks führen.

Hypertone infra- und suprahyoidale Muskeln wirken nicht nur auf das Os hyoideum, sondern in gleichem Maße auf das Kiefergelenk. Kau- und Schluckstörungen und Biss-Anomalien wie Über- oder Unterbiss können damit in Zusammenhang stehen.

Hypertone Mm. sternomandibularis können, gemeinsam mit den anderen Halsmuskeln, eine Hyperlordose der Halswirbelsäule verursachen und gleichzeitig zur Behinderung der Kaubewegung führen. Beim Os temporale wirkt sich dies als Extensionsläsion aus.

Os hyoideum (Zungenbein)

Das Os hyoideum besteht aus mehreren miteinander verbundenen, stabförmigen Elementen (► **Abb. 10.17a**). Diese sind:

- Stylohyoideum (mittlerer Zungenbeinast)
- Ceratohyoideum (paariges Zungenhorn)

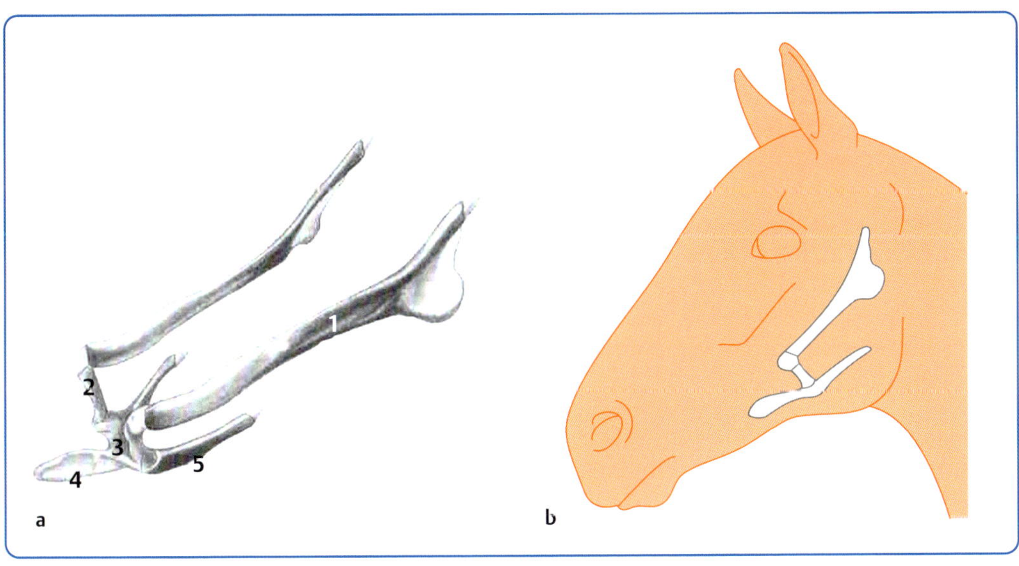

► **Abb. 10.17** Os hyoideum.

a **1** Stylohyoideum **2** Ceratohyoideum **3** Korpus **4** Proc. lingualis **5** Thyrohyoideum (Nickel, Schummer, Seiferle. Lehrbuch der Anatomie der Haustiere. Bd. 1, 8. Aufl. Stuttgart: Parey in MVS Medizinverlage Stuttgart; 2004)

b Lage.

- Korpus
- Proc. lingualis
- Thyrohyoideum (Kehlkopfhorn)

Es liegt, nur durch Muskeln gehalten, zwischen den Unterkieferästen (▶ **Abb. 10.17b**). Das Os hyoideum ist beim Kau- und Schluckakt beteiligt.

Bewegung

- In der Flexionsphase gehen die hinteren Hörner nach lateral und heben sich.
- Es macht die Bewegung des Os temporale mit. Das heißt, wenn der kaudale Teil des Os temporale nach ventral geht, wird das Os hyoideum mit dorthin gezogen.

Knöcherne Verbindungen

Das Os hyoideum ist rein muskulär, also ohne direkte knöcherne Verbindung, rostral mit dem Zungengrund, kaudal mit dem Kehlkopf und nach oben indirekt mit dem Os temporale verbunden.

Muskuläre Verbindungen

- M. sternohyoideus (Verbindung zwischen Os hyoideum und dem Sternum)
- M. ceratohyoideus (kleiner Zungenbeinast-Zungenmuskel)
- M. thyrohyoideus (Schildknorpel-Zungenbeinmuskel)
- M. stylohyoideus (großer Zungenbeinast-Zungenmuskel)
- M. geniohyoideus (Kinn-Zungenbein-Muskel)
- M. sternothyroideus (Brustbein-Schildknorpel-Muskel)
- M. mylohyoideus (Kehlgangsmuskel)
- M. occipitohyoideus (Hinterhauptsbein-Zungenbein-Muskel). Alle Läsionen der Schädelknochen, bei denen das Os occipitale beteiligt ist, wirken sich durch diesen Muskel auf die Stellung des Os hyoideum aus.

Läsionen

Einseitig kontrahierte Muskeln des Kehlkopfes und der Zungenbeinmuskeln führen zur Rotation, Lateralflexion oder zur lateralen Verschiebung des Os hyoideum. Es wird vermutet, dass durch ein schief gestelltes Os hyoideum falsche Lageinformationen an das Gehirn gemeldet werden und es dadurch zu Gleichgewichtsstörungen kommen kann. Ataxieähnliche Störungen können die Folge sein.

Auch Kehlkopferkrankungen stehen, osteopathisch gesehen, mit dem Os hyoideum und der Zungenbeinmuskulatur im Zusammenhang. Bei einer hypertonen Zungenbeinmuskulatur kann Kehlkopfpfeifen auftreten.

Beim Koppen sind die paarigen Zungenbeinmuskeln und die Brustbein-Unterkiefer-Muskeln kontrahiert. Weitere Auswirkungen sind Schluckstörungen und Reizhusten. Das Pferd bildet beim Fressen kleine „Würstchen" (Futterknäuel, die am oberen Ende der Maulspalte herausfallen). Differenzialdiagnostisch sollten aber hier auch die Zähne untersucht werden.

Pferde, die unsicher am Sprung sind, oder Galopper, die nicht schnell genug aus der Startmaschine kommen, haben nicht selten ein Problem mit dem Os hyoideum.

10.3.4 Membranen

Die wichtigste Rolle im kraniosakralen System spielen die intra- und extrakraniellen Membranen. Abnorme Spannungen im Duralmembransystem sind eine der häufigsten Ursachen für Funktionsstörungen in diesem System. Zugkräfte der an den Schädelknochen ansetzenden Muskeln können dazu führen, dass die Bewegung durch die am Schädelinneren anliegenden oder an Schädelknochen ansetzenden Membranen ganz oder teilweise eingeschränkt wird.

Anatomischer Zusammenhang

Wie eine Welle wird der Kraniosakralrhythmus bis zum Ende der Wirbelsäule übertragen und über Faszien und Bindegewebe auf den ganzen Körper weitergegeben.

Bewegung

Bei der Flexion macht das Membransystem folgende Bewegungen:

- Das Os occipitale macht eine Kippbewegung.
- Die Falx cerebri senkt sich und bewirkt dadurch die Außenrotation des Os parietale und Os frontale. Ihr anterior-posteriorer Durchmesser verkürzt sich, da an der Anheftungsstelle an der Crista frontalis ein Zug nach dorsokaudal und

durch die Kippbewegung des Os occipitale ein Zug nach ventral entsteht.

- Das Tentorium cerebelli senkt sich, seine lateralen Teile gehen nach außen und bewirken so ebenfalls die Außenrotation des Schädels.
- Sternum, Zwerchfell und Becken senken sich.
- Das Os occipitale macht eine Kippbewegung. Dadurch wird ein Zug auf die am Foramen magnum befestigte Dura mater spinalis ausgeübt. Die Dura mater bewegt sich in der Flexion nach kranial.

Anatomischer Zusammenhang

Die wichtigste Rolle im kraniosakralen System spielen die Membranen. Abnorme Spannungen und Zugkräfte im ganzen Körper wirken sich auf die Membranen und damit auf den Kraniosakralrhythmus aus.

10.3.5 Liquor

Das Nervensystem ist von einer klaren, farblosen und eiweißhaltigen Flüssigkeit, dem Liquor cerebrospinalis, umgeben. Diese Flüssigkeit nimmt nicht nur die Abfallstoffe des Nervenstoffwechsels auf, sondern ist auch verantwortlich für die Ernährung des gesamten zentralen Nervensystems. Die Zusammensetzung des Liquor cerebrospinalis hängt von der Blutzusammensetzung ab. Der Liquor wird in den Plexus choroideus (Adergeflechte) der 4 Hirnkammern gebildet und fließt durch Foramen von einem Ventrikel in das darauf folgende, füllt die Hohlräume des Gehirns aus und verlässt den Schädel im Duraschlauch. Der Duraschlauch ist die Fortsetzung der Dura mater cranialis und wird in der Wirbelsäule zur Dura mater spinalis.

Die Anheftung der intrakranialen Dura ist am Schädeldach relativ schwach, an den Suturen jedoch stark ausgeprägt. Die stärkste Verbindung finden wir an der Schädelbasis an der Christa galli, den beiden kleinen Keilbeinflügeln, am Felsenbein (Pars petrosa ossis temporalis) und am Foramen magnum.

Die Verbindung zwischen Schädel und Sakrum ist die spinale Dura mater. Sie liegt im Wirbelkanal. Sie ist die Verlängerung der intrakranialen Dura und ist nur am Foramen magnum, dorsal am 2. und 3. Halswirbel und ventral in Höhe des 2. Lendenwirbels befestigt.

Der Liquor cerebrospinalis ist maßgeblich an der Bewegung und Kontrolle des primären Atemrhythmus beteiligt und steht unter dauerndem Druck und dauernder Aktivität. Er ist das Zentrum für jede Bewegung im Körper.

10.4 Fließen des Liquors

Die kraniosakrale Osteopathie geht von einer rhythmischen, fluktuierenden, physiologischen Bewegung des Liquor cerebrospinalis aus. Diese freie Fluktuation ist nur möglich, wenn die Meningen (Hirnhäute), die 22 Schädelknochen und das Sakrum beweglich bleiben.

Der Liquor cerebrospinalis wird im Plexus choroideus, einem Adergeflecht der Hirnventrikel, gebildet. Da die Bildung schneller geschieht als der Abfluss, entsteht ein hydrostatischer Druck, der zu einer fast unmerklichen rhythmischen Dehnung der Schädelnähte führt. Die Bewegung setzt sich über den Duraschlauch und damit auf die Wirbelsäule, das Sakrum, das Becken und entlang von Nervenbahnen schließlich auf den gesamten Körper fort.

Strukturelle und funktionelle Veränderungen in einem der Körpersysteme können das Kraniosakralsystem beeinflussen. Störungen innerhalb des Kraniosakralsystems haben Auswirkungen auf andere Korpersysteme.

11 Behandlung einzelner Strukturen

11.1 Läsionen der Synchondrosis sphenobasilaris

Die Verbindung zwischen Os sphenoidale und Os occipitale nimmt in der kraniosakralen Osteopathie eine zentrale Stellung ein. Diese Verbindung wird als Synchondrosis sphenobasilaris (S. 132), kurz SSB, bezeichnet (▸ **Abb. 11.1**).

Indirekt hat die SSB durch die intrakraniellen Membranen und die am Kopf ansetzenden Muskeln Verbindung zum gesamten Bewegungsapparat. Jede Bewegung des Os sphenoidale wird auf den ganzen Körper übertragen.

11.1.1 Äußere Merkmale und Symptomatik

Die Läsionen der SSB äußern sich an bestimmten Merkmalen des Gesichts und des Schädels, die beim Menschen genau definiert sind. Beim Pferd sind diese Merkmale nicht so deutlich voneinander abzugrenzen, vor allem, wenn mehrere Läsionen vorliegen. Es gibt aber deutliche Hinweise, wie z. B. auffallende Asymmetrien des Schädels:

- Die Crista nuchae des Os occipitale ist der beste Hinweis auf das Vorhandensein von Läsionen der SSB. Sie kann nach lateral verschoben, gekippt oder nach rostral verdreht sein.
- Biss-Anomalien sind ebenfalls ein Hinweis auf Läsionen.
- Die Nüstern und/oder das Os zygomaticum befinden sich nicht auf gleicher Höhe. Auch die Stellung der Augen kann unterschiedlich sein.

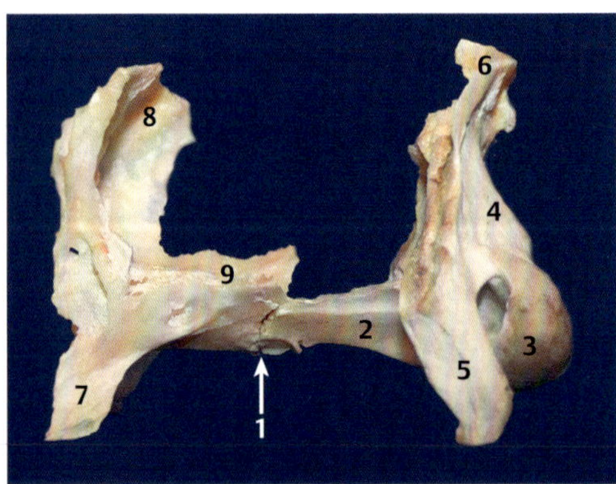

▸ **Abb. 11.1** Synchondrosis sphenobasilaris.
1 Synchondrosis sphenobasilaris **2** Corpus occipitalis **3** Condylus occipitalis **4** Squama occipitalis **5** Proc. paracondylaris **6** Crista nuchae **7** Proc. pterygoideus **8** Ala ossis praesphenoidalis **9** Ala ossis basisphenoidalis

Wir möchten in diesem Zusammenhang Giniaux zitieren: *„Kein Individuum entspricht der statistischen Norm. Ein Pferd heilen heißt nicht, es zum mittelmäßigen (im statistischen Sinne) Pferd zu machen, sondern ihm zu einem Zustand zu verhelfen, in dem es sich wohlfühlt."*

Eine Anomalie bedeutet nicht zwangsläufig eine Läsion oder gar einen krankhaften Zustand. Oft können Lebewesen erstaunlich gut mit Fehlstellungen und Anomalien umgehen. Sie sind in der Lage, zu kompensieren. Sie sind im Gleichgewicht. Im Gegenteil:

> **!** **Ein Therapeut, der nur anhand vorhandener Asymmetrien, Fehlstellungen und Anomalien behandelt, kann eine echte Läsion verursachen.**

Wenn keine Schmerzen oder Bewegungseinschränkungen vorliegen, besteht keine Veranlassung, die Struktur zu verändern. Wenn z. B. ein Pferd trotz offensichtlicher Wirbelfehlstellungen schmerzfrei ist und sogar gute sportliche Leistungen erbringt, wird sich ein verantwortungsvoller Osteopath davor hüten, diese Wirbel in Richtung „Norm" zu korrigieren. Und wie viele Behandler „stürzen" sich auf die Kissing Spines, die unter Umständen gar keine Probleme machen? Bei gut trainierten Pferden mit gut ausgebildeter Rücken- und Bauchmuskulatur bereiten Kissing Spines keine Schmerzen. Andererseits kann auch eine Bewegung trotz perfekt ausgebildeter Muskulatur blockiert sein.

Pferde mit Läsionen der Schädelbasis und der SSB leiden zudem oft unter:

- rezidivierenden Nebenhöhleninfekten
- Nasenausfluss
- Kiefergelenksproblemen und Biss-Anomalien

- Kau- und Schluckstörungen
- Erkrankungen der Muskulatur (Myalgien)
- motorischen Störungen (Gleichgewichtsstörungen, Ataxie usw.)

Jede Störung im Muskel-Skelett-System kann mit einer kraniosakralen Läsion einhergehen. Die Läsion ist nach der Stellung des großen Keilbeinflügels benannt. Bei der Torsion rechts steht der rechte große Keilbeinflügel rechts mehr dorsal. Da beim Pferd das Os sphenoidale nicht palpabel ist, konzentrieren wir uns auf die Stellung des Os occipitale. Um Missverständnisse zu vermeiden, behalten wir aber die Bezeichnungen aus der humanen kraniosakralen Osteopathie bei.

11.1.2 Palpation und Test

Die physiologische Bewegung der SSB ist die Flexion und Extension. Trotzdem sollte eine gewisse Beweglichkeit in alle Richtungen möglich sein. Wenn eine dieser Bewegungen in eine Richtung blockiert oder eingeschränkt ist, ist dies pathologisch und muss korrigiert werden. Man kann sich das vielleicht so vorstellen: Das Knie ist zwar ein Walzengelenk, dennoch erlauben Bänder und Sehnen feine vertikale, horizontale Bewegungen und Rotationsbewegungen.

Am Mensch werden der äußere Keilbeinflügel und das Os occipitale palpiert, um die Bewegung der SSB wahrzunehmen. Beim Pferd ist der Keilbeinflügel nicht palpabel, was die kraniosakrale Therapie hier erschwert. Deshalb kann die Wahrnehmung des Os sphenoidale nur indirekt über das Os frontale, über den Vertiefungen hinter den Augen, geschehen. Hierbei wird die Wahrnehmung der Hände mental in die Tiefe auf das Os sphenoidale gerichtet. Als wirkungsvoll hat sich die Konzentration auf das Os occipitale erwiesen, das stets eine gegenläufige Bewegung zum Os sphenoidale macht.

Die Kraft, die bei allen Prüfungen der SSB aufgewendet wird, ist äußerst gering. Upledger spricht von 5 g.

Position der Hände

Die Handposition richtet sich zum einen nach der Vorliebe des Therapeuten, zum anderen nach den jeweiligen Gegebenheiten. Bei sehr großen Pferden ist die seitliche Kopfhaltung die einzig mögliche. Viele Pferde mit kranialen Läsionen lassen sich, zumindest zu Beginn der Behandlung, nicht am Kopf berühren, sodass auch hier die seitliche Kopfhaltung eingenommen werden muss.

Variante 1 Bei der **seitlichen Kopfhaltung** steht der Tester parallel zum Pferd, eine Schulter befindet sich unter dem Hals des Tieres. Die Hände kommen von unten. Eine Hand liegt an der rechten, die andere an der linken Kopfseite so an, dass der kleine Finger und der Ringfinger über der Augengrube liegen (hinter dem Jochfortsatz des Os frontale, hier liegen in der Tiefe die Keilbeinflügel).

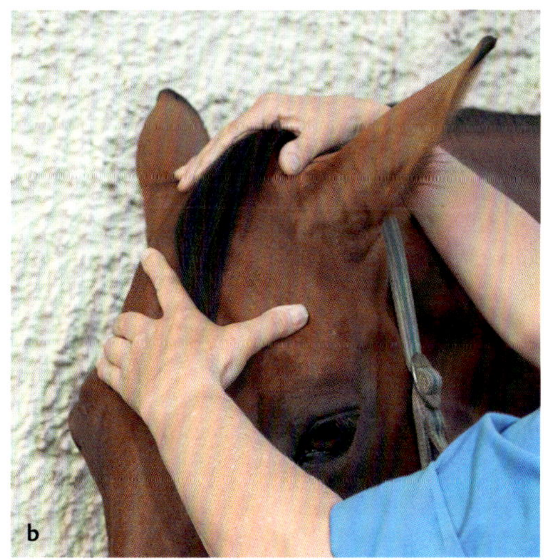

▶ **Abb. 11.2** Position der Hände.
a Seitliche Kopfhaltung.
b Schädeldachhaltung.

Der Daumen befindet sich zwischen Unterkieferast und Atlas (▸ Abb. 11.2a). Hier liegen in der Tiefe die Condyli occipitales.

Bei dieser Handposition ist mehr die Innen- und Außenrotation der peripheren Knochen als ein Dehnen und Zusammengehen des Schädels wahrzunehmen.

! Die Außenrotation des Os occipitale ist an den beiden Procc. paracondylares zu fühlen. Dabei darf kein Druck ausgeübt werden.

Variante 2 Bei der **Schädeldachhaltung** steht der Therapeut seitlich, dem Pferd zugewandt. Die Handfläche liegt so auf dem Os frontale, dass die Daumen und der kleine Finger über den Augengruben (in der Tiefe die Keilbeinflügel) liegen. Die andere Hand umfasst die Crista nuchae des Os occipitale (▸ Abb. 11.2b).

Bei dieser Handposition ist die Wahrnehmung sowohl der Flexions-Extensions-Bewegung als auch der unterschiedlichen Läsionen der SSB besser.

Wir werden bei jeder Läsion den Palpationsbefund für beide Varianten der Schädelhaltung zeigen.

Bei der **Palpation** nehmen die Finger Kontakt mit den darunterliegenden Strukturen auf, „verschmelzen" damit. Die ganze Aufmerksamkeit ist in den Händen. Zunächst ist die Konzentration auf die Flexions- und Extensionsbewegung gerichtet. Bei der Schädeldachhaltung fühlt man während der Flexion die Bewegung der Crista nuchae nach kaudal/kranial. Bei sehr guten sensiblen und mentalen Fähigkeiten ist die rostral/ventrale Bewegung des Os sphenoidale indirekt über das Os frontale zu spüren, da die Bewegungen der großen Keilbeinflügel direkt auf dieses übertragen werden.

Dann fühlt man die Bewegungsamplitude und die Stärke des Impulses. Wenn keine Bewegung vorhanden ist, kann es sich um eine totale Kompression handeln. Sie muss zuerst gelöst werden, damit wir andere Läsionen feststellen können. Leichtere Kompressionen ermöglichen zwar die Bewegungen, die Amplitude ist jedoch verringert.

Test der Bewegung der Synchondrosis sphenobasilaris (SSB)

Zum Testen der Bewegung der SSB gibt es 2 Möglichkeiten, die passive und die aktive Prüfung.

Passive Prüfung

Der Therapeut nimmt Kontakt zum Os occipitale und zum Os sphenoidale auf und folgt passiv der Gewebespannung. Er beobachtet, ob die Flexions-Extensions-Bewegung spürbar ist, und folgt ihr passiv im kraniosakralen Impuls.

Ist der Impuls symmetrisch? Ist die Flexion genauso stark wie die Extension? Gibt es, abweichend von der Flexions-Extensions-Bewegung, Spannungen oder Bewegungen in andere Richtungen?

Bei einer Torsionsläsion links (Os sphenoidale steht links höher) entsteht der Eindruck, die Crista nuchae des Os occcipitale neigt sich nach rechts unten. Diesem Zug wird gefolgt.

Aktive Prüfung

Die zu testende Bewegungsrichtung wird aktiv eingeleitet, sobald die Bewegung, die Gewebespannung von Os sphenoidale und Os occipitale, wahrnehmbar ist. Ausgehend vom Point of Balance in der Mitte der Bewegung wird ein sanfter Impuls in die zu testenden Richtungen induziert und die Amplitude begleitet.

- Flexion-Extension
- Torsion links und rechts
- Lateralbewegung links und rechts
- Seitneigung links und rechts
- vertikale Bewegung nach oben und unten

Sobald die Bewegung induziert ist, wechselt der Therapeut in die Rolle des passiv Beobachtenden, des Überwachers, und vergleicht jeweils die Leichtigkeit und den Bewegungsausschlag der beiden Seiten. Nur wer neugierig und fähig ist, zu beobachten, wird die Antwort der Strukturen erhalten.

Die aktive Prüfung darf man sich keinesfalls als Manipulation vorstellen. Die Bewegungsinduktion ist so sanft, fast mental, dass ein Zuschauer keine Bewegung der Hände des Therapeuten wahrnehmen würde.

Bei der Prüfung der Torsionsbewegung werden Os occipitale und Os sphenoidale gegeneinander rotiert. Dreht sich das Os sphenoidale in gleichem

Maße wie das Os occipitale? Ist die Rotation nach einer Seite weiter oder kräftiger?

Es dürfen auf keinen Fall die Strukturen in die zu testenden Richtungen „geschoben" werden. Dabei besteht die Gefahr, dass über die Barriere oder Restriktion hinaus manipuliert und die Störung nicht entdeckt wird.

! Es darf nie mit Gewalt über die Barriere, über die Grenze der Beweglichkeit hinaus manipuliert werden.

Sowohl bei der aktiven als auch bei der passiven Prüfung kann es passieren, dass die SSB andere Bewegungen als Torsionen oder Lateralbewegungen ausführt. Das wird zugelassen und lediglich diese Bewegungen registriert, die auf weitere Läsionen hinweisen.

11.1.3 Korrektur

Den zu testenden Bewegungen wird gefolgt und der Point of Balance wahrgenommen. Der Point of Balance ist der neutrale Punkt, an dem der Bewegungsausschlag, die Gewebespannung die Richtung wechselt. Wenn eine Asymmetrie der beiden Richtungen vorhanden ist, wird der Punkt gesucht, an dem sich die membranösen Spannungen im bestmöglichen Gleichgewicht befinden. Er liegt zwischen dem normalen Spielraum der einen und der eingeschränkten Richtung der anderen Seite.

Nun gibt es 3 Möglichkeiten.

Direkte Technik

Bei der direkten Technik werden Os occipitale und Os sphenoidale in die gewünschte Therapierichtung mobilisiert. Erfahrungsgemäß wirkt aber die indirekte Technik nachhaltiger und effektiver.

Indirekte Technik

Die Bewegung wird auf der Seite der besseren Beweglichkeit an ihrem Maximalpunkt angehalten, bis eine Gewebeentspannung eintritt, die als Weichwerden oder Loslassen wahrnehmbar ist, und das Gewebe beginnt, sich erneut zu bewegen. Der anschließende Test zeigt, dass sich der Spielraum der eingeschränkten oder blockierten Seite vergrößert hat. Dies kann einige Male wiederholt werden.

Exaggeration

Die Bewegung wird über den pathologischen Point of Balance hinaus noch weiter in die Richtung der Dysfunktion (Exaggeration) geführt. Dort wird die Bewegung in die neutrale Ausgangsposition verhindert. Dann wird wieder ein Impuls in die zuvor eingeschränkte Richtung gegeben. Sie wird sich nun verbessern.

Praxistipp

Bei allen Techniken kann es vorkommen, dass die Bewegung plötzlich stillsteht (Stillpoint). In dieser Ruhephase organisiert sich das Gewebe neu. In diesem Fall wird gewartet, bis wieder Bewegung einsetzt.

11.1.4 Flexions- und Extensionsläsion

Die Flexions-Extensions-Bewegung verläuft um 2 transversale Achsen. Die Achse des Os sphenoidale verläuft rostral der Sella turcica, die Achse des Os occipitale im Zentrum der Squama occipitalis. Dabei öffnet sich der Spalt der SSB im Wechsel nach dorsal und nach ventral.

Bei Prüfung der Flexions-Extensions-Bewegung mit der **Schädeldachhaltung** entsteht das Gefühl, die Finger beider Hände näherten und entfernten sich voneinander.

Bei der **seitlichen Kopfhaltung** ist das Weiter- und Engerwerden des Schädels durch die Außenrotation des Os sphenoidale sowie der lateralen Teile des Os frontale und des Os temporale spürbar.

Flexionsläsion

Bei der Flexionsläsion ist die SSB nach kranial geöffnet. Die Amplitude der Flexionsbewegung ist größer als die Amplitude der Extensionsbewegung. Dadurch kippen der rostrale Teil des Os sphenoidale und der kaudale Teil des Os occipitale nach ventral (► Abb. 11.3).

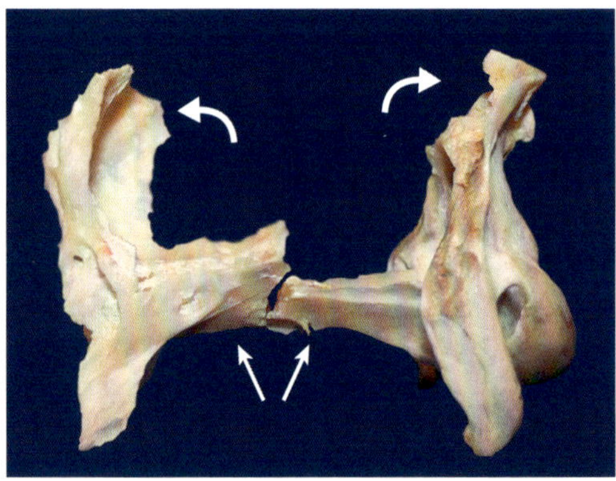

▸ **Abb. 11.3** Flexionsläsion.

Äußere Merkmale und Symptomatik

Der Kopf und der ganze Körper sind breit und rund, fast tonnenförmig (▸ Abb. 11.4). Wir finden diesen Typ häufig unter den Kaltblütern und den Barockpferden. Das heißt aber nicht, dass alle Kaltblutpferde eine Flexionsläsion haben. Wenn aber kraniosakrale Läsionen vorhanden sind, handelt es sich bei diesen Pferden meist um eine Flexionsläsion. Die Tiere zeigen folgende Merkmale:

- Die Stirn ist abgeflacht und breit.
- Die Augen neigen zum Hervortreten, da sich der anterior-posteriore Durchmesser der Augenhöhle in der Flexion verringert.
- Der Unterkiefer ist breit und eher kaudal stehend.
- Die Beine sind in Außenrotation. Neigung zu zehenweiter und bodenweiter Stellung.
- Oft findet sich mit dieser Flexionsläsion vergesellschaftet eine Neigung zum Ramskopf, zu großen Nasenhöhlen und zu einer kurzen Maulspalte. Übrigens sind diese Merkmale charakteristisch für alle Säugetiere kühler Regionen.

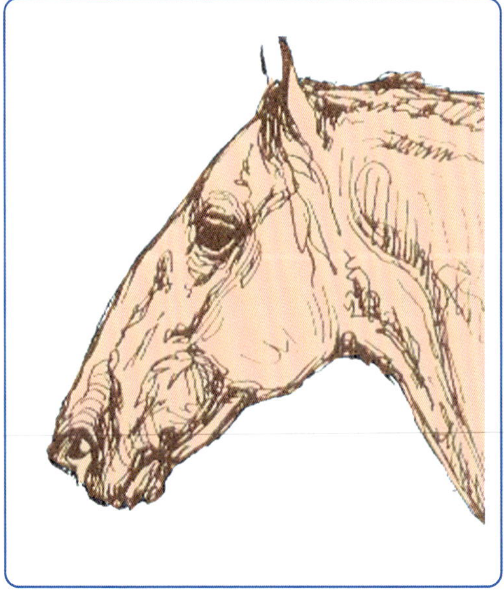

▸ **Abb. 11.4** Flexionstyp.

Die Auswirkungen sind beim Pferd schwer differenzierbar, da auch andere Läsionen die gleichen Symptome hervorrufen können. Es gibt eine Neigung zu rezidivierender Sinusitis. Durch die Lage der Hypophyse bedingt können hormonelle und immunologische Schwächen mit der Flexionsläsion in Verbindung stehen.

Palpationsbefund

Bei der **Schädeldachhaltung** entsteht das Gefühl, das Os sphenoidale und das Os occipitale seien weiter als gewöhnlich voneinander entfernt (Eindruck der sich voneinander entfernenden Hände).

Beim Palpieren mit der **seitlichen Kopfhaltung** ist vermehrt die Außenrotation des Schädels wahrnehmbar. Die Hände werden regelrecht nach außen gezogen. Man spürt kaum oder gar nicht das Zurückgehen, Engerwerden des Schädels.

Extensionsläsion

Bei der Extensionsläsion ist die SSB nach kaudal geöffnet. Dadurch kippt der kaudale Anteil des Os sphenoidale und der kraniale Teil des Os occipitale

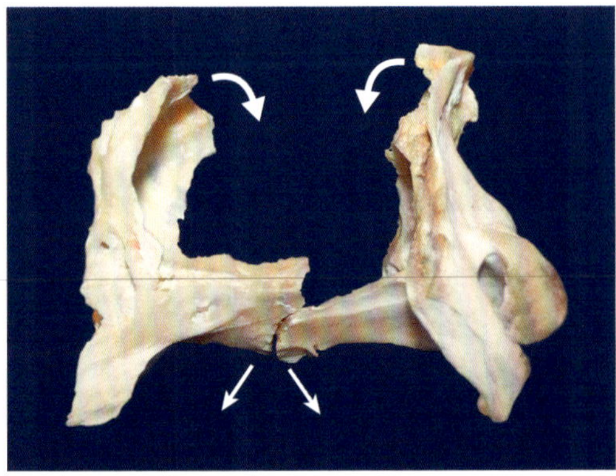

▸ **Abb. 11.5** Extensionsläsion.

nach ventral (▶ Abb. 11.5). Die Amplitude der Extension ist größer.

Äußere Merkmale und Symptomatik

Der Schädel und der ganze Körper sind schmal, die Brust ist eng (▶ Abb. 11.6). Pferde mit einer Extensionsläsion neigen zu zehenenger Stellung.

Sehr nervöse und verspannte Pferde leiden oft unter einer Extensionsläsion. Sie pressen die Zähne aufeinander und sind hart in der Maulgegend (angespannter M. masseter).

Palpationsbefund

Bei der **Schädeldachhaltung** entsteht der Eindruck, als sei der Abstand der beiden Hände zueinander schmäler. Man spürt mehr das Aufeinanderzugehen der beiden Hände.

Bei der Palpation mit der **seitlichen Kopfhaltung** hat man den Eindruck, nur die Extension, das Schmälerwerden des Schädels, sei vorhanden. Die Hände werden nach innen gezogen. Die Dehnung ist nicht oder nur schwach wahrnehmbar.

Indirekte Technik

Bei der **Schädeldachhaltung** folgt der Therapeut der Flexion des Schädels passiv, begleitet sie dann in die Richtung der größeren Beweglichkeit und hält die Bewegung am Punkt der Maximaldehnung (maximale Flexion oder Extension) sehr sanft an. Er verhindert ein Zurückkehren in die neutrale Position. Dabei kann es passieren, dass die SSB andere Bewegungen als Torsionen oder Lateralbewegungen ausführt. Dies wird zugelassen

▶ **Abb. 11.6** Extensionstyp.

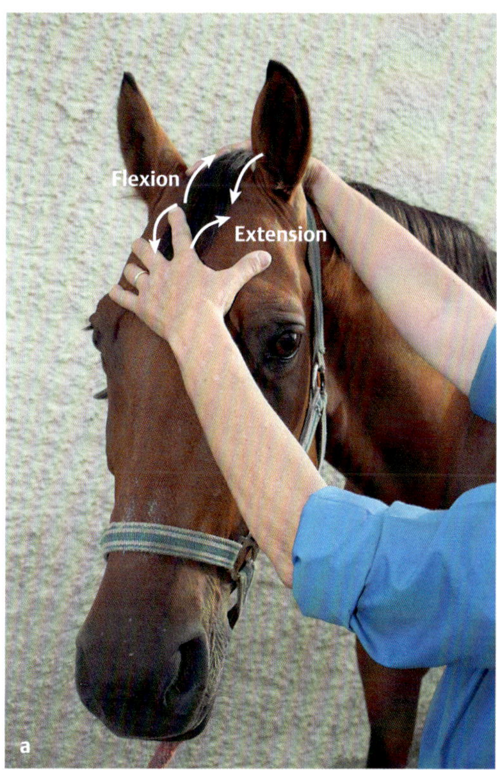

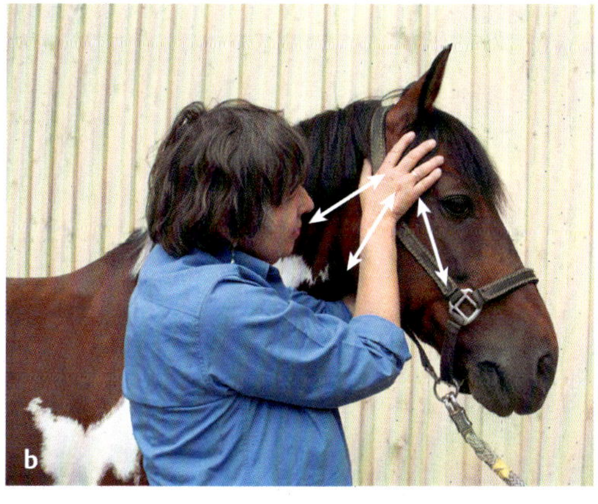

▶ **Abb. 11.7** Korrektur der Flexions- oder Extensionsläsion.
a Schädeldachhaltung.
b Seitliche Kopfhaltung.

und Bewegungen registriert, die auf weitere Läsionen hinweisen. Nun kann zusätzlich ein Ruhepunkt (Stillpoint) induziert werden, um dem System Gelegenheit zu geben, sich neu zu organisieren (▶ Abb. 11.7a).

Nach einigen Sekunden wird sich ein Gefühl der Gewebeentspannung, wie ein Weichwerden des Gewebes, einstellen. Jetzt kann auch die Bewegung verstärkt werden (Exaggeration), bevor die zuvor blockierte Bewegung erlaubt wird. Das Vorgehen wird gegebenenfalls einige Male wiederholt.

Bei der **seitlichen Kopfhaltung** ist das Augenmerk mehr auf die Innen- und Außenrotation gerichtet. Über die Daumen kann die Außenrotation der Procc. paracondylares wahrgenommen werden. Das Vorgehen ist dasselbe. Wir halten die Außenrotation und verhindern die Innenrotation oder umgekehrt (▶ Abb. 11.7b).

Zusätzliche Maßnahmen

- Entspannung des M. temporalis, des M. cervicoscutularis und des M. masseter durch die Spindelzelltechnik (S. 42). Der M. temporalis entspringt an der Crista nuchae des Os occipitale, an der gesamten Fossa temporalis, medial am Jochbogen, und setzt, mit dem M. masseter verschmelzend, am Unterkiefer an. Der M. cervicoscutularis entspringt ebenfalls an der Crista nuchae und setzt am Scutulum (Schildchen) an.
- Lösen der Suturen von Os frontale, Os temporale und Os parietale.
- Gegebenenfalls Test und Korrektur des Kiefergelenks.
- Gegebenenfalls Dekompression von Os temporale und Os parietale, da diese beiden Schädelknochen vor allem die Außenrotation behindern können.
- Entspannung aller am Os occipitale ansetzenden Muskeln durch die Spindelzelltechnik (S. 42).
- Da mit der Flexions- oder Extensionsläsion der SSB meist eine Flexions- oder Extensionsläsion des Sakrums verbunden ist, empfiehlt es sich, das Sakrum und die dort ansetzenden Muskeln ebenfalls zu korrigieren.

11.1.5 Torsionsläsion

Os sphenoidale und Os occipitale rotieren in entgegengesetzter Richtung um eine anterior-posteriore Achse, die durch die Mitte der SSB verläuft. Die Keilbeinflügel rotieren auf einer Seite nach kranial, das Os occipitale rotiert gleichzeitig nach ventral.

Die Läsion wird nach der Seite benannt, auf der sich die Keilbeinflügel mehr dorsal befinden (▶ Abb. 11.8).

Palpationsbefund

Beim Palpieren mit der Crista nuchae sind Daumen und Finger nicht auf gleicher Höhe. Beim Palpieren der Procc. paracondylares entsteht das Gefühl, eine Hand sei höher als die andere.

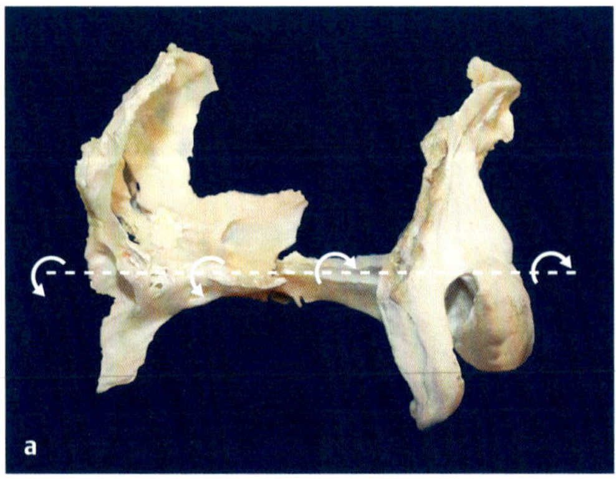

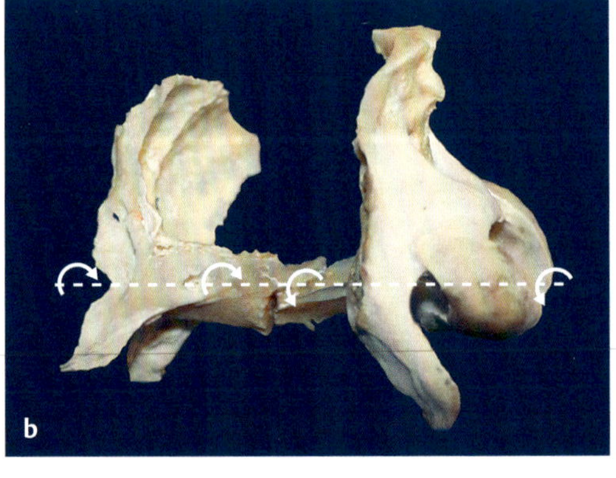

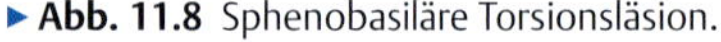

▶ **Abb. 11.8** Sphenobasiläre Torsionsläsion.
a Rechts.
b Links.

Test und Korrektur

Bei der Torsionsläsion rechts ist eine größere Amplitude der rechten Keilbeinflügel nach oben bzw. der rechten Seite der Nackenleiste nach unten spürbar. Bei der Torsion links ist es umgekehrt.

Bei der **Schädeldachhaltung** wird die Nackenleiste mit Daumen und Fingern umfasst, die andere Hand liegt auf dem Os frontale bzw. dem Os parietale mit Konzentration auf das Os sphenoidale (► Abb. 11.9a).

Die Konzentration richtet sich bei der **seitlichen Kopfhaltung** auf den Proc. paracondylaris. Die Finger liegen hinter den Jochfortsätzen des Os frontale, die Konzentration ist zusätzlich in der Tiefe bei den Keilbeinflügeln (► Abb. 11.9b).

Die Torsionsbewegung wird sanft energetisch induziert, indem die Nackenleiste bzw. der Proc. paracondylaris auf einer Seite nach oben und auf der anderen Seite nach unten und gleichzeitig das Os sphenoidale (mental) in die entgegengesetzte Richtung „gekippt" wird. Das Ausmaß der Bewegung wird wahrgenommen, innerlich registriert und danach die Torsion in die entgegengesetzte Richtung wiederholt. In welche Richtung ist die Bewegung größer oder kräftiger? Zur Seite der besseren Beweglichkeit wird korrigiert.

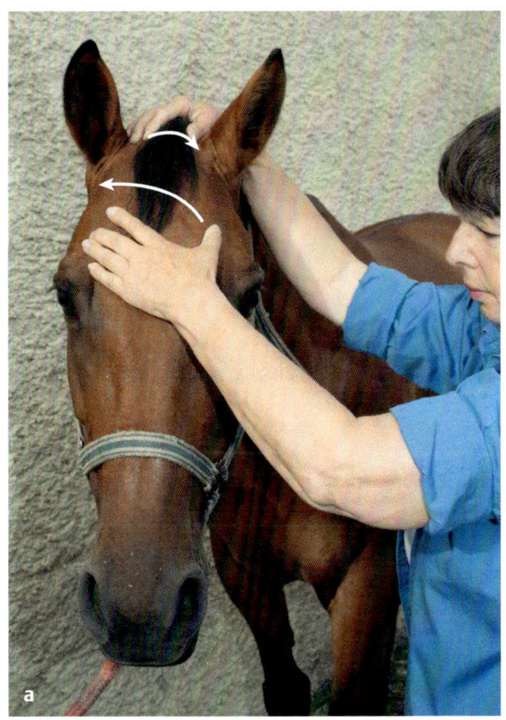

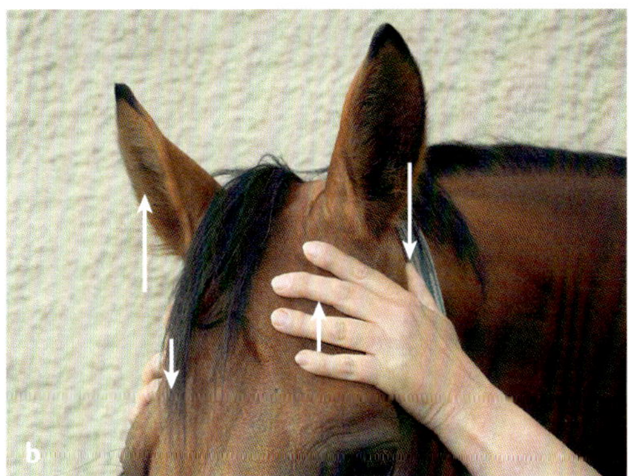

► **Abb. 11.9** Korrektur der Torsionsläsion.
a Schädeldachhaltung.
b Seitliche Kopfhaltung. Mobilisierung des Proc. paracondylaris.

Zusätzliche Maßnahmen

Entspannung des M. masseter und des M. parietale auf der Seite, auf der die Nackenleiste nach ventral gekippt ist.

11.1.6 Lateral Strain

Os sphenoidale und Os occipitale sind auf der transversalen Ebene gegeneinander verschoben. Zusätzlich findet eine leichte Bewegung um 2 vertikale hypothetische Achsen statt, die durch die Mitte der Sella turcica und die Mitte des Foramen magnum verlaufen. Die Läsion wird nach der Seite der Lateralverschiebung des Os sphenoidale benannt (► Abb. 11.10).

Die Ursache ist beim Menschen meist traumatisch (Geburt, Stürze). Der Lateral Strain kommt beim Pferd, besonders beim Reitpferd, häufiger vor als beim Menschen. Die genaue Ursache ist uns bisher nicht bekannt. Wir gehen davon aus, dass Stürze, vor allem im Fohlenalter, die Hauptursache sind.

Symptomatik

- Augenprobleme (der III. Hirnnerv verläuft im Tentorium cerebelli und im Körper des Os sphenoidale)
- endokrine Störungen
- Gleichgewichtsstörungen

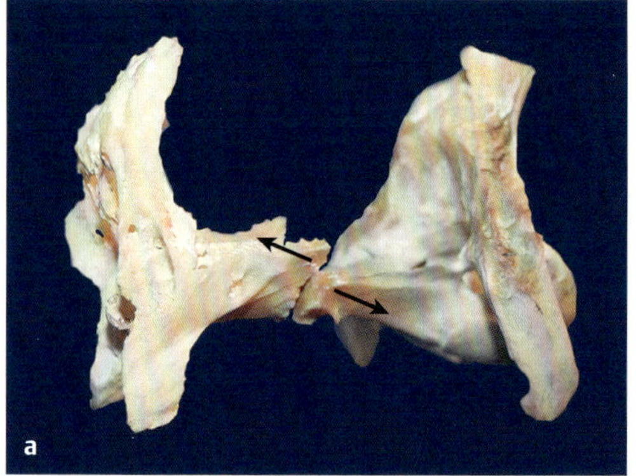

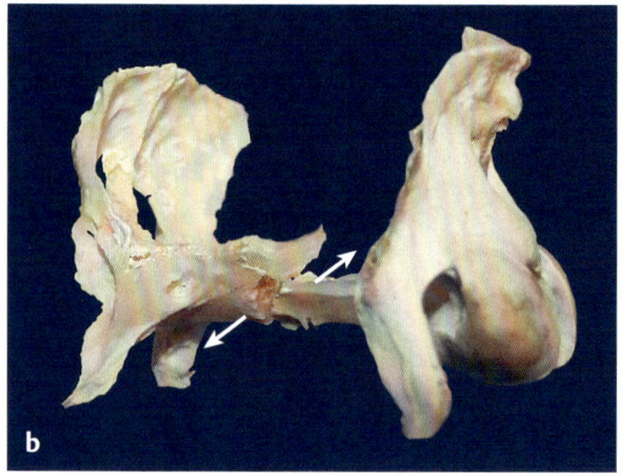

► **Abb. 11.10** Lateral Strain.
a Rechts.
b Links.

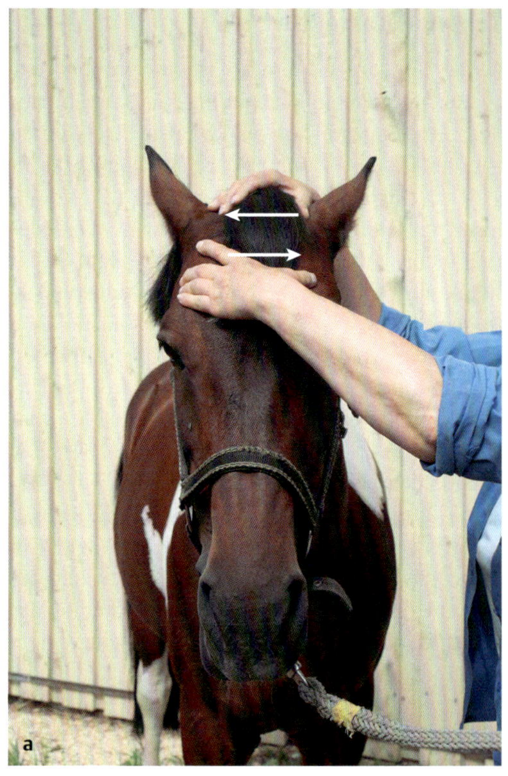

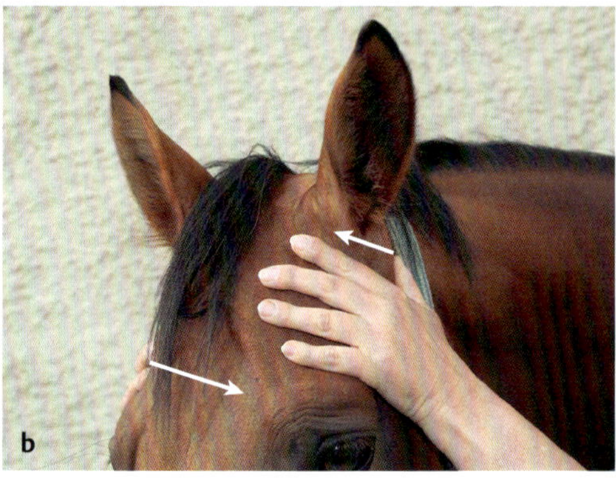

► **Abb. 11.11** Korrektur des Lateral Strain.
a Schädeldachhaltung.
b Seitliche Kopfhaltung.

Palpationsbefund

Lateral Strain rechts

Bei der **Schädeldachhaltung** entsteht der Eindruck einer nach links verschobenen Crista nuchae. Beim Auflegen der Finger scheint es, als lägen die Finger auf dem Os occipitale weiter links als die auf dem Os frontale. Sie werden nach links „gezogen" (► Abb. 11.11a).

Bei der **seitlichen Kopfhaltung** richtet sich die Aufmerksamkeit auf die Procc. paracondylares, die ebenfalls nach links lateral verschoben sind. Die Daumen auf den Procc. paracondylares befinden sich im Verhältnis zu den Fingern auf dem Os frontale nach links verschoben (► Abb. 11.11b).

Lateral Strain links

Die Crista nuchae und die Procc. paracondylares sind nach rechts lateral verschoben. Die Daumen auf den Procc. paracondylares befinden sich im Verhältnis zu den Fingern lateral nach rechts verschoben.

Test und Korrektur

Die Konzentration ist auf die Bewegung des Os occipitale und mental auf das Os sphenoidale gerichtet.

Bei der aktiven Prüfung wird zu Beginn der Flexions- oder Extensionsphase ein sanfter, nach lateral gerichteter „Schub“ gegen die Crista nuchae bzw. den Proc. paracondylaris ausgeübt. Diese Bewegung ist, wie bereits erwähnt, unphysiologisch. Damit wird nur die Flexibilität, der seitliche Bewegungsspielraum überprüft und beide Seiten verglichen.

Wenn beispielsweise die Bewegung der Crista nuchae bzw. des Proc. condylaris nach links gut zu spüren, sie nach der rechten Seite aber nicht oder nur schwach vorhanden ist, steht das Os sphenoidale nach rechts. Wir sprechen in dem Fall von einem Lateral Strain rechts.

Die Korrektur vollzieht sich in der gleichen Weise wie bei den anderen Läsionen. Es wird in die Richtung der größeren Beweglichkeit gefolgt und mit der indirekten Technik korrigiert.

11.1.7 Vertical Strain

Beim Vertical Strain, einer sphenobasilären vertikalen Läsion, ist die Schädelbasis in vertikaler Richtung verschoben.

Beim **superioren Vertical Strain** ist das Os sphenoidale nach dorsal, das Os occipitale nach ventral verschoben. Beim **inferioren Vertical Strain** ist das Os sphenoidale nach ventral, das Os occipitale nach dorsal versetzt. Die Läsion ist nach der Stellung des Os sphenoidale benannt (▶ **Abb. 11.12**).

Die Ursache ist meist traumatisch. Stürze vornüber auf den Kopf oder Anstoßen beim Heben des Kopfes sind beim Pferd die häufigsten Ursachen. Der Vertical Strain tritt aber seltener als die Torsions- oder Seitneigungsläsion auf.

Test und Korrektur

Beim **inferioren Vertical Strain** entsteht das Gefühl, die Hand auf dem Os occipitale sei deutlich höher als die Hand auf der Stirn. Beim **superioren Vertical Strain** liegen beide Hände auf gleicher Höhe und die Hand auf dem Os occipitale wird nach unten „gezogen“. Zur Korrektur wird eine vertikale Bewegung des Os occipitale nach oben bzw. nach unten induziert, der Richtung der besseren Bewegung gefolgt und indirekt korrigiert (▶ **Abb. 11.13**).

11.1.8 Seitneigungsläsion

Bei der Seitneigungsläsion (Side Bending oder Lateralflexion) findet die Bewegung um 2 vertikale Achsen statt, die durch die Mitte des Os sphenoidale und durch die Mitte des Foramen magnum verlaufen. Dadurch kommt es auf einer Seite zur Annäherung, auf der anderen Seite zur Entfernung von posteriorem Keilbeinflügel und Squama occipitalis.

Die Läsion wird nach der Seite benannt, auf der sich der Keilbeinflügel und die Squama occipitalis

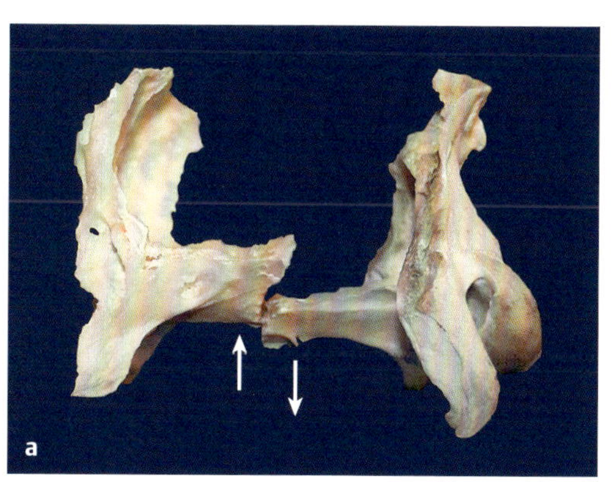

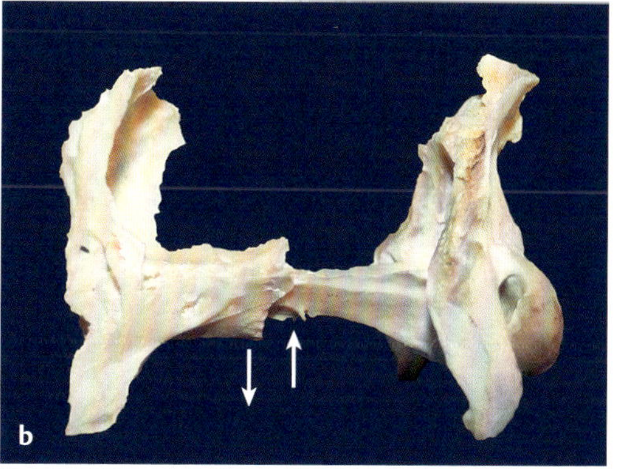

▶ **Abb. 11.12** Vertical Strain.
a Superior.
b Inferior.

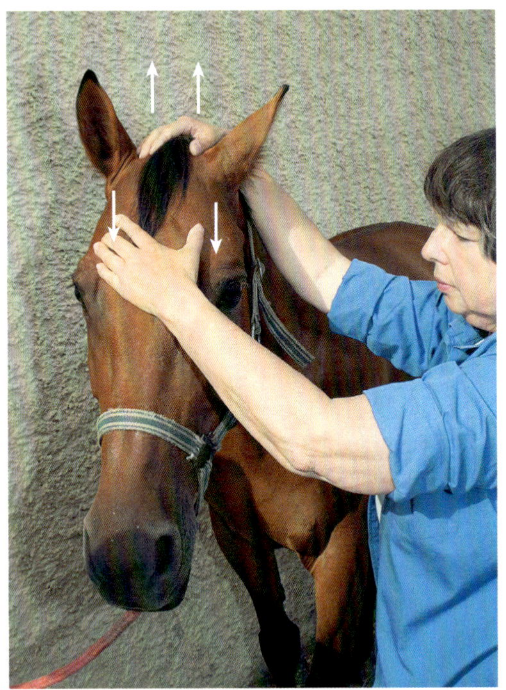

▸ **Abb. 11.13** Korrektur des Vertical Strain. Schädeldachhaltung.

voneinander entfernen. Auf dieser Seite gehen die Knochen der Zentrallinie (Os sphenoidale und Os occipitale) in die Flexion, auf der entgegengesetzten Seite in die Extension (▸ **Abb. 11.14**).

Test und Korrektur

Bei der **Handposition 1** wird zum Prüfen der Seitneigung so mobilisiert, dass sich Daumen und kleiner Finger einander nähern. Der Therapeut prüft, auf welcher Seite die Annäherung leichter geht und ob die Annäherung von Keilbeinflügeln und Squama occipitalis auf beiden Seiten möglich ist.

Bei **Handposition 2** nähern bzw. entfernen sich Daumen und kleiner Finger auf einer Seite.

Zur Seite der besseren Beweglichkeit wird mobilisiert (▸ **Abb. 11.15**).

Zusätzliche Maßnahmen

- Entspannen des M. rectus capitis lateralis auf der Seite, wo sich Os sphenoidale und Os occipitale voneinander entfernen.

11.1.9 Kompression

Bei der Kompression sind die beiden Flächen von Os occipitale und Os sphenoidale so aufeinander gepresst, dass keine oder nur noch sehr wenig Bewegung möglich ist. Die Kompression kommt oft nach Stürzen, Unfällen, aber auch bei schweren emotionalen Krisen und bei Stoffwechselstörungen vor.

Symptomatik

Die Auswirkungen sind sehr vielfältig. Sie reichen von psychischen Symptomen wie Depressionen

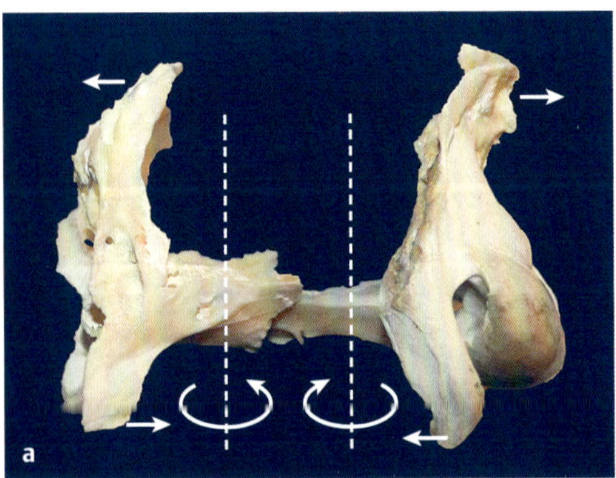

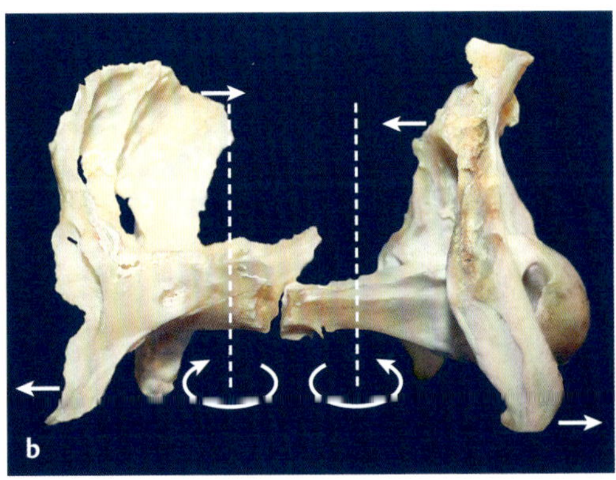

▸ **Abb. 11.14** Seitneigungsläsion.
a Rechts.
b Links.

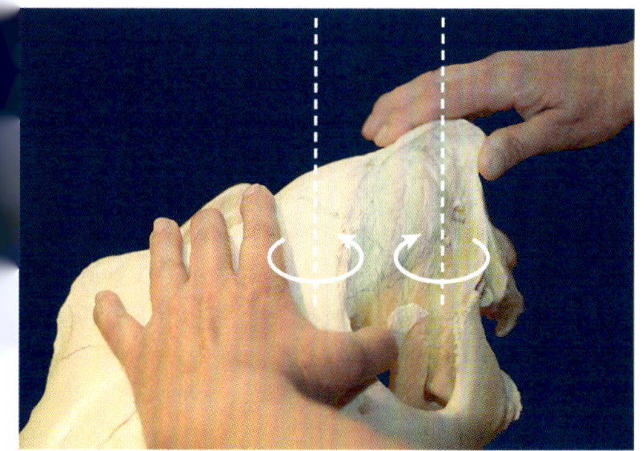

▶ **Abb. 11.15** Korrektur der Seitneigungsläsion.

und Verhaltensstörungen bis zu massiven körperlichen Einschränkungen wie unklaren Lahmheiten sowie Schmerzen und Steifheit im gesamten Bewegungsapparat.

Test und Korrektur

Um zu prüfen, ob eine Kompression vorliegt, wird das Os parietale bzw. das Os frontale (mit mentaler Konzentration auf das Os sphenoidale) von der Crista nuchae getrennt. Wenn der Eindruck entsteht, es löse sich nicht, wird am besten mit der Schädeldachhaltung die Kompressions-Traktions-Technik (S. 36) angewendet. Das Os occipitale und das Os sphenoidale werden mental sensitiv noch stärker zusammengebracht, also in die Läsion hineingebracht, und es wird auf das Gefühl der Gewebeentspannung gewartet. Anschließend werden beide Knochen voreinander getrennt. Eine deutliche Flexions-Extensions-Bewegung bzw. Außen-/Innenrotation des Schädels signalisiert die Lösung der SSB.

11.2 Läsionen der Schädelknochen

11.2.1 Os temporale

Dysfunktionen von Os parietale und Os temporale sind häufig an der Entstehung einer Extensionsläsion beteiligt.

Test und Korrektur

In der humanen Kraniosakraltherapie wird das Os temporale durch die sogenannte Ohrzieh-Technik (S. 168) gelöst. Falls es das Pferd zulässt, nimmt man beide Ohren und übt einen sanften Zug nach lateral/dorsal aus, bis ein Gefühl von Weichwerden oder Loslassen der Spannung entsteht. Wenn das Os temporale blockiert ist, lassen sich allerdings viele Pferde nicht an den Ohren berühren. In solchen Fällen sollte erst mit für das Pferd angenehmen Berührungen und leichten Massagen ein Vertrauensverhältnis geschaffen werden.

Zusätzliche Maßnahmen

- Behandlung von Os hyoideum
- Entspannung beteiligter Muskeln (M. masseter, M. brachiocephalicus, M. omohyoideus, M. temporalis) durch Spindelzelltechnik (S. 42)

11.2.2 Os parietale

Bei der Blockierung des Os parietale ist es sinnvoll, erst das Os temporale zu lösen, da dieses an seiner Schuppennaht das Os parietale überlagert und dessen Bewegung behindern kann.

11.2.3 Os frontale

Das Os frontale ist oft bei Herden im Kopfbereich blockiert. Das Lösen der Stirnbeinnähte und die Hebung des Os frontale machen die venösen und lymphatischen Abflüsse frei. Eiter und gestaute Lymphe können abfließen.

Bei Restriktionen der intrakraniellen Membranen, besonders der Falx cerebri, kann das Os frontale beteiligt sein, indem es die Bewegung der Membranen verhindert.

Test und Korrektur

Die Finger nehmen Kontakt mit dem Os frontale auf, Daumen und kleine Finger zum Jochfortsatz. Dann übt man einen sanften kontinuierlichen Zug nach schräg oben bis zum Release aus. Die Technik wird auch **Frontal Lift** genannt und dehnt die Falx cerebri (S. 168).

Hierbei werden meistens 3 Lösungsphasen unterschieden:

- Gefühl, die Knochen lösen sich
- elastisches Gefühl
- schwebendes oder schwimmendes Gefühl

Die Technik hat eine positive Wirkung auf die Augen, Stirnhöhlen und Siebbeinzellen.

11.3 Läsionen des Kiefergelenks und des Os hyoideum

11.3.1 Kiefergelenk

Das Kiefergelenk nimmt in der humanen Osteopathie einen verhältnismäßig großen Raum ein. Die Entwicklung des Menschen zum aufrechten Gang führte zu strukturellen und statischen Veränderungen. Durch die Aufrichtung der Wirbelsäule veränderte sich die Lage der Schädelknochen und brachte einige Anpassungsprobleme mit sich. Auch beim Pferd treten durch seine Verwendung als Nutztier und Leistungssportler Belastungen auf, die beim Wildtier sicher nicht vorhanden waren.

Das Kiefergelenk wird aus Os temporale und Unterkiefer gebildet (▶ **Abb. 11.16**). Es wird deshalb auch Temporomandibulargelenk genannt. Das Os temporale bildet mit der Fossa mandibularis und dem Proc. retroauricularis die Gelenkpfanne. Das Caput mandibulae des Unterkiefers bildet den Gelenkkopf.

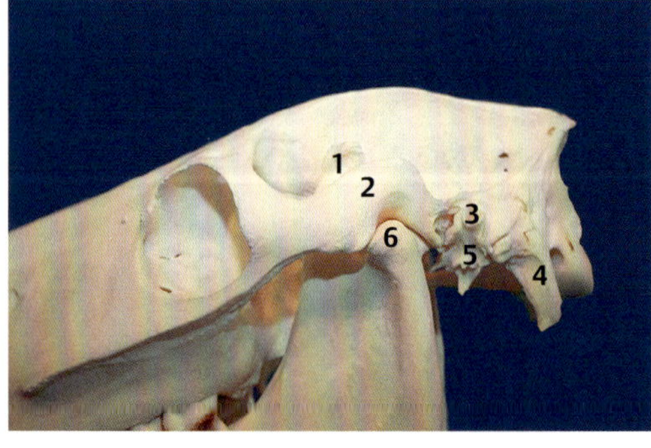

▶ **Abb. 11.16** Kiefergelenk.
1 Muskelfortsatz der Mandibula **2** Jochfortsatz des Os temporale **3** äußere Gehöröffnung **4** Muskelfortsatz des Os occipitale **5** Griffelfortsatz (Proc. styloideus) des Os temporale **6** Gelenkkopf der Mandibula

Symptomatik

Wenn Biss-Anomalien bestehen, versucht der Körper ständig, dies zu kompensieren und die Zähne „perfekt zusammenzubeißen". Das kann zu Fehlbelastungen der Kiefergelenke führen und somit zu Kaumuskel- oder Kiefergelenkschmerzen. Der Kopf wird durch diese Umstände unwillkürlich in einer anderen Position gehalten und die Halswirbelsäule wird anders belastet. Die Brust- und Lendenwirbelsäule muss diese Veränderung ausgleichen. Umgekehrt kann es bei dauerhafter Fehlhaltung in anderen Körperstrukturen zu Fehlbelastungen des Kiefergelenks kommen.

Kaum ein anderes Gelenk reagiert so empfindlich auf Veränderungen in der Körperstatik wie das Kiefergelenk. Anhaltende Dysbalancen der Körperstruktur verursachen fasziale Spannungen, die direkt zu Schmerzen und Dysfunktionen des Kiefergelenks führen. Umgekehrt können Dysfunktionen des Kauapparates (z. B. Zahnerkrankungen und -extraktionen oder Kiefergelenkserkrankungen) durch fasziale und muskuläre Spannungen zu Dysfunktionen in weit vom Kieferbereich entfernten Körperregionen führen.

Auf das Kiefergelenk wirken posterior alle Nackenmuskeln, anterior alle Muskeln des Os hyoideum, Zungenmuskeln und die vorderen Halsmuskeln sowie lateral die Kaumuskeln (▶ **Tab. 11.1**). Bei Dysfunktionen des Kiefergelenks ist die Gelenkscheibe verschoben, eine Schmerzempfindlichkeit ist die Folge. Eine Repositionierung der Gelenkscheibe ist nur möglich, wenn alle das Gelenk beeinflussenden Muskeln entspannt sind.

Jede pathologische Änderung des Tonus der Nackenmuskulatur kann die Funktion und Position des Kiefergelenks beeinflussen. Hier sind besonders die am Os occipitale ansetzenden Muskeln zu erwähnen. Wenn diese kontrahiert sind, ist über den M. occipitomandibularis auch das Kiefergelenk betroffen. Eine Dysfunktion des Schultergürtels über den M. homohyoideus und die suprahyoidalen Muskeln wirkt sich als Läsionskette ebenfalls auf das Kiefergelenk aus.

Die Läsionen des kranialen Mechanismus beim Kiefergelenkssyndrom sind Einschränkungen der physiologischen Flexibilität des Os occipitale und des Os temporale mit sekundären Torsionsspannungsmustern der SSB.

► **Tab. 11.1** Am Kiefergelenk ansetzende Muskeln.

Muskel	Ursprung	Ansatz	Funktion
M. masseter	Arcus zygomaticus	Angulus mandibulae/ Ramus mandibulae	Kieferschluss
M. temporalis	Fossa temporalis	Proc. coronoideus des Unterkiefers	Kieferschluss und zum Teil Retrusion des vorgeschobenen Unterkiefers
M. pterygoideus medialis	Os sphenoidale: Fossa pterygoidea und Lamina lateralis proc. pterygoidei	Unterkiefer: Tuberositas pterygoidea des Angulus mandibulae	Kieferschluss
M. pterygoideus lateralis	Pars superior: Crista infratemporalis Pars inferior: Außenfläche der Lamina lateralis proc. pterygoidei	Discus articularis des Kiefergelenks Unterkiefer: Proc. condylaris	Ventralzug des Discus articularis beidseitig: Protrusion des Unterkiefers einseitig: Verschiebung des Unterkiefers zur Gegenseite

Die Symptome von Kiefergelenksproblemen sind vielfältig.

Kopfschlagen und -schütteln, eine schiefe Kopfhaltung, Probleme bei der Beugung und/oder Streckung des Halses sowie eine harte und verspannte Halsmuskulatur können auf eine Blockierung des 1. Halswirbels hinweisen.

Bei allen Biss-Anomalien, Kieferfehlstellungen ist das Kiefergelenk falsch belastet, was zu Problemen führen kann. Ungleich abgeschliffene Zähne sind ein sicheres Zeichen für Kiefergelenksprobleme. Hier muss der Pferdezahnarzt unbedingt gerufen werden. Zusätzlich ist die osteopathische Behandlung des Gelenks und gegebenenfalls der Wirbelsäule erforderlich.

Das Pferd hat Kauprobleme und magert aus unerklärlichen Gründen ab. Das Futter fällt ihm beim Kauen aus dem Maul bzw. es fällt in Wickeln heraus (Wickelkauen), es braucht ungewöhnlich lang zum Fressen.

Weitere Hinweise können auch Probleme beim Reiten liefern:

- Zunge wird über Gebiss gebracht
- Gleichgewichtsprobleme
- hartes Maul
- Pferd hält den Kopf krampfhaft oben, evtl. mit durchgedrücktem Rücken
- Pferd kaut nicht ab
- harte, verspannte Muskeln im ganzen Körper (ein verspannter M. masseter führt zur Verspannung der Kopfgelenksmuskeln und reflektorisch zur Verspannung aller Körpermuskeln)
- Pferd ist immer hinter oder vor dem Zügel
- Paraden werden nicht seitengleich angenommen

Bei einer Bewegungseinschränkung des Oberkiefers sind zusätzlich Zahnprobleme sowie Kiefer- und Nasennebenhöhlenprobleme anzutreffen. Allerdings ist eine direkte Korrektur des Oberkiefers beim Pferd nicht möglich.

Bei einer einseitigen Dysbalance des Kiefergelenks kommt es zur lateralen Neigung des Atlas und zu Spannungen im Atlantookzipitalgelenk. Als Kompensation treten weitere Halswirbelsäulen-Blockierungen und eine Skoliose der Hals- und Brustwirbelsäule auf. Beidseitige Dysbalancen führen zu Problemen im zervikothorakalen Übergang, zu Fehlstellungen der Schulter.

Umgekehrt führen Veränderungen der Statik zu Kiefergelenksproblemen. Hat das Pferd beispielsweise ein verletztes Sprunggelenk (durch einen Sprung oder durch Ausrutschen), wird es das betroffene Bein schonen. Es kommt in der Folge zur Überlastung des gegenüberliegenden Beins und zur Verspannung der gegenüberliegenden Beckenmuskulatur. Diese Verspannung wirkt sich über Faszien- und Muskelketten auf den Schulterbereich, die Halsmuskeln und schließlich auf das Kiefergelenk aus.

Ursachen von Läsionen

Das Kiefergelenk ist ein übergeordnetes Gelenk. Eine Dysfunktion kann Probleme in jedem anderen Körperteil hervorrufen. Die Zusammenhänge zwischen dem Kiefergelenk und anderen Strukturen sind auf der metabolischen, emotionalen und energetischen Ebene zu finden. Genetische Veranlagung und Traumata spielen ebenso eine Rolle.

Genetische Ursachen

- Missverhältnis in der Größe von Ober- und Unterkiefer
- zu große oder zu kleine Zähne
- angeborene Biss-Anomalien wie Progenie (Unterbeißer), Prognathie (Überbeißer) oder Kreuzbiss

Traumatische Ursachen

- Stürze
- Frakturen des Unterkiefers

Mechanische Ursachen

- mechanische Stressoren als Folge von Statikveränderungen des Skeletts
- falsche Statik der Hufstellung
- schlecht angepasste Hufeisen (Wirkung auf Kauapparat: nach oben über das Hüftgelenk und Iliosakralgelenk über die Wirbelsäule, bei der Vorhand über die Schulter)
- Zähneknirschen und -pressen, auch aufgrund von emotionalen Ursachen (Folge: starke Verspannungen und damit Dysfunktionen im Kiefergelenk und Fehlstellungen)
- Fehlfunktion peripherer Gelenke
- Fehlstellungen des Os hyoideum

Emotionale Ursachen

Ständiger emotionaler Stress führt zu myofaszialen Störungen. Diese komprimieren einerseits das Kiefergelenk. Andererseits führen sie zum Hypertonus der Muskulatur des Os hyoideum und damit zu einer Fehlstellung des Os hyoideum. Viele Pferde, die unter emotionalem Stress stehen, knirschen mit den Zähnen.

Zähne als Ursache

Die Zähne gehören zum Unterkiefer und damit zum kraniosakralen System. Durch die zahlreichen nervalen Verbindungen wirken sich Störungen sowohl im Kopfbereich als auch in anderen Körperstrukturen aus.

Die Zähne bilden einen Teil des Skelettsystems. Das Futter wird durch die kreisenden Kaubewegungen nach hinten transportiert, dabei zerkleinert, eingespeichelt und dann geschluckt. Heu wird regelrecht aufgerollt und zwischen den letzten Backenzähnen zermahlen. Wenn Pferde zu wenig Raufutter erhalten, sie zu wenig kauen müssen, verlängern sich die Backenzähne unregelmäßig. Es bilden sich Haken und die Bewegungsfreiheit des Unterkiefers wird eingeschränkt. Auch die Frontzähne werden zu lang.

Die Erhaltung oder Wiederherstellung einer optimalen Kieferfunktion ist nicht nur für die Nahrungsaufnahme und deren Zerkleinerung wichtig. Eine perfekte Okklusion (Biss) ist für die gesamte Balance und Leistungsfähigkeit des Pferdes notwendig. Mangelhafte Okklusion oder eingeschränkte Beweglichkeit der Kiefer aufgrund von Gebissunregelmäßigkeiten führen nicht selten, neben anderen orthopädischen und inneren Erkrankungen, auch zu Rückenproblemen. Um eine optimale Kieferfunktion zu gewährleisten, müssen gegebenenfalls sowohl die Backen- als auch die Schneidezähne von einem Pferdezahnarzt reguliert werden.

Anatomischer Zusammenhang

Schon kleine Veränderungen am Pferdegebiss reichen aus, um massive Probleme des Bewegungsapparates auszulösen.

Wenn ein Zahn entfernt wird, entsteht eine stressvolle mandibuläre Situation. Der Zahn, der dem entfernten gegenübersteht, hat nun keinen Gegenbiss mehr. Er wird versuchen, wieder einen Kontakt herzustellen und wächst dadurch aus seinem Haltefach. Er wird schließlich locker und muss ebenfalls entfernt werden. Die Zähne rechts und links werden kippen und ebenfalls locker werden.

Kariöse Zähne schmerzen und dieser Schmerz führt dazu, dass das Pferd nur noch einseitig kaut, was zur einseitigen Belastung des Kiefergelenks und damit zu Auswirkungen auf den Bewegungsapparat führt.

Zahnprobleme, die mit Rückenproblemen einhergehen können, sind:

- Der Wolfszahn ist ein Restzahn im Oberkiefer, der oft verdeckt ist. Durch Druck auf diese Stelle können Schmerzen entstehen, die sich als Muskelverspannungen bis in den Rücken fortsetzen.
- Durchbruch der Hengstzähne
- Zahnwechsel der Backenzähne
- Infektion von Zahnwurzeln (oft zu erkennen an stinkendem Nasenausfluss)

Von außen tast- und sichtbare Schwellungen sowie Lymphknotenschwellungen können auf Zahninfekte hinweisen und sollten auf jeden Fall vom Tierarzt abgeklärt werden. Das Gleiche gilt für alle Kauprobleme.

Außerdem wissen wir aus der chinesischen Medizin, dass jedem Zahn bestimmte Organe und Gelenke zugeordnet sind. Zahnvereiterungen sind nicht nur potenzielle Herde, die sich über eine bakterielle Streuung in den Blutkreislauf auf Organe (z. B. das Herz) auswirken können, sie können auch die zugeordneten Strukturen beeinflussen.

Praxistipp

Zur ganzheitlichen Therapie des Bewegungsapparates gehört die Untersuchung und Behandlung der Zähne durch einen Pferdezahnarzt.

Palpation und Test

Bei der Palpation des Gelenkspalts, den wir am oberen Ende des Unterkiefers deutlich spüren können, wird häufig eine unterschiedliche Breite festgestellt. Dies weist auf unterschiedliche Spannungsverhältnisse der Kaumuskulatur hin. Wenn das Pferd bei leichtem Druck auf das Kiefergelenk Schmerzreaktionen zeigt, ist dies ein deutliches Zeichen für Probleme der Kaumechanik oder für eine Kiefergelenksentzündung. Außerdem sollten die Zahnreihen von außen abgetastet werden. Schmerzreaktionen weisen auf Haken hin. Strukturell kann das Gelenk getestet werden, indem eine Hand den Oberkiefer fixiert, die andere Hand den Unterkiefer seitlich bewegt. Dabei wird auf Widerstände geachtet, die auf Zahnhaken hinweisen.

Zum Palpieren der kraniosakralen Beweglichkeit werden Oberkiefer und Unterkiefer zwischen die Handflächen genommen und die Innen- und Außenrotation geprüft (▶ **Abb. 11.17a**). Sind beide Zyklen gleich stark? Ist eine Seite in der Bewegung eingeschränkt oder geht der gesamte Kiefer in eine Lateralbewegung?

Eine Hand fixiert den Oberkiefer. Die andere Hand schiebt den Unterkiefer sanft nach links oder rechts (▶ **Abb. 11.17b**). Kommt der Impuls in beiden Richtungen an? Dieser Test ist energetisch. Das heißt, die Aufmerksamkeit ist wie bei der SSB nur auf die Gewebespannung gerichtet. Es ist keine echte Bewegung sichtbar.

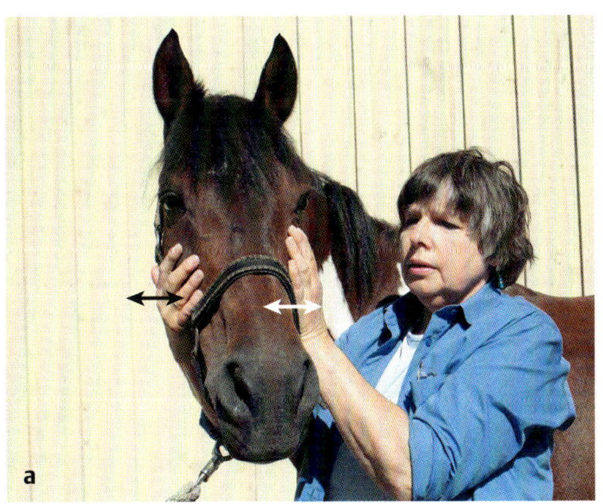

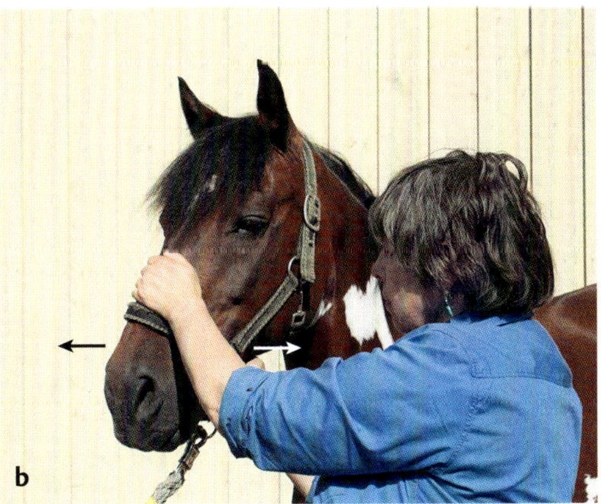

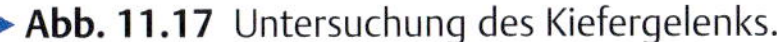

▶ **Abb. 11.17** Untersuchung des Kiefergelenks.
a Außen- und Innenrotation des Ober- und Unterkiefers.
b Laterale Bewegung des Unterkiefers.

Korrektur

Indirekte Technik

Wie bei Läsionen der SSB wird der Innen- und Außenrotation gefolgt und die bessere Richtung verstärkt, bis sich auch die zuvor blockierte Bewegung löst.

Bei einer pathologischen Lateralbewegung des gesamten Kiefers wird die Bewegung zur besseren Seite verstärkt (indirekte Korrektur), bis die Bewegung in beide Richtungen gleich stark ist.

Kompressions-Traktions-Technik

Die Daumenballen liegen an den unteren Rändern der Unterkieferäste, die Finger liegen flächig auf dem Kaumuskel und nehmen Kontakt mit dem Knochen auf. Zunächst wird ein Schub nach kranial auf das Gelenk zu ausgeübt, bis eine Außenrotation wahrnehmbar ist. Dann wird ein sanfter Zug nach unten ausgeübt (▶ **Abb. 11.18**).

Muskuläre Korrektur

Auf der Seite, auf der der Gelenkspalt schmäler ist, werden der M. masseter und der M. parietalis durch die Spindelzelltechnik (S. 42) sediert. Wenn keine Seitendifferenz des Gelenkspaltes besteht, werden beide Muskeln auf beiden Seiten sediert. Anschließend wird die Kompressions-Traktions-Technik (S. 36) durchgeführt. Wenn bei der Palpation des M. masseter Verhärtungen, dichte, mit dem Knochen besonders verbundene Zonen festgestellt werden, ist es sinnvoll, ihn mit der Faszientechnik oder dem Myofaszial Release (S. 106) zu behandeln.

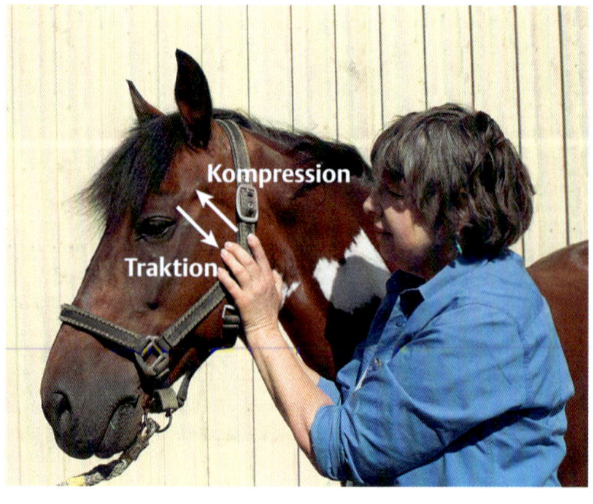

▶ **Abb. 11.18** Kompressions-Traktions-Technik für das Kiefergelenk.

Zusätzliche Maßnahmen

- Da psychischer Stress auch bei Pferden zu Verspannungen der Kaumuskeln führen kann, sollten solche Faktoren gesucht und ausgeschaltet werden.
- Eine Behandlung des emotionalen Stresses mit Blütenessenzen oder homöopathischen Mitteln vervollständigt die strukturelle und energetische Therapie.

Fallbeispiel

Ein 4-jähriger Wallach hatte einen Unfall, bei dem er mit dem Kopf in der Futterraufe hängen geblieben war. Der 1. Halswirbel wurde von einem Chiropraktiker bereits „eingerenkt“. Trotzdem war noch eine deutliche Lateralflexion der Halswirbelsäule festzustellen. Der 7. Halswirbel war nach links blockiert. Das Pferd hatte seitdem Probleme beim Kauen. Bei der Kaubewegung war deutlich eine verstärkte Rechtsbewegung zu beobachten.

Die Behandlung bestand hauptsächlich in der Korrektur des Kiefergelenks, des Atlantookzipitalgelenks und Faszienbehandlung der Halswirbelsäule. Bei der Faszienbehandlung brachte das Pferd seinen Hals in extreme Streckung, bevor es entspannte und abkaute.

Nach 2 Behandlungen war keine Kieferläsion mehr feststellbar.

11.3.2 Os hyoideum

Nach der Kiefergelenkskorrektur ist die Prüfung des Os hyoideum (Zungenbein) sinnvoll. Ebenso wie das Kiefergelenk ist es durch die am Unterkiefer und Sternum ansetzende Muskulatur mit dem gesamten Halte- und Bewegungsapparat verbunden. Es liegt wie eine Schaltstelle zwischen den Körper- und Kopffaszien und wirkt als Stoßdämpfer und Verteiler bei starken Belastungskräften. Dadurch ist es allerdings auch häufig bei allen Arten von Restriktionen beteiligt und kann für viele Dysfunktionen verantwortlich sein.

Das Os hyoideum ist am Kaumechanismus beteiligt. Es gibt Theorien, dass es auch aufgrund seiner Verbindung zum Os temporale für das Körpergleichgewicht zuständig ist. Die Stellung des Os hyoideum meldet dem Gehirn die horizontale Körperausrichtung. Wir haben festgestellt, dass das Os

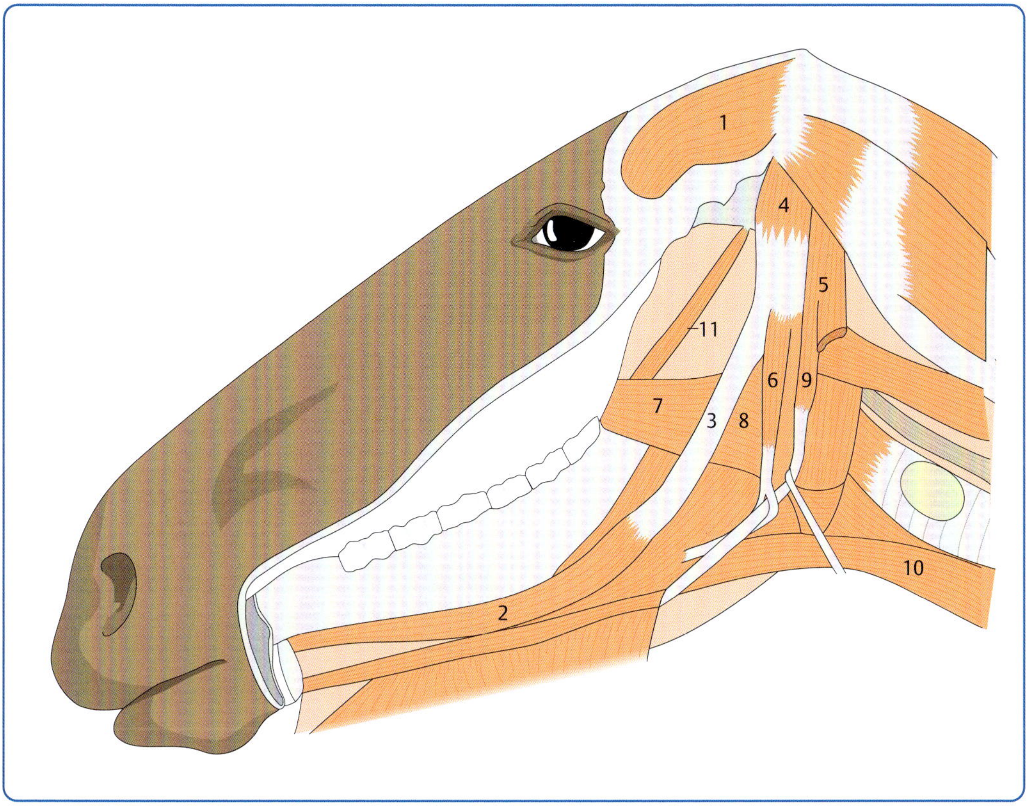

▶ **Abb. 11.19** Wichtige Zungenbeinmuskeln.
1 Schläfenmuskel **2** Zungenbeinast-Zungenmuskel **3** großer Zungenbeinast **4** Hinterhauptsbein-Zungenbeinast des M. digastricus **5** Hinterhauptsbein-Unterkieferast des M. digastricus **6** Zungenbeinast-Zungenbeinmuskel **7** Gaumen-Rachenmuskel und Flügelbein-Rachenmuskel **8** Zungenbein-Rachenmuskel **9** kaudaler Teil des zweibäuchigen Muskels (M. digastricus) **10** Schulter-Zungenbeinmuskel und Brustbein-Zungenbeinmuskel **11** Spanner des Gaumensegels

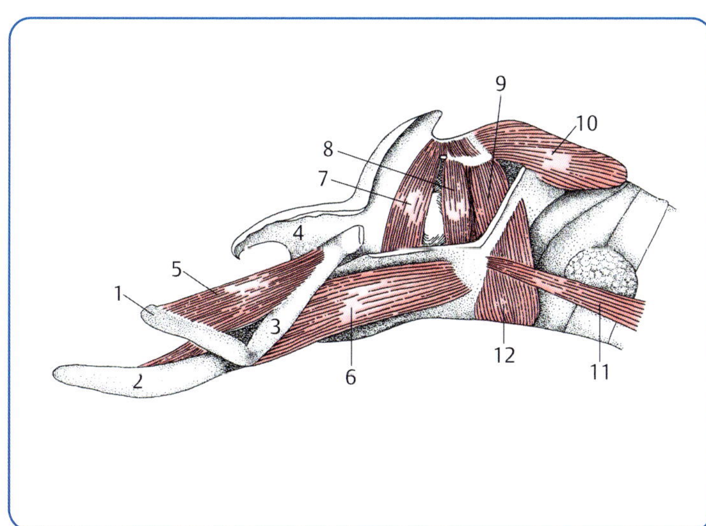

▶ **Abb. 11.20** Kehlkopfmuskeln.
1 kleiner Zungenbeinast **2** Zungenfortsatz **3** Schildknorpelast **4** Kehldeckel **5** M. ceratohyoideus (kleiner Zungenbeinast-Zungenbeinmuskel) **6** M. thyrohyoideus (Schildknorpel-Zungenbeinmuskel) **7** M. ventricularis (Taschenfaltenmuskel) **8** M. vocalis (Stimmbandmuskel) **9** lateraler Ring-Gießkannenknorpelmuskel **10** dorsaler Ring-Gießkannenknorpelmuskel **11** Brustbein-Schildknorpelmuskel **12** Ring-Schildknorpelmuskel (Salomon, Geyer, Gille. Anatomie für die Tiermedizin, 2. Aufl. Stuttgart: Enke Verlag in MVS Medizinverlage Stuttgart; 2008)

hyoideum bei Koordinations- und Gleichgewichtsproblemen oft zu korrigieren ist.

Das Os hyoideum ist Ansatzpunkt vieler Muskeln (▶ **Abb. 11.19** und ▶ **Abb. 11.20**). Diese werden in die oberen und unteren Zungenbeinmuskeln unterteilt (▶ **Tab. 11.2**).

Test und Korrektur

Am Os hyoideum sind nur das Basihyoideum und der Proc. lingualis tastbar. Es wird zwischen Daumen und Finger genommen und seine Stellung wahrgenommen:

- Befindet es sich in der Mitte zwischen den beiden Unterkieferknochen?
- Ist es gekippt?
- Ist es nach rechts oder links verschoben?
- Ist es in vertikaler oder transversaler Richtung rotiert?

Wenn eine Stellungsabweichung festgestellt wird, wird mit der indirekten Technik korrigiert. Zusätzlich wird die Muskulatur seitlich des Os hyoideum durch Myofaszial Release (S. 106) gelockert (▶ **Abb. 11.21**).

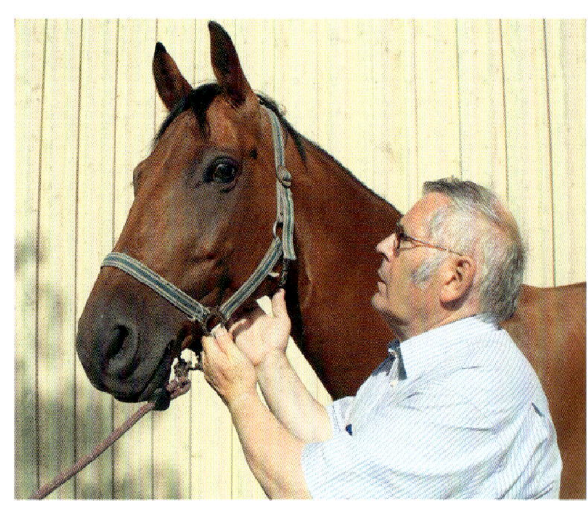

▶ **Abb. 11.21** Myofaszial Release der Zungenbeinmuskeln.

▶ **Tab. 11.2** Die Muskeln des Os hyoideum.

Muskel	Lage/Funktion
obere Zungenbeinmuskeln	
M. mylohyoideus	Er entspringt am Os hyoideum. Sein Ansatz ist die Linea mylohyoidea des Unterkiefers. Der rechte und linke M. mylohyoideus sind über die bindegewebige Raphe mylohyoidea zu einer Muskelplatte vereinigt, die den Mundboden bildet. Bei fixiertem Os hyoideum dient er als Kieferöffner (senkt den Unterkiefer). Außerdem hebt er das Os hyoideum und spannt den Mundboden.
M. geniohyoideus	Er zieht vom Os hyoideum zur Spina mentalis des Unterkiefers und zieht das Os hyoideum nach vorne.
M. digastricus	Er besteht aus 2 Bäuchen. Der vordere Bauch (Venter anterior) liegt unter dem M. mylohyoideus. Im Bereich des Os hyoideum geht der Venter anterior in eine Zwischensehne über und setzt sich in den hinteren Muskelbauch (Venter posterior) fort. Er dient als Kieferöffner.
untere Zungenbeinmuskeln (Sie stellen das Os hyoideum fest, ziehen es zum Sternum und dienen als Hilfsmuskeln beim Schluckakt.)	
M. sternohyoideus	Er entspringt am Manubrium sterni und setzt am Os hyoideum an.
M. sternothyroideus	Er entspringt am Manubrium sterni sowie an der 1. Rippe und setzt am Schildknorpel an.
M. thyrohyoideus	Er entspringt am Schildknorpel und zieht zum großen Zungenhorn des Os hyoideum.
M. omohyoideus	Ein Teil zieht vom Oberrand, der andere vom Lig. transversum des Schulterblattes zum Os hyoideum. Er senkt das Os hyoideum und spannt die Lamina praetrachealis (mittlere Halsfaszie), dadurch wird ein Zug auf die Vena jugularis interna ausgeübt, der die Vene offen hält. Ein Hypertonus dieses Muskels beengt die Vena jugularis und ist oft bei einer Restriktion der Thorax-Apertur zu finden.
M. stylohyoideus	Er verbindet den Proc. pterygoideus mit dem Os hyoideum und zieht es nach oben und hinten.

Zusätzliche Maßnahmen

- Entspannen des M. masseter
- Entspannen der Zungenbein- und Halsmuskeln
- Myofaszial Release (S. 106) für Kehlgangsmuskeln
- Öffnen der Thorax-Apertur (S. 176)
- Korrektur des Sternums

11.4 Läsionen der Suturen

Die Suturen (Schädelnähte) werden in der Anatomie als fibröse, hochelastische Bandhaften beschrieben, die die einzelnen Schädelknochen verbinden. Sie enthalten Osteoblasten und dienen auch als Wachstumszonen des Schädels. Bis zum Erwachsenenalter bilden sich die Osteoblasten zurück und die Wachstumsaktivität vermindert sich. In der Folge verknöchert die Naht.

Entgegen der früheren Lehrmeinung, dass die Schädelnähte beim Erwachsenen verknöchert und daher unbeweglich sind, haben neue Forschungen ergeben, dass die Nähte an ihrer Ober- und Unterfläche mit Bindegewebe überzogen sind. Zwischen diesen beiden Verbindungslagen befinden sich Bündel kollagener Fasern. Das Bindegewebe und die kollagenen Fasern bilden eine stabile, aber dennoch bewegliche Verbindung zwischen den einzelnen Schädelknochen. Wie Röntgenaufnahmen zeigen, führen Nerven und Blutgefäße durch die Nähte.

11.4.1 Symptomatik

Starke muskuläre Spannungen im Kopf- und/oder Halsbereich, Stoffwechselstörungen sowie starker emotionaler Stress können die Beweglichkeit der Suturen einschränken und somit den kraniosakralen Impuls blockieren. Venöse und lymphatische Abfluss-Störungen sind die Folge.

Bei Menschen ist Migräne oft ein Symptom blockierter Schädelnähte. Aber auch andere Krankheitsbilder wie Blutdruckanomalien oder Schwindel kommen vor. Beim Pferd sind es oft Untugenden, ängstliches Verhalten oder Gleichgewichtsstörungen, die an blockierte Schädelnähte denken lassen.

Blockierte Nähte des Os lacrimale können beispielsweise zu chronischem Augenausfluss, blockierte Nähte von Os frontale, Os zygomaticum, Oberkiefer und Os nasale zu Problemen der Nebenhöhlen führen.

11.4.2 Korrektur

Als Vorbereitung für die Arbeit an den Suturen empfiehlt es sich, einmal am eigenen Kopf die Nähte zu fühlen. Nehmen Sie die Fingerbeeren und ertasten Sie die Beschaffenheit der einzelnen Suturen. Wenn Sie ein Gefühl für deren Struktur am menschlichen Schädel entwickelt haben, fällt es leichter, die Nähte beim Pferd zu finden.

Es gibt 3 Möglichkeiten, die Schädelnähte zu lösen.

V-Spread

Bei der V-Spread-Technik werden die Fluktuationen des Liquor cerebrospinalis und der extrazellulären Flüssigkeit zu Hilfe genommen. Dabei werden sanfte Impulse über die Körperflüssigkeiten an die zu behandelnden Stellen „geschickt".

Die Technik gehört genau genommen zu den energetischen Behandlungsformen, da keinerlei manuelle Aktionen durchgeführt werden. Sie kann an allen Strukturen angewendet werden. Die häufigste Indikation sind aber blockierte Suturen.

Die Handflächen sind einander zugewandt. Die Innenflächen liegen jeweils am Endpunkt eines Schädeldurchmessers über einer Naht. Mit der gegenüberliegenden Hand wird Energie zur Naht geschickt und beobachtet, ob und in welcher Qualität die Fluktuationswelle ankommt. Man könnte dieses Ankommen der Energie als eine sanfte Welle an einem Sandstrand beschreiben, die auf den Sand gespült wird und sich dort gleichmäßig verteilt. Bei einer Restriktion kommt die Energie- oder Flüssigkeitswelle nicht an oder fühlt sich hart an. In diesem Fall wird so lange ein Impuls auf die zu behandelnde Stelle gesendet, bis das Gefühl der ankommenden Energie wahrnehmbar ist. Dabei werden die v-förmig aufgelegten Finger gespreizt und so das Gewebe gedehnt und ein Energiefeld aufgebaut (► **Abb. 11.22**).

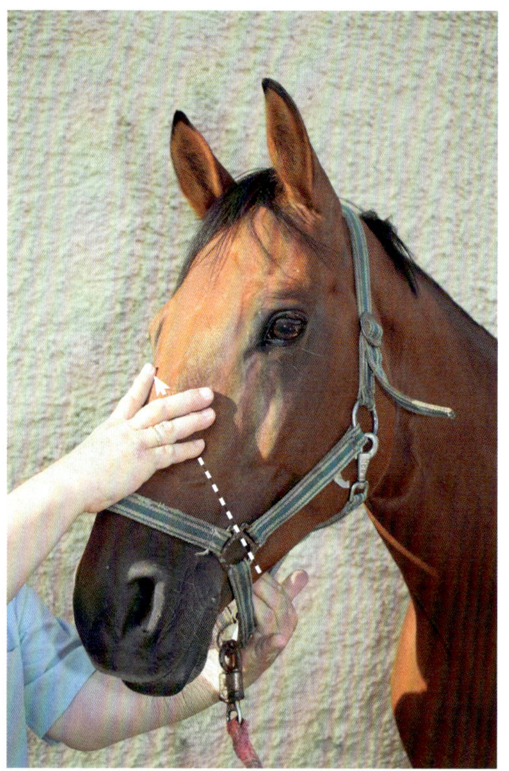

▶ **Abb. 11.22** V-Spread. Sutura internasalis.

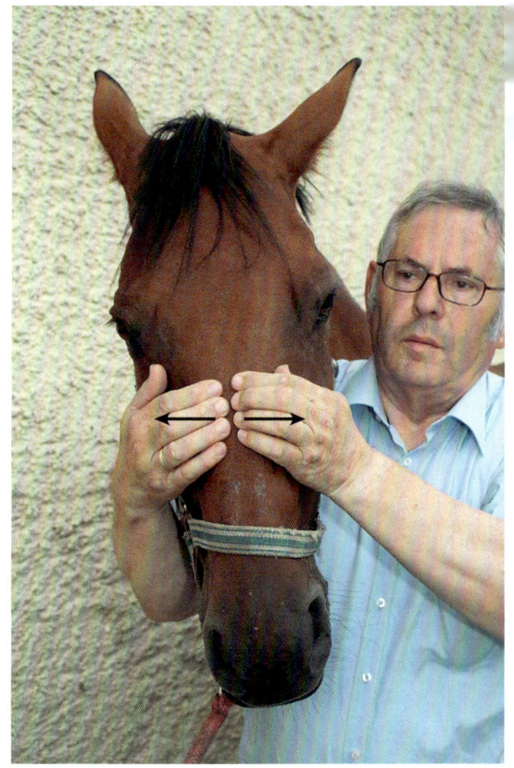

▶ **Abb. 11.23** Disengagement der Sutura internasalis.

Disengagement

Die Technik wird bei traumatischen Schädeleinengungen angewendet. In chronischen Fällen ermöglicht sie die Lockerung der bindegewebigen Spannungen.

Bei der direkten Technik verschmelzen die Finger auf beiden Seiten der Naht mit dem Knochen. Dann erfolgt ein sanftes Auseinanderziehen, bis das Release-Gefühl eintritt und der Eindruck entsteht, die Naht öffne sich (▶ Abb. 11.23).

Indirekt werden die beiden Knochen noch stärker komprimiert und erst im 2. Schritt getrennt. Die Technik wird auch Dekompression genannt.

Praxistipp

Man muss stets die schrägen Kanten bei Schuppennähten beachten.

Kompressions-Traktions-Technik

Bei starken Dysfunktionen ist die indirekte Technik wirkungsvoller.

11.5 Restriktionen der Membranen

Das Duralmembransystem sollte mitbehandelt werden, wenn Einschränkungen an Suturen festgestellt wurden. Wenn die intrakraniellen Membranen, vor allem die Falx cerebri, unbeweglich sind, ist oft eine totale Kompression der SSB vorhanden. Wenn die Membranen nicht gelockert werden, kann die Dekompression der SSB und der Suturen nicht den vollen Erfolg bringen.

Viele Läsionen der SSB sind mit blockierten Membranen gekoppelt. Die Falx cerebri senkt sich in der Flexion, wobei sich der vordere Anteil nach unten und der posteriore Teil nach unten/vorne bewegen. Das Tentorium cerebelli (Kleinhirnzelt) senkt sich, seine Außenteile dehnen sich nach lateral. Diese beiden Membranen müssen flexibel sein und die Bewegung auf den Duraschlauch weiterleiten.

Die Verbindung zwischen Schädel und Sakrum ist die spinale Dura mater. Sie liegt im Wirbelkanal und ist die Verlängerung der intrakranialen Dura. Die spinale Dura mater ist nur am Foramen magnum, dorsal am 2. und 3. Halswirbel und ventral in Höhe des 2. Lendenwirbels befestigt.

Praxistipp

Bei rotierten und gekippten Halswirbeln C 1–C 3 sollten wir immer an das Membransystem denken.

11.5.1 Symptomatik

Die Bewegungen des Os occipitale werden auf den sakrokokzygealen Komplex übertragen und umgekehrt. Liegt eine abnorme Spannung der intrakranialen Dura vor, muss sich dies unweigerlich auf die Strukturen der Wirbelsäule auswirken. Spannungen und Schmerzen sind der Beginn, Wirbelblockierungen und Subluxationen, Wirbelsäulenverkrümmungen und Blockierungen im Sakrum- und Beckenbereich sind die Folge. Ein einzelner blockierter Wirbel kann zu einer Deformation der intraspinalen Dura führen und die Zirkulation des darin enthaltenen Liquors hemmen.

Anatomischer Zusammenhang

Ein blockiertes Sakrum oder Iliosakralgelenk kann durch die Restriktion der Dura mater zu Beschwerden im oberen Bereich der Wirbelsäule oder im Kopf führen.

Spinalnerven werden an den Stellen, an denen sie den Wirbelkanal verlassen, von Verlängerungen des Duraschlauches umhüllt. Diese Umhüllung wiederum geht in fasziales Gewebe über. Diese Struktur erklärt, weshalb das Augenmerk nicht nur auf die Schädelstrukturen, sondern auf die Faszien und das Bindegewebe des gesamten Körpers gerichtet sein sollte.

11.5.2 Restriktionen der intrakraniellen Membranen

Die intrakraniellen Membranen bestehen aus der harten und der weichen Hirnhaut (Pia mater und Dura mater). Zwischen diesen beiden Schichten liegt die Arachnoidea (Spinnwebenhaut). Die äußere Schicht der Arachnoidea liegt der inneren Dura mater an und ist getrennt vom Subduralraum, welcher Nerven und Blutgefäße enthält. Zwischen Arachnoidea und Pia mater befindet sich der Subarachnoidalraum, der mit Liquor gefüllt ist und die äußeren Liquorräume bildet.

Die Dura mater cranialis kleidet die Innenseite des Schädels aus. Sie besteht aus festem Bindegewebe mit kollagenen Fasern und wird in 2 weitere Schichten unterteilt, die Dura meningealis und die Dura periostale, die dem Knochen anliegende Schicht. Die innere Schicht, die Dura meningealis, löst sich an manchen Stellen von der äußeren Schicht und bildet Hohlräume, die venösen Blutleiter. Von ihr gehen außerdem Fortsätze (Septen) aus, die das Gehirn in mehrere Bereiche teilen: Die Falx cerebri trennt die beiden Großhirnhemisphären, die Falx cerebelli die beiden Kleinhirnhemisphären und das Tentorium cerebelli das Großhirn vom Kleinhirn.

Beim Pferd ist die Falx cerebri stark ausgeprägt. Sie reicht von ihrer Anheftungsstelle an der Crista galli (Hahnenkamm) weiter nach unten bis zur Schädelbasis. Nach hinten geht sie in das Tentorium cerebelli über. Das Tentorium cerebelli besteht aus einem knöchernen und einem membranösen Teil. Der membranöse Abschnitt entspringt am Felsenteil des Os temporale und zieht entlang der transversalen Rinne des Os occipitale zu den dorsalen Teilen des Os sphenoidale. Es bildet also eine Art Diaphragma zwischen den beiden Scheitelbeinen.

Weiter zu erwähnen ist das Diaphragma sellae (Hypophysenzelt), das zwischen den Apophyses clinoidales von Os sphenoidale verläuft und die Sella turcica sowie die Hypophyse überspannt.

Nach Sutherland müssen die Membranen von einem beweglich aufgehängten Ruhepunkt (Sutherland-Fulkrum) aus operieren, um eine Übertragung in alle Richtungen zu gewährleisten (▶ **Abb. 11.24**).

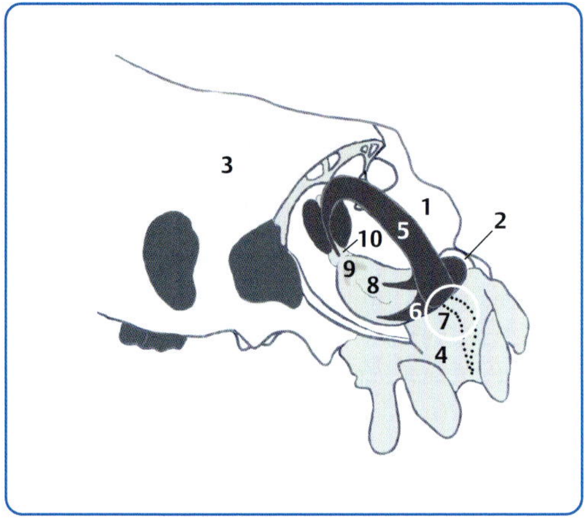

▸ **Abb. 11.24** Intrakranielle Membranen.
1 Os temporale **2** Pars petrosa ossis temporalis (Teil des Os temporale) **3** Os frontale **4** Os occipitale **5** Falx cerebelli **6** Tentorium cerebelli **7** Sutherland-Fulkrum **8** Korpus des Os sphenoidale **9** Sella turcica **10** Crista galli (nach Debacker in Evrard. Introduction à l'Ostéopathie cranio-cacrée appliquée au cheval. Thy-le-Château: Corrigo: Olivier éditeur; 2002)

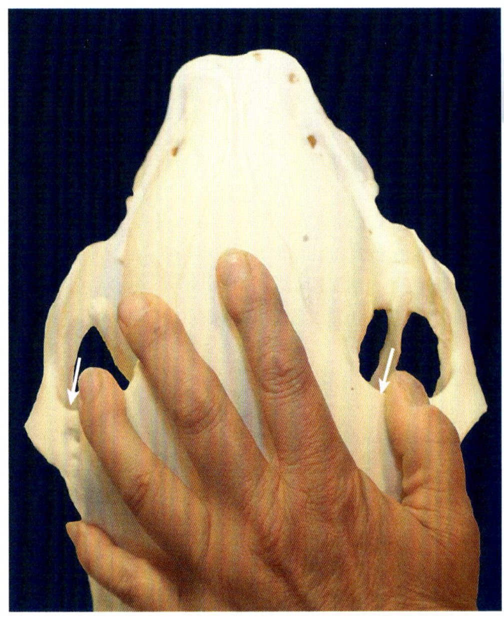

▸ **Abb. 11.25** Lösen der Falx cerebri.

Test und Korrektur

Eine Hand liegt auf dem Os frontale, die andere auf dem Os occipitale. Die Konzentration ist auf die Membranen des Schädels gerichtet. Welcher Eindruck entsteht? Sind Falx cerebri und Tentorium cerebelli elastisch und weich? Oder hat man das Gefühl, einen harten, gespannten Schädel in der Hand zu haben?

Behandlung der Falx cerebri

Die Falx cerebri kann am besten über das Os frontale (S. 157) gelöst werden. Beim sogenannten Frontal Lift liegt die Hand so auf dem Os frontale, dass die Fingerkuppen auf der Stirn liegen und mit dem Knochen „verschmelzen". Daumen und kleiner Finger liegen am hinteren Rand des Jochfortsatzes des Os frontale (▸ **Abb. 11.25**). Sie üben einen sanften kontinuierlichen Zug nach schräg oben bis zum Release aus. Dadurch wird die Falx in ihrer gesamten Länge gedehnt und entspannt.

Behandlung des Tentorium cerebelli

Da das Tentorium cerebelli teilweise am Os temporale (medial am Proc. mastoideus) ansetzt, kann es sehr wirkungsvoll über die Ohrzieh-Technik (S. 157) gelöst werden (▸ **Abb. 11.26**).

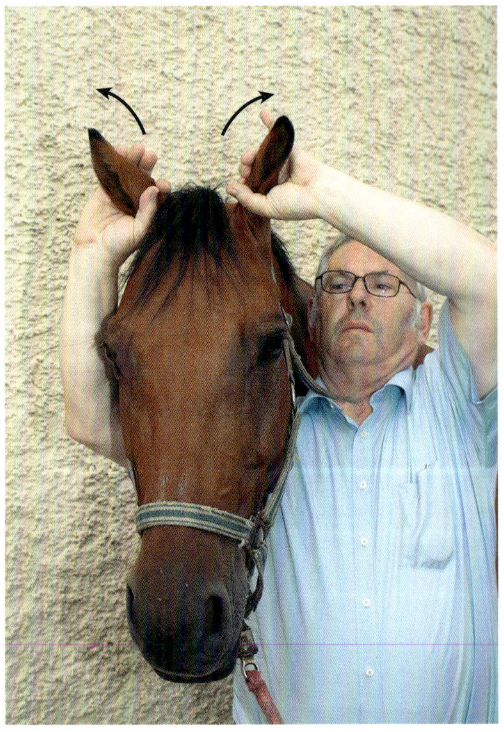

▸ **Abb. 11.26** Lösen des Tentorium cerebelli.

11.5.3 Restriktionen der Dura mater spinalis

Die Fortsetzung der Hirnhäute außerhalb des Schädels ist die Dura mater spinalis (Rückenmarkshaut). Sie ist die Verbindung zwischen dem Os occipitale und dem Sakrum. Auch bei der Dura mater spinalis unterscheidet man die äußere Dura mater, die mittlere Arachnoidea und die direkt dem Rückenmark anliegende Pia mater. Die Dura mater ist nicht mit dem Wirbelkanal verwachsen, sodass zwischen Knochen und Dura mater ein mit Binde- und Fettgewebe ausgefüllter Raum ausgebildet ist, der sogenannte Epiduralraum. Die Dura mater spinalis ist durch die Durascheiden der austretenden Nerven flexibel fixiert. Feste Verbindungen gibt es am Foramen magnum des Os occipitale, am 2. und 3. Halswirbel und ventral in Höhe des 2. Lendenwirbels.

Restriktionen der Dura mater spinalis können von mehreren Muskeln verursacht werden (▶ Tab. 11.3).

Die Spannung der Dura wird aber nicht nur muskulär beeinflusst, sondern auch durch metabolische Störungen wie z. B. Allergien oder Schwermetallbelastungen. Weitere Ursachen können Verletzungen der ersten Schwanzwirbel durch Stürze sein. Dabei wird der Duraschlauch fixiert und es kommt zu einer erhöhten Spannung der Falx cerebri.

Korrektur

Das intraspinale Fasziensystem wird von der Dura mater spinalis gebildet. Der Duraschlauch macht eine anterior-posteriore Bewegung. Die Bewegung wird nach kaudal zum Sakrum übertragen. In der Flexion bewegt sich die Basis des Sakrums nach

▶ **Tab. 11.3** Muskuläre Ursachen von Restriktionen der Dura mater spinalis.

Muskel	Wirkung auf Dura mater spinalis
M. piriformis	Vor allem ein einseitiger Hypertonus des Muskels führt zur Fixierung des Sakrums auf der gegenüberliegenden Seite.
M. iliacus	Bei bilateralem Hypertonus kommt es zur Extensionsläsion des Sakrums, bei unilateralem Hypertonus zur Torsion oder Seitneigung.
M. glutaeus medius	Einseitiger Hypertonus führt zur Sakrum-Torsion, bilateraler Hypertonus zur Fixierung des Sakrums in neutraler Position, was zu einer Duraspannung in Flexionsposition führt.
M. coccygeus	Durch seine Ansätze am Sakrum und an den Schwanzwirbeln kann er bei Verspannung die Dura in Flexion fixieren.
M. trapezius	Alle am Os occipitale ansetzenden Muskeln können bei Hypertonus zu Restriktionen im Verlauf der Dura führen.

▶ **Abb. 11.27** Duraschaukel nach Sutherland.

dorsal, die Spitze nach ventral. In der Extension bewegt sich die Basis nach ventral, die Spitze nach dorsal. Idealerweise sollte sowohl die Flexions- als auch die Extensionsbewegung überall im Körper spürbar sein.

Duraschaukel nach Sutherland

Bei dieser Technik, die auch „Rocking the dural tube" genannt wird, wird mit 2 Händen gearbeitet. Eine Hand liegt auf dem Os occipitale, die andere auf dem Sakrum (▸ **Abb. 11.27**). Diese Technik ist nur bei kleinen Pferden anwendbar. Bei größeren Tieren wird vierhändig gearbeitet. Eine Person legt die Hände auf Os occipitale und Widerristbereich, die zweite Person legt eine Hand neben die Hand der ersten Person und die andere Hand auf das Sakrum. Beide Therapeuten stimmen sich ab und gehen mit der Flexions-Extensions-Bewegung des Duraschlauches mit und „schwingen sich in die Bewegung ein", bis ein harmonischer Rhythmus spürbar ist. Die Duraschaukel löst den Duraschlauch, macht ihn beweglich und aktiviert den Fluss des Liquor cerebrospinalis.

Bei **hartnäckigen Restriktionen** kann durch die CV-4-Technik (S. 172) der gesamte Liquorfluss aktiviert werden. Danach ist meist eine minimale Bewegung im Duraschlauch spürbar und man kann wie oben beschrieben fortfahren.

11.6 Störungen des Liquorabflusses

Das Nervensystem ist von einer klaren, farblosen und eiweißhaltigen Flüssigkeit, dem **Liquor cerebrospinalis** umgeben. Diese Flüssigkeit nimmt nicht nur die Abfallstoffe des Nervenstoffwechsels auf, sondern ist auch verantwortlich für die Ernährung des gesamten zentralen Nervensystems. Die Zusammensetzung des Liquors hängt von der Blutzusammensetzung ab. Der Liquor füllt die Hohlräume im Innern des Gehirns (Hirnventrikel) aus und befindet sich im Subarachnoidalraum und den Zisternen des Gehirns und Rückenmarks (▸ **Abb. 11.28**).

Der Liquor cerebrospinalis steht unter dauerndem Druck und dauernder Aktivität. Er ist das Zentrum für jede Bewegung im Körper. Außerdem ist er maßgeblich an der Bewegung und Kontrolle des primären Atemrhythmus beteiligt.

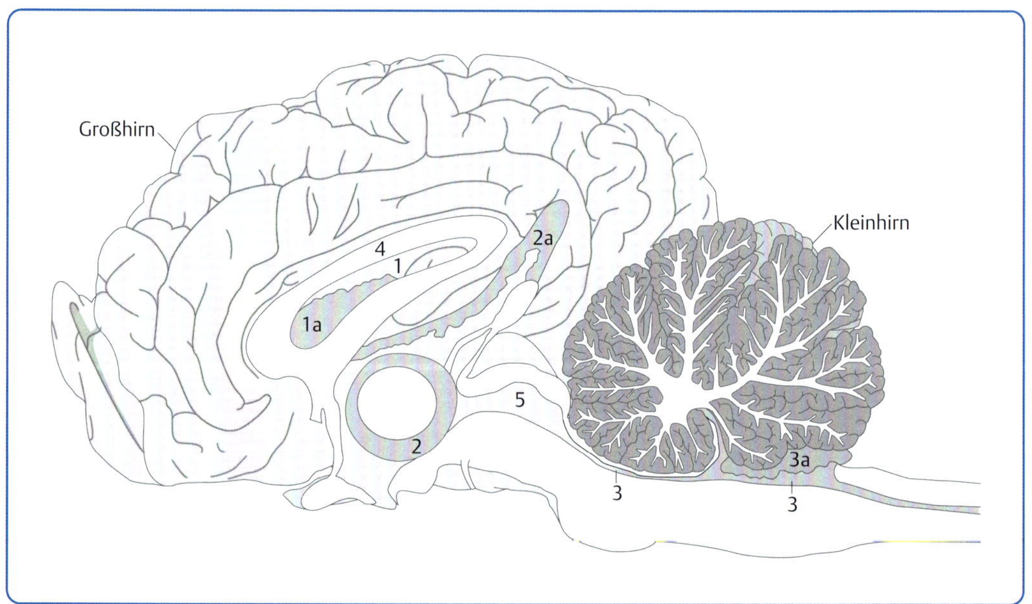

▸ **Abb. 11.28** Lage der Hirnventrikel.
1 Seitenventrikel **1 a** Plexus choroideus des Seitenventrikels **2** III. Ventrikel **2 a** Plexus choroideus des III. Ventrikels **3** IV. Ventrikel **3 a** Plexus choroideus des IV. Ventrikels **4** Corpus callosum **5** Aquaeductus mesencephali

Man kann innere und äußere Liquorräume unterscheiden, die auf der Höhe des 3. Ventrikels miteinander kommunizieren. Die **inneren Liquorräume** werden aus 4 Ventrikeln gebildet:

- 1. und 2. Ventrikel (Seitenventrikel im Großhirn)
- 3. Ventrikel im Zwischenhirn
- 4. Ventrikel zwischen Brücke, Kleinhirn und Rückenmark

Die Seitenventrikel sind durch die Foramina interventricularia (Monroi) mit dem 3. Ventrikel verbunden. Der 3. Ventrikel kommuniziert über den Aquaeductus mesencephali (Sylvii), einem engen Kanal im Mittelhirn, mit dem 4. Ventrikel. Die Öffnungen verbinden die inneren und die äußeren Hohlräume.

Als **äußere Liquorräume** werden der Raum zwischen der Arachnoidea und der Pia mater und dem Subarachnoidalraum (ein schmaler Spalt mit einigen erweiterten Hohlräumen, den Zisternen) bezeichnet. Der Subarachnoidalraum entspricht der Dura der Wirbelsäule. Der Liquor cerebrospinalis umgibt im Subarachnoidalraum das Rückenmark vom Foramen magnum bis zum 2. Lendenwirbel.

11.6.1 Funktionen des Liquors

Die wichtigsten Aufgaben des Liquors sind Schutz und Drainage des Gehirns und des Rückenmarks. Außerdem ist er durch seine Zirkulation in den Mikrotubuli der kollagenen Fasern des Bindegewebes an zahlreichen biochemischen Vorgängen beteiligt. Dazu zählen immunologische Aufgaben und die Regelung des Elektrolythaushalts, Regelung der chemischen Zusammensetzung der Umgebung der Hirnzentren. Weiter hat er durch seine Fluktuationswellen zusammen mit den arteriellen und venösen Druckverhältnissen einen hydrodynamischen Einfluss und bewirkt die Drainage von Nerven- und Bindegewebszellen.

11.6.2 Produktion des Liquors

Etwa 2 Drittel des Liquors werden durch zottenartige Adergeflechte (Plexus choroideus) gebildet. Diese girlandenförmigen Kapillarschlingen der Pia mater stülpen sich über die Ventrikel vor. In den Seitenwänden der lateralen Ventrikel sind die Plexus am mächtigsten, kommen aber auch im Dach des 3. und 4. Ventrikels vor.

Die Produktion des Liquors wird über das autonome Nervensystem reguliert. In geringem Umfang wird er in den Kapillaren des Subarachnoidalraumes des Schädels und Rückenmarks sowie perivaskulär im Ependym und Parenchym gebildet.

Der Liquor fließt entlang der peripheren Nerven. Perivaskuläre Räume, Arterien und Venen im ZNS sind von flüssigkeitsgefüllten Räumen umschlossen. Diese Räume haben Verbindungen zum extrazellulären Raum ebenso wie zum Subarachnoidalraum. Dort findet man eine Mikrozirkulation von Liquor und extrazellulärer Flüssigkeit, die von den pulsierenden Bewegungen der Arteriolen in Gang gehalten wird.

11.6.3 Rückresorption des Liquors

Der Liquor wird zum größten Teil durch die Arachnoidalzotten (Fortsätze der Dura) rückresorbiert. Die Resorption ist abhängig von den Druckverhältnissen.

Ein geringer Teil des Liquors wird durch die Wände der Kapillargefäße, die zu den periduralen Venen führen, in der Pia mater rückresorbiert. An den Duralscheiden der Hirn- und Rückenmarksnerven kommt es zu einem Übertritt des Liquors in die extraduralen Lymphgefäße. Von diesen peripheren Nervenscheiden kommt der Liquor über die Mikrotubuli der kollagenen Fasern mit dem gesamten Gewebe im Körper in Kontakt.

11.6.4 Symptomatik

Wenn die Hirn-Rückenmarks-Flüssigkeit sich nicht ungehindert im Körper ausbreiten kann, können Störungen und Dysfunktionen im ganzen Körper entstehen. Dazu zählen beim Menschen Migräne, hormonelle und immunologische Störungen, Wachstums- und Entwicklungsstörungen.

Praxistipp

Beim Pferd ist es sinnvoll, bei allen Stoffwechselkrankheiten, Allergien, allen Arten von lymphatischen Problemen und Störungen des Nervensystems den Fluss des Liquors zu aktivieren.

11.6.5 Verbesserung des Liquorflusses

CV-4-Technik

Mit der CV-4-Technik beeinflussen wir besonders die Liquorzirkulation und damit die gesamten Stoffwechselvorgänge im Körper. Die Kompression an den seitlichen Teilen des Os occipitale verbessert die Anpassung der Hinterhauptschuppe (Squama occipitalis) an veränderte Druckverhältnisse des Liquor cerebrospinalis. Es kommt zu einer besseren Versorgung der Zellen, zu einer verbesserten Lymphbewegung, zu einer Regeneration der Gewebe und zur Stimulation der Hirnnervenzellen am 4. Ventrikel. Es werden die gesamten Austauschvorgänge des Körpers angeregt.

Ziel der Technik ist die Harmonisierung des Liquors bei folgenden **Indikationen**:

- Verlangsamung des LCS (z. B. bei Fieber)
- Infekte
- Harmonisierung der gesamten Homöostase
- lymphatische Störungen

Kontraindikationen der CV-4-Technik sind:

- Trächtigkeit ab dem 8. Monat
- frische Kopfverletzungen
- Hirntumoren, Aneurysmen

Die CV-4-Technik normalisiert den kraniosakralen Rhythmus, wirkt als Lymphpumpe bei ödematösen Stauungen, beeinflusst lebenswichtige Nervenzentren, die Ossifikation der Knochen und den Muskeltonus. Die CV-4-Technik ist die Therapie der Wahl, wenn alle Maßnahmen nicht den gewünschten Erfolg zeigen. Sie ist in der Lage, blockierte Funktionskreise und Mechanismen wieder anzukurbeln.

Praxistipp
Vor der Anwendung der CV-4-Technik sollte die Thorax-Apertur geöffnet werden.

Die CV-4-Technik aktiviert den Abfluss des Hirnwassers aus dem Kopf und wirkt wie eine Lymphdrainage. Wenn der Thorax-Übergang nicht frei ist, kann die aus dem Kopf abfließende Flüssigkeit nicht vom Venenwinkel aufgenommen werden. Bei unseren ersten kraniosakralen Versuchen beim Pferd ist uns genau das passiert. Wir behandelten einen Wallach mit verschiedenen Problemen des Bewegungsapparates mit allen erforderlichen Techniken am Kopf. Da ein Sommerekzem und Ödeme an den Beinen auf Stoffwechselstörungen hinwiesen, wandten wir zusätzlich die CV-4-Technik an. Am folgenden Tag hatte sich ein enteneigroßes Ödem oberhalb des Sternums gebildet.

Bei der Behandlung wird der „Druck“ oder Impuls gegen die beiden Muskelfortsätze des Os occipitale (Proc. paracondylaris) ausgeübt, dadurch wird der 4. Ventrikel komprimiert (▶ Abb. 11.29). Die beiden Processi liegen unter einer starken

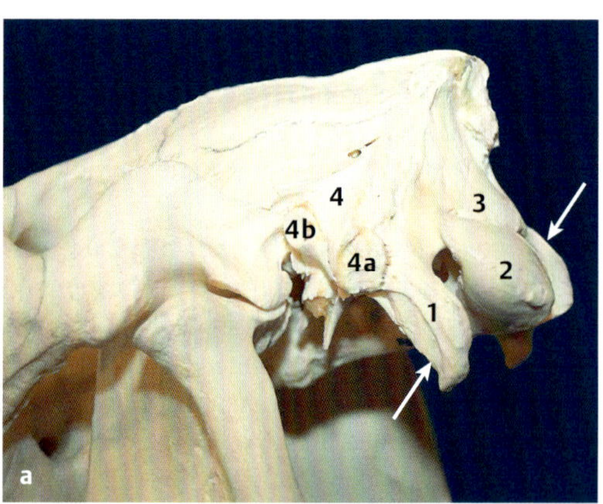

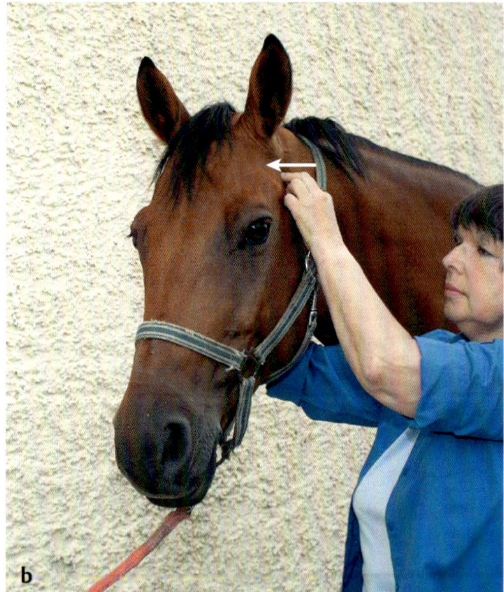

▶ **Abb. 11.29** CV-4-Technik.
a Ansatzstellen am Os occipitale.
1 Proc. paracondylaris des Os occipitale **2** Condylus des Os occipitale **3** Squama occipitalis **4** Os temporale **4 a** Warzenfortsatz **4 b** Gehöröffnung
b Ausführung am Tier.

Muskelschicht und können nur indirekt beeinflusst werden. Wenn zu weit kranial gedrückt wird, wird Druck auf den Warzenteil des Os temporale oder die Ohröffnung ausgeübt, wird zu weit kaudal gedrückt, ist man schon auf dem Atlas.

Während der Flexion machen die Kondylen des Os occipitale eine Außenrotationsbewegung. Der Flexion und der anschließenden Extension wird gefolgt. Wenn das Os occipitale wieder in die Dehnung will, wird dies verhindert, indem die Bewegung gebremst wird. Dem nächsten Zyklus wird wieder gefolgt. Wahrscheinlich wird die Amplitude jetzt schwächer sein. Die nächste Extension wird wieder angehalten und die Flexion verhindert.

Nach einigen Zyklen kommt ein Stillpoint. Die Finger bleiben auf den Kondylen des Os occipitale liegen, bis eine Bewegung in der Nackenmuskulatur spürbar wird. Der Stillpoint kann einige Sekunden bis einige Minuten dauern. Das Wiedereinsetzen des Impulses wird durch vertiefte Atmung, sichtbare Entspannung und Wärmebildung erkennbar. Man spürt, wie die Bewegung in die Dehnung wieder einsetzt. Jetzt lässt man die Dehnung/Außenrotation wieder zu und folgt ihr. Wenn der Rhythmus oder die Amplitude noch nicht zufriedenstellend sind, kann das Ganze noch einmal wiederholt werden.

Durch die Kompression wird das Abfließen des Liquors verhindert, es entsteht ein Stau. Nach dem Öffnen des Staus wird der Fluss kräftiger und gleichmäßiger sein.

11.7 Zirkulationsstörungen des venösen Systems

Um die Wichtigkeit der folgenden Techniken klarzumachen, ist ein kleiner Blick in das venöse System des Schädels nötig. Tiefer gehende anatomische Details sind anatomischen Fachbüchern wie im Literaturverzeichnis (S. 211) angegeben zu entnehmen.

Das Blut des Gehirns wird durch ein ventrales und ein dorsales Venensystem, die Sinus durae matris ventralis und Sinus durae matris dorsalis, abgeleitet. Beim Pferd stehen, im Gegensatz zu anderen Haussäugetieren, die beiden Systeme nicht miteinander in Verbindung.

Das **dorsale Blutleitersystem** verläuft als Sinus sagittalis entlang der Basis der Falx cerebri. Er enthält das venöse Blut der beiden Großhirnhemisphären. Er gabelt sich vor dem Tentorium cerebelli in den Sinus transversus. Vor dem Zusammenfluss mündet der Sinus rectus ein, der Blut aus der großen Hirnvene enthält (▶ **Abb. 11.30a**).

Das **ventrale Blutleitersystem** wird von den Sinus circularis, Sinus cavernosus und Sinus intracavernosus gebildet, die die Hypophyse umschließen. Hier münden die ventralen Hirnvenen und das venöse Blut des Gehirns. Kaudal geht der Sinus circularis in den Sinus petrosus über und endet im seitlich und ventral des großen Hinterhauptsloches liegenden Venengeflecht, dem Plexus occipitalis ventralis (▶ **Abb. 11.30b**).

Schon durch die Lage wichtiger Geflechte im Bereich der Hypophyse und am Hinterhauptsloch wird ersichtlich, wie sich Blockierungen im Schädelbasis-Atlas-Bereich auswirken können.

11.7.1 Symptomatik

Bei Störungen des venösen Abflusses können folgende **Probleme** auftreten:

- Störungen des Immunsystems (bedingt durch Beeinträchtigungen der Hypophyse)
- Stoffwechselprobleme
- Infekte der Nasennebenhöhlen
- psychische Symptome (Ticks, Untugenden wie Weben, Koppen, Kopfschlagen, Widersetzlichkeit, die oft aufgrund von Kopfschmerzen entstehen, die beim Pferd nur geahnt werden können)
- Headshaking
- Schwierigkeiten, an den Zügel zu gehen
- Genickprobleme

11.7.2 Verbesserung der venösen Zirkulation

Technik für das dorsale Blutleitersystem

Wir nehmen mit den Fingerkuppen Kontakt zum Os interparietale auf und halten den Kontakt aufrecht, bis unter den Fingerbeeren eine „Erweichung“ des Knochens zu spüren ist. Es kann zu

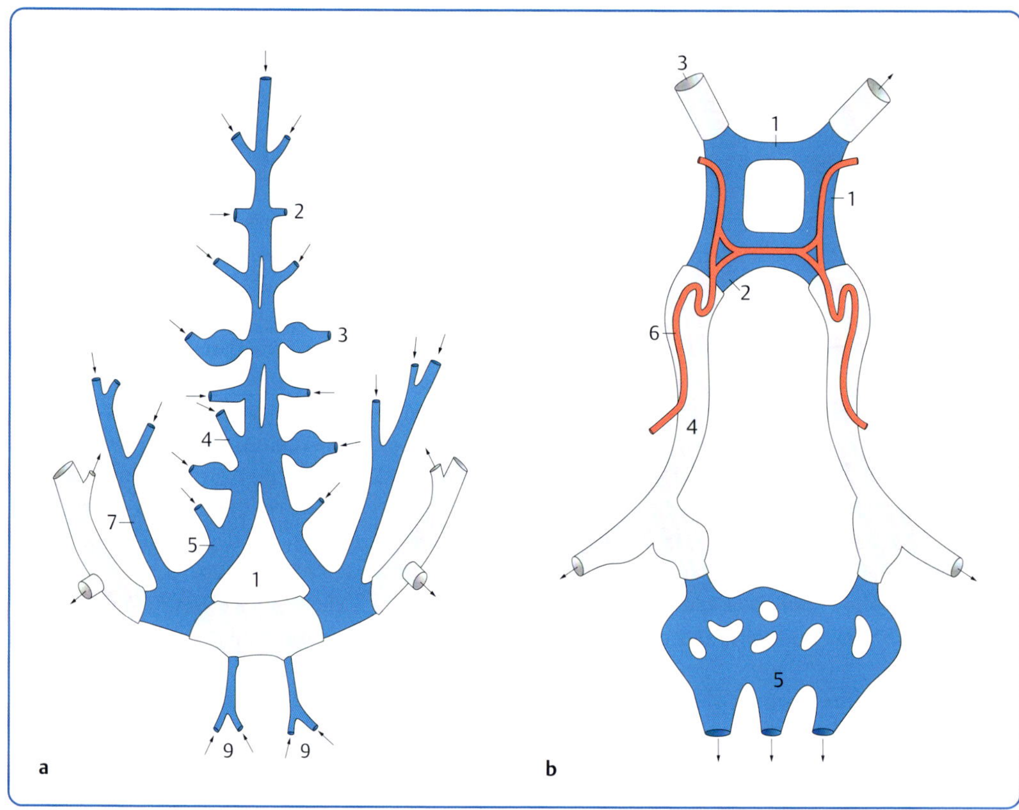

▸ **Abb. 11.30** Blutleitersystem. Die intraduralen Blutleiter sind blau, ihre in Knochenkanälen oder außerhalb der Schädelhöhle gelegenen Abschnitte grau dargestellt (nach Nickel, Schummer, Seiferle. Lehrbuch der Anatomie der Haustiere. Bd. 4, 4. Aufl. Stuttgart: Parey in MVS Medizinverlage Stuttgart; 2003).

a Dorsales Blutleitersystem.
1 Tentorium cerebelli **2** Hirnvenen **3** Lacunae laterales der Hirnvenen **4** Sinus rectus **5** Sinus transversus **6** Confluens sinuum **7** Sinus petrosus lateralis **8** Sinus temporalis **9** Venen zum Os occipitale (nach Nickel, Schummer, Seiferle. Lehrbuch der Anatomie der Haustiere. Bd. 4, 4. Aufl. Stuttgart: Parey in MVS Medizinverlage Stuttgart; 2003)

b Ventrales Blutleitersystem.
1 Sinus cavernosus **2** Übergang zum Sinus petrosus **3** Vena emmissaria **4** Sinus petrosus **5** Sinus basilaris **6** A. carotis interna (nach Nickel, Schummer, Seiferle. Lehrbuch der Anatomie der Haustiere. Bd. 4, 4. Aufl. Stuttgart: Parey in MVS Medizinverlage Stuttgart; 2003)

Freiwindungsbewegungen des Gewebes kommen, der wir bis zur Entspannung folgen und dann den Kontakt langsam lösen.

Technik für das ventrale Blutleitersystem

Das venöse Blut des ventralen Blutleitersystems verlässt im seitlich des Hinterhauptsloches gelegenen Sinus basilaris ventralis den Schädel. Diesen Bereich können wir nur indirekt erreichen, da von lateral die Procc. paracondylares und von oben Bänder und Muskeln den direkten Zugriff verwehren.

Die Fingerbeeren nehmen Kontakt am oberen Ende der beiden Procc. paracondylares, direkt hinter dem Ohrgrund, auf und richten die Aufmerksamkeit auf die dahinterliegenden Procc. condylares. Das weitere Vorgehen ist oben beschrieben. Die Fingerposition ähnelt der CV-4-Technik, die Finger liegen aber weiter oben.

Praxistipp

Unser Ziel ist die Erweichung des Knochens, nicht, wie bei der CV-4-Technik, das Anhalten der Außenrotation. Wir dürfen also auf keinen Fall einen Druck ausüben.

11.8 Störungen des Lymphabflusses

Die Gewebeflüssigkeit (Lymphe) wird in der Peripherie von kleinsten Lymphgefäßen aufgenommen und über die großen Lymphbahnen (Ductus lymphaticus dexter und Ductus thoracicus) dem venösen Blut zugeführt. In dieser klaren, ab dem Ductus thoracicus (sammelt die Lymphe aus den Eingeweiden) milchigen Flüssigkeit befinden sich neben den aus dem Darm resorbierten Fetten und anderen Nährstoffen auch Zelltrümmer und Krankheitserreger. Während des Transports zum venösen System passiert die Lymphe mehrere Stationen: Zahlreiche Lymphknoten übernehmen eine Filterfunktion. In den Lymphknoten ist der Sitz der Abwehrzellen. Vor allem **Krankheitserreger** werden so unschädlich gemacht.

Der **Lymphfluss** ist von folgenden Faktoren abhängig:

- Muskelaktivität (Muskelpumpe). Jede Muskelfehlspannung behindert den Lymphabfluss aus dem Gewebe.
- Zwerchfell. Durch die Dehnung und Kontraktion wird das Zwerchfell zu einer der wichtigsten Lymphpumpen.
- Darmperistaltik. Die rhythmischen Bewegungen des Dünn- und Dickdarms helfen, Lymphe aus dem Bauchraum abzutransportieren.
- Arterieller Gefäßpuls und die Differenz des Flüssigkeitsdruckes beim Transport in das Gewebe und beim Abtransport aus dem Gewebe. Durch die unterschiedlichen Druckverhältnisse wirkt dieser Mechanismus als Lymphpumpe.

11.8.1 Funktion des Bindegewebes

Pischinger, der Funktion und Anatomie des Bindegewebes sehr intensiv untersuchte, stellte in seinem Buch „Das System der Grundregulation" die herausragende Rolle des Bindegewebes und der extrazellulären Flüssigkeit für die Funktion der Organzellen heraus. Das Bindegewebe verbindet einzelne Zellen zu Geweben, Gewebe zu Organen, Organe zu Systemen. Es heftet Muskeln an Knochen und Knochen an Gelenke, umhüllt jeden Nerv und jedes Blutgefäß, verankert alle inneren Strukturen fest an ihrem Platz und umschließt den Körper als Ganzes. In diese extrazelluläre Flüssigkeit wirken unmittelbar die Nerven, Kapillaren und Zellen hinein. Während seiner Forschungen kam er zu dem Schluss, dass der extrazelluläre Raum die primäre Steuerung und die Voraussetzung für die Funktion von Organzellen darstellt und nannte dieses System deshalb bezeichnenderweise **„vegetatives Grundsystem"**.

Das Bindegewebe setzt sich aus 3 Komponenten zusammen:

- Zellen
- Fasern (kollagene, elastische, retikuläre)
- Grundsubstanz

Fasern und Grundsubstanz werden durch die Zellen gebildet. Die Grundsubstanz besteht aus Mucopolysacchariden, insbesondere der stark wasserbindenden Hyaluronsäure. Die Zusammensetzung der einzelnen Komponenten sowie das Mischungsverhältnis der 3 Komponenten macht die Eigenart des jeweiligen Bindegewebes aus.

Die rhythmische Bewegung des Liquor cerebrospinalis hängt eng mit der Ver- und Entsorgung des Bindegewebes zusammen. Während der Inspiration werden vermehrt Flüssigkeit und Elektrolyte in die Zellen und ins Lymphsystem gepumpt. In der Exspirationsphase verlassen Flüssigkeit und gelöste Stoffe das Gewebe.

Das Bindegewebe ist der Vermittler zwischen den Blutgefäßen und dem Parenchym, dem spezifischen Gewebe eines Organs. Alle Stoffe, die vom Blut an die Parenchymzellen gelangen sollen, aber auch nicht erwünschte Stoffe wie Toxine oder saure Stoffwechselprodukte müssen das Bindegewebe passieren. Die Drainage des Gewebes erfolgt über die Lymphgefäße, womit wir wieder beim Thema „Lymphe" sind. Der Kreis schließt sich.

11.8.2 Symptomatik

Jeder Lymphstau führt zur Ansammlung von Stoffwechselprodukten im Gewebe und kann Ursache für unterschiedlichste Stoffwechselerkrankungen sein. Aus diesem Grunde achtet ein ganzheitlich arbeitender Osteopath auf ein gut funktionierendes Lymphsystem.

Für die kraniosakrale Therapie ist der zervikothorakale Übergang eine der wichtigsten Zonen. Spannungen und Blockierungen in diesem Gebiet führen zum Flüssigkeitsstau im Kopf.

Wenn Lymphwege blockiert sind, kommt es zu einem oft therapieresistenten Symptomenbild. Zum Lymphstau kommt es bei:

- bakteriellen Infekten
- Narben
- Operationen

Neben Stoffwechselkrankheiten wie Allergien und organischen Krankheiten, die sich entwickeln können, ist auch der Bewegungsapparat betroffen, wenn der Lymphabfluss aus dem Gewebe blockiert ist. Rheumatische Erkrankungen, Fibromyalgie und Arthrose zählen zu den stoffwechselbedingten Störungen des Bewegungsapparates.

Die Spannkraft von Bändern und Sehnen geht durch die Ablagerung saurer Stoffwechselprodukte verloren. Es kommt zu Bandscheiben-, Bänder- und Sehnenproblemen.

Die **Arthrose** bei Pferden nimmt ständig zu. Auch hier liegt oft eine mangelnde Entsorgung des Gewebes zugrunde. Durch Basenmangel kommt es zur Eindickung der Gelenkschmiere. Säurekristalle lagern sich ab, es kommt zur Reibung und schließlich zur Abnutzung der Gelenke.

Pferde mit „**dicken Beinen**" sind keine Seltenheit. Mittlerweile gibt es spezielle Lymphtherapeuten für Pferde. Sicher eine sinnvolle Sache, aber wir sollten bei diesem Thema nicht vergessen, dass das Pferd ein Bewegungstier ist. Bewegung aktiviert die Muskelpumpe. Vor allem bei Pferden, die nur zur täglichen Reitstunde aus der Box kommen, sind Lymphansammlungen in den Beinen vorprogrammiert. Die Lymphdrainage oder die Lymphtechniken der Osteopathie können nur von Dauer sein, wenn die Ursache behoben wird.

Anatomischer Zusammenhang

Rund 70 % aller Bewegungsprobleme haben ihre Ursache in einer Verschlackung des Gewebes.

11.8.3 Verbesserung des Lymphabflusses

Die Lymph- und Bindegewebstechniken aktivieren den Stoffwechsel, insbesondere den Lymphabfluss aus dem Gewebe. Aber vor allem sollte hier durch die richtige Fütterung vorbeugend etwas getan werden.

Wichtige Regeln für die Erhaltung einer optimalen Stoffwechsellage:

- **Übersäuerung** vermeiden. Eine Übersäuerung des Gewebes entsteht durch zu viel Zucker oder zu viel Eiweiß. Das Pferd bekommt zu viel Zucker meist mit dem Kraftfutter.
- Meiden von **Schadstoffen**. Viele chemische Stoffe wie Blei, Cadmium und andere giftige Substanzen gefährden nicht nur den Menschen, sondern in zunehmendem Maße auch die Pferde. Holzanstriche in der Box beispielsweise können über die Atemwege oder über den Verdauungstrakt (durch Abschlecken der Box) zu einer Belastung des Organismus führen.

Folgende **Techniken** unterstützen den Lymphabfluss aus dem Gewebe:

- Öffnen der Thorax-Apertur. Wenn der thorakolumbale Übergang blockiert ist, kann es zu venösen und lymphatischen Stauungen im Schädel kommen. Die Spannungslösung in der Thorax-Apertur durch Unwinding löst auch Lymphstau und wirkt als Lymphaktivierung von weiter unten liegenden Strukturen, auch für die beteiligten Muskeln.
- Zwerchfelltechniken. Da das Zwerchfell die wichtigste Lymphpumpe ist, gehört das Lösen von Zwerchfellblockierungen zur Behandlung von Lymphabfluss-Störungen.
- CV-4-Technik (S. 172)
- alle Faszientechniken

Kontraindikationen für die Lymphtechniken sind:

- nicht behandelte bösartige Tumoren
- akute Entzündungen mit Fieber
- Thrombosen
- dekompensierte Herzinsuffizienz

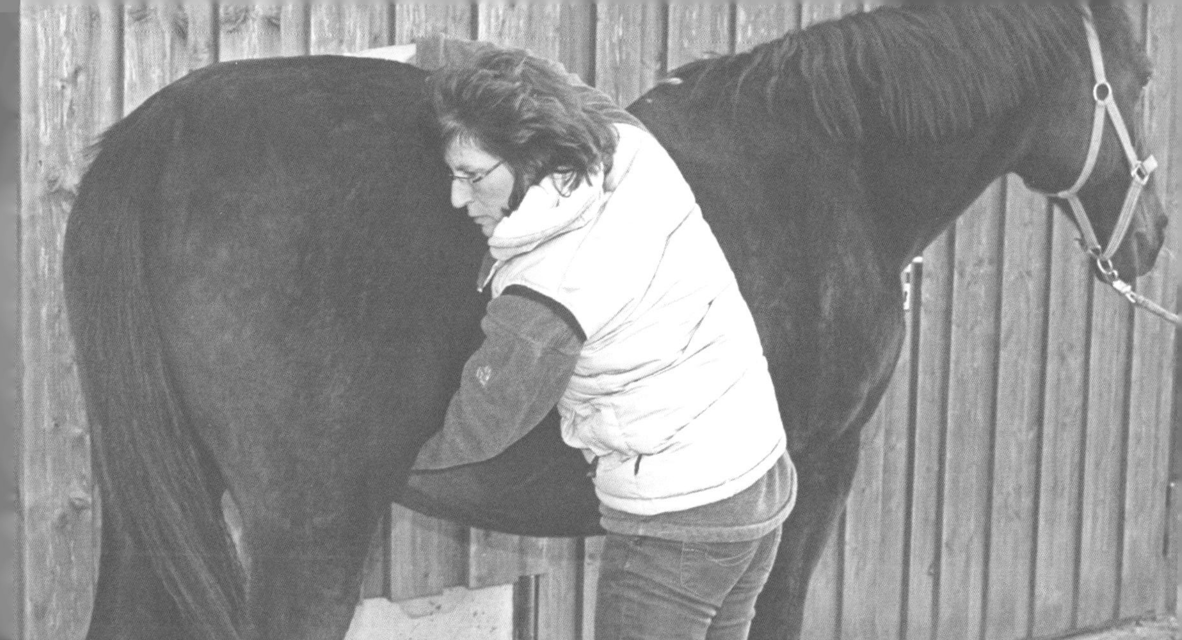

Teil 5
Viszerale Osteopathie

12 Grundlagen

12.1 Vorbemerkung

Lange Zeit war man der Meinung, die viszerale Osteopathie sei aufgrund der Bauchdeckenspannung am Pferd nicht praktizierbar. Beim Menschen wird der Kontakt zum Organ meist durch eine tiefe Palpation hergestellt. Beim entspannt liegenden Hund ist dies auch möglich. Beim Pferd können die Organe nur über sensitive energetische Tests wie den Ecoute-Test erreicht werden. Die Korrekturen sind energetisch, fast mental. Viszerale Osteopathie ist mehr als Handauflegen, auch wenn sie auf den ersten Blick so erscheinen mag. Ohne spezielle Ausbildung sollte diese Therapie nicht angewendet werden.

Anatomische Kenntnisse über Lage, Beschaffenheit und Bewegung der Organe sind unbedingt erforderlich.

Fasziale und viszerale Osteopathie gehen ineinander über. Jedes Organ ist durch fasziales Gewebe aufgehängt und eingebettet in eine Faszienschicht, die auf die Bewegung des Organs und auf seine Volumenveränderung reagiert und eine Gleitfläche gegenüber den Nachbarorganen darstellt. Faszien sind die Grundlage der viszeralen Osteopathie.

Die viszerale Osteopathie behandelt alle Viszera des Organismus, d. h. sowohl parenchymatöse, „volle“ Organe wie die Leber, das Herz, die Milz, die Lunge und die Nieren, als auch die Eingeweide (schlauchförmige Hohlorgane wie der Magen, der Darm und die Blase).

Je stärker die Verbindung zwischen der organischen Struktur und den Körperwänden durch die Aufhängung an einem Knochen, einem Muskel oder einem Band ausgebildet ist, desto größer ist der Einfluss, den das Skelett auf das entsprechende Organ ausübt bzw. umgekehrt.

Außerdem werden die Organe nicht nur von den Körperwänden eingefasst, sondern auch von ihren serösen und subserösen Hüllstrukturen, die wiederum mit den vaskulären, nervösen und lymphatischen Gefäßsystemen in Verbindung stehen. Schließlich sind Organe durch ihren Aufhängeapparat an der Wirbelsäule meistens direkt mit dem Knochenskelett verbunden.

Viszerale Tests und Techniken sind am sinnvollsten, wenn das fasziale System korrigiert ist.

Für die viszerale Osteopathie ist Voraussetzung, dass das Pferd entspannt ist.

Wichtig bei der osteopathischen Arbeit ist, dass wir entspannt und, in Ruhe sind, keine emotionale Bewegung, keine quälenden Gedanken haben und im Kopf/Geist leer sind, damit Informationen uns erreichen können (siehe Grundlagen der osteopathischen Behandlung). Wir brauchen ein geöffnetes Herzchakra, damit die Informationen des Tieres uns erreichen.

12.2 Nervensystem (NS)

Das Nervensystem kann topografisch in das zentrale NS mit Gehirn und Rückenmark und in das periphere NS mit den Gehirnnerven und den Spinalnervenpaaren eingeteilt werden Eine andere Einteilung des Nervensystems geschieht nach der Funktion – in das willkürliche NS, das vor allem für die Steuerung der Bewegung zuständig ist, und das unwillkürliche NS, das alle vom Willen unabhängigen Funktionen wie die Funktion der inneren Organe, Atmung, Herzschlag und Verdauung steuert.

Das unwillkürliche, vegetative NS wird noch in Sympathikus, Parasympatikus und das intramurale System eingeteilt.

12.2.1 Sympathikus, Parasympathikus und enterisches System

Sympathikus

Die sympathischen Nervenfasern entspringen im Rückenmark aus den Segmenten C8 bis L3 der Brust- und Lendenwirbelsäule, dem sog. thorakolumbalen System, und ziehen zum Grenzstrang ventral der Wirbelsäule, einer Kette von 7 Ganglien (Truncus sympathicus) mit den Hals-, Brust-,

Bauch- und Sakralganglien (▶ Abb. 12.1). Vom Grenzstrangganglion ziehen Fasern

- zu den inneren Organen,
- zu den prävertebralen Ganglien neben der Aorta,
- als intramurale Fasern ins Innere der Organe und
- als extramurale Fasern zu den Hüllen der Organe.

Parasympathikus

Der Parasympathikus entspringt in den Kerngebieten der Hirnnerven III, VII, IX und X sowie in den Seitenhörnern der Rückenmarkssegmente S2–S4 und wird deshalb auch als kraniosakrales NS bezeichnet (▶ Abb. 12.1). Die präganglionären Fasern werden in den parasympathischen Kopfganglien oder in organnahen bzw. intramuralen Ganglien umgeschaltet.

Der wichtigste Nerv des parasympatischen NS ist der N. vagus. Seine Fasern verlaufen nicht über den sympathischen Grenzstrang. Er entspringt am Hirnstamm und dem Sakralteil der Wirbelsäule. Er versorgt große Teile der Brust- und Bauchorgane.

Der Parasympathikus ist zuständig für die Tätigkeit des Darms und der Blase. Verstopfung, Durchfall oder Miktionsstörungen sind Haupt-Indikationen für die viszeralosteopathische Behandlung, vor allem mit Techniken für das autonome NS.

Enterisches Nervensystem

Tonus, Bewegung, Peristaltik und Sekretion werden über das enterische Nervensystem reguliert, eine Ansammlung intramuraler Ganglien, die von Sympathikus und Parasympathikus gesteuert werden.

Das enterische Nervensystem ist auch das Bauch- oder Darmhirn.

Die Eingeweide sind umhüllt von mehr als 100 Millionen Nervenzellen: mehr Neuronen, als im gesamten Rückenmark zu finden sind. Dieses „zweite Gehirn", so haben Neurowissenschaftler herausgefunden, ist quasi ein Abbild des Kopfhirns. Zelltypen, Wirkstoffe und Rezeptoren sind exakt gleich. Die Verbindung zwischen beiden Gehirnen ist der Vagusnerv, der vom Gehirn zu den Eingeweiden zieht.

Aufgrund seiner Forschungsergebnisse kam Prof. Schemann vom Lehrstuhl der Humanbiologie der TU München zu der Erkenntnis: „Das Darmhirn fühlt". Das zweite Gehirn ist eine Quelle von psychisch hoch aktiven Substanzen, wie Serotonin, Dopamin und Opiaten. Das enterische Nervensystem ist für die organische Wirkung von Stress verantwortlich.

12.2.2 Ganglien und Grenzstrang

Ganglien sind Anhäufungen von Nervenzellkörpern im peripheren Nervensystem. Sie fungieren als Schaltzentralen. Ihre Funktion ist die Verarbeitung und Weiterleitung von Signalen. In longitudinaler Richtung verbundene Ganglien bilden den Grenzstrang (▶ Abb. 12.2).

Von den Grenzstrangganglien ziehen Fasern:

- nach Umschaltung als postganglionäre Fasern zu den inneren Organen,
- zu den prävertebralen Ganglien ventral der Wirbelsäule und in der Nähe der großen abdominalen Arterien,
- als intramurale Fasen ins Innere der Organe,
- als extramurale Fasern zu den Hüllen der Organe.

Eine Wirbelläsion kann zu einer Irritation eines Ganglions oder mehrerer Ganglien und damit zu einer Funktionsstörung des Zielorgans führen.

Ganglion stellatum

Das Ganglion stellatum ist eine Verschmelzung des Ganglion cervicale inferius mit dem ersten Brustganglion. Es befindet sich am Brusteingang und versorgt zum einen den Hals- und Kopfbereich, zum anderen die Vorderbeine sowie Herz und Lunge.

Osteopathische Läsionen im Bereich des zervikothorakalen Übergangs sind oft Blockierungen des Ganglion stellatum und betreffen nicht nur den Bewegungsapparat. Bei Herz- und Lungenproblemen ist die Befreiung durch Myofaszial Release die erste Maßnahme.

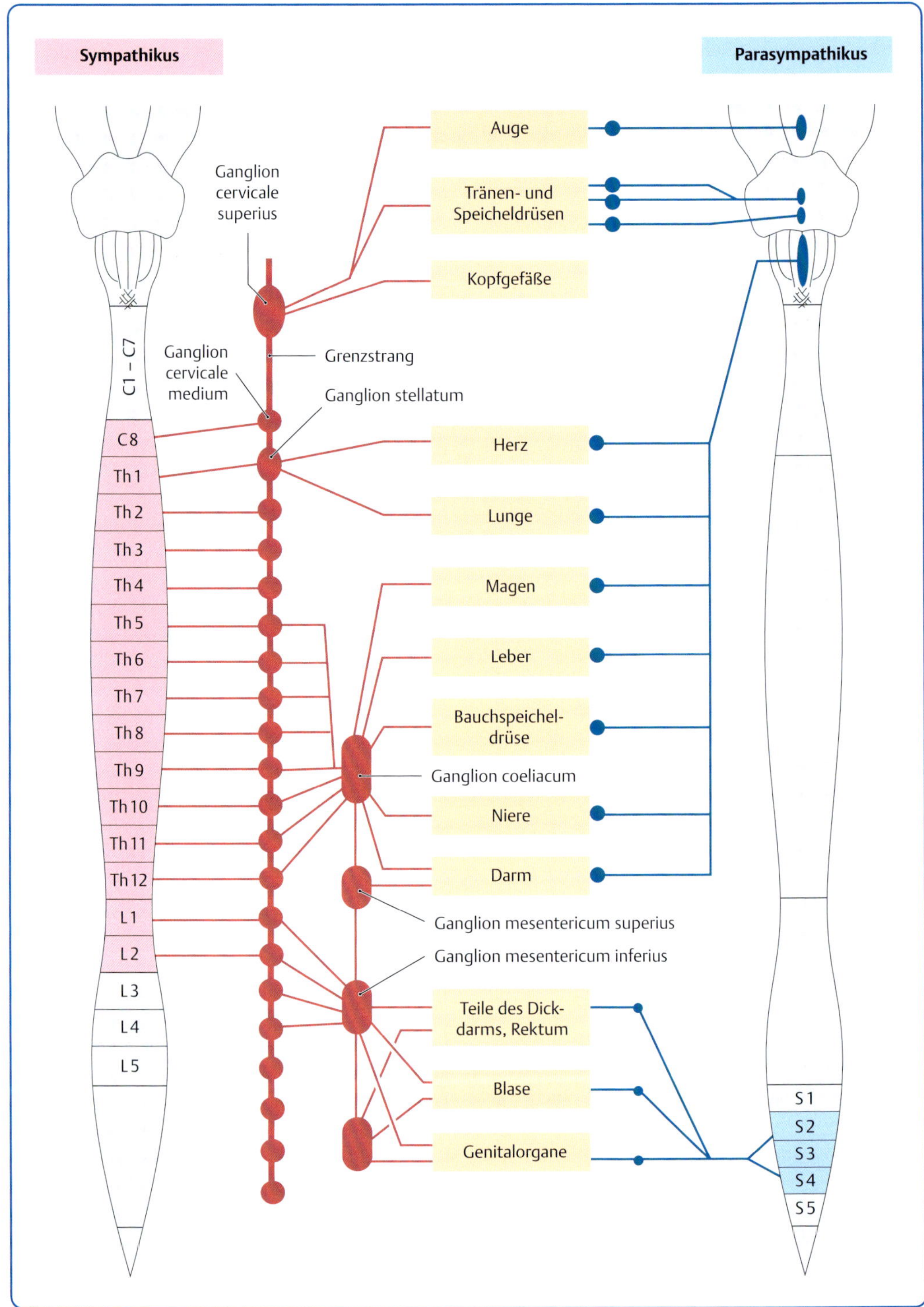

▸ **Abb. 12.1** Sympathikus und Parasympathikus. (Quelle: Schünke M, Schulte E, Schumacher U. Prometheus. LernAtlas der Anatomie. Band 3: Kopf, Hals und Neuroanatomie. Illustrationen von M. Voll und K. Wesker. 5. Aufl. Stuttgart: Thieme; 2018)

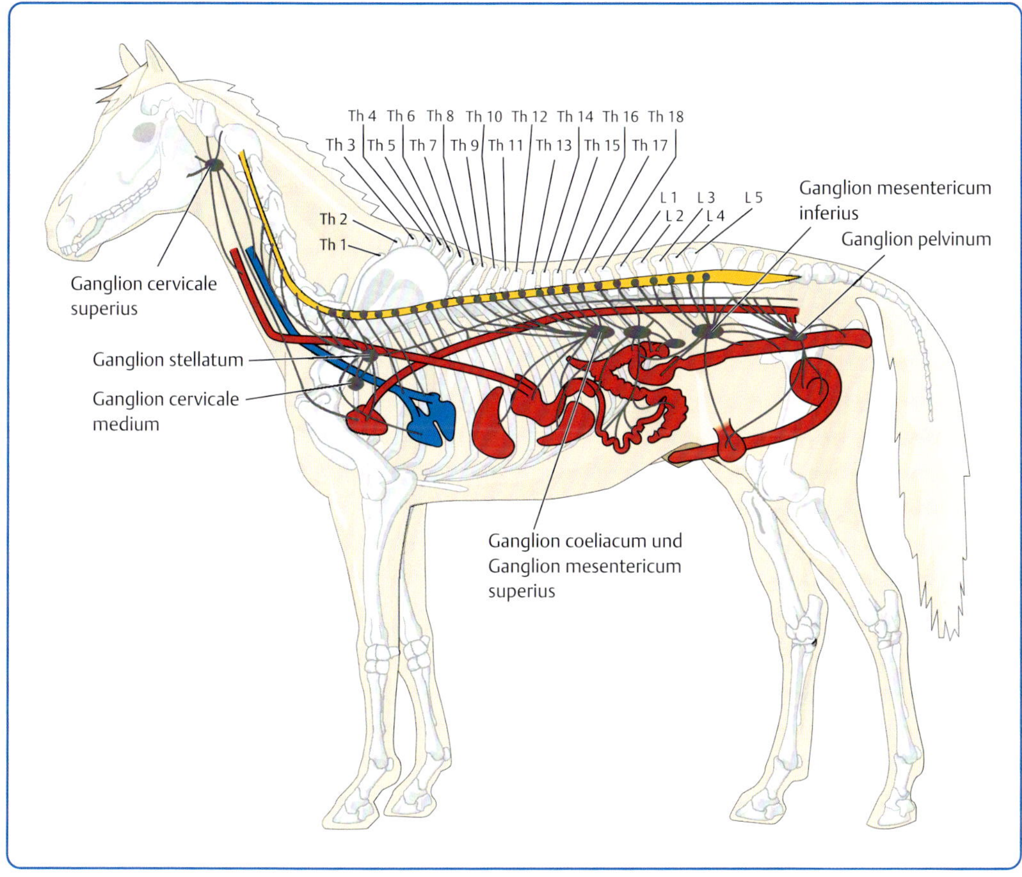

▶ **Abb. 12.2** Ganglien und Grenzstrang.

Ganglion mesentericum

Das Ganglion mesentericum versorgt die kaudalen Darmabschnitte, Blase, Genitalorgane und Rektum. Es liegt rechts und links hinter der Vena cava und reicht fast bis an die Nebenniere.

Ganglion coeliacum

Das Ganglion coeliacum, das Bauchhöhlengeflecht, ist die erste Schaltzentrale für die Steuerung des Verdauungstraktes, sowohl afferent für Informationen aus den Bauchorganen (Magen, Leber, Pankreas, Milz, Nieren, Darm) zum Rückenmark als auch efferent für die Koordination des enterischen Nervensystems. Aus dem Ganglion coeliacum entsteht der Solar plexus.

12.2.3 Wirbelsegmente und ihr Zusammenhang mit Nerven und Organen

Viele Rückenprobleme, mangelnde Losgelassenheit sind durch Aufgasung, Verstopfung oder Ptose innerer Organe und die dadurch entstehende Hypertension des Mesenteriums und seine Verbindung zur Wirbelsäule verursacht.

Jedes Wirbelsegment steht in Beziehung zu

- einem Myotom (willkürliche Motorik),
- einem Dermatom (Sensibilität, Schmerzempfindung) und
- einem Enterotom (viszerale Fasern).

Funktionsstörungen der inneren Organe zeigen sich an der Wirbelsäule

- durch druckschmerzhafte Zonen lateral der Wirbelsegmente,
- durch Verquellungen lateral der Wirbelsegmente, was ein Hinweis auf lymphatische Stauungen im entsprechenden Organ ist,
- durch Wirbelblockierungen,
- durch druckempfindliche Dornfortsätze der betroffenen Wirbel,
- durch Fellveränderungen,
- durch vegetative Symptome wie Durchfall, Polyurie.

Die Zeichen an der Wirbelsäule treten schon vor den Organschmerzen (Kolik) auf.

12.2.4 Bewegung der Organe

Die Natur scheut Leere, aber noch mehr fürchtet sie Stillstand
Jean-Pierre Barral, Begründer der viszeralen Osteopathie

Bewegung ist Kennzeichen des Lebens. Alle Elemente des Körpers müssen beweglich sein. Auch alle inneren Organe müssen sich harmonisch mitbewegen können und zwar bei jedem Atemzug, jeder Bewegung. Bänder, Gekröse und bindegewebige Falten halten ein Organ an seinem Platz, ermöglichen aber durch ihre Elastizität die Beweglichkeit. Viele dieser Verbindungsstrukturen und Gewebeumhüllungen sind aus dem Mesoderm, dem mittleren Keimblatt, hervorgegangen.

Jedes Organ muss über eine bestimmte Elastizität verfügen, diese wird in der viszeralen Osteopathie als Tension bezeichnet. Da die Umhüllungen (Faszien) all dieser Organe untereinander auf diese Weise in Verbindung stehen, hat ein ständiger Zug oder eine geringere Beweglichkeit eines einzelnen Organs auf alle anderen Organe Auswirkungen.

Alle Teile des Körpers sollen mit Materie oder mit Energie gefüllt sein. Die Natur will keine Unbeweglichkeit. Osteopathie ist notwendig, wenn Gewebsstrukturen nicht beweglich sind.

Die exakte Position und die Beweglichkeit der Organe sind eine Grundvoraussetzung für ihre optimale Funktion.

Mobilität

Mobilität ist die Bewegung des Organes, abhängig von der Ein- und Ausatmung, der Bewegung der Muskeln und vor allem der des Zwerchfells im Zusammenspiel mit anderen Organen und dem restlichen Körper. Mobilität ist die Bewegung sowohl zwischen zwei Organen als auch zwischen Organ und Rumpfwand. Das Zentrum der Bewegung liegt im Zwerchfell. Die kaudal liegenden Organe müssen den Bewegungen des Zwerchfells bei der Atmung folgen. Mobilität kann in der Intensität und Amplitude nach Zustand des Tieres oder des Organes differieren.

Hat das Organ eine zu große Amplitude, fehlt der Widerstand, d. h. das Gewebe ist zu weich, kommt es zur Ptose.

Eine zu geringe Amplitude heißt, das Gewebe kann sich nicht ausdehnen, z. B. beim Spasmus.

Beim lymphatischen Typ haben wir oft eine Ptosis. Einen Spasmus haben wir häufiger bei nervösen Lebewesen. Bei akuten Veränderungen haben wir vermehrt einen Spasmus, bei chronischen Veränderungen vermehrt eine Ptosis.

Organe der Körpermitte bewegen sich in horizontaler Richtung, nach kranio-kaudal.

Organe der Peripherie dehnen sich nach lateral.

Die Leber hat zusätzlich eine kranio-kaudale Bewegung.

Motilität

Motilität ist die Eigenbewegung des Organs, eine von der Atmung unabhängige Bewegung, z. B. die Darmperistaltik.

Motrizität

Motrizität ist die Positionsveränderung des Organs durch die Körperbewegung, nicht zu verwechseln mit der Positionsveränderung bei der Ptose, die durch fasziale Läsionen und schwache Aufhängungen entsteht.

Ist die Organbewegung gestört, haben wir gestörte Reflexe zwischen:

- **Organ – Haut:** Diese zeigen sich durch Flecken und/oder Fellveränderungen in den Reflexzonen des Organs. Überempfindliche Haut in der Projektionszone des Organes kann auf ein Problem im Organ hinweisen.

- **Organ – Muskel:** Das Problem des Organs zeigt sich am Muskel.
- **Organ – Organ:** Bei einem gefüllten Organ z. B. wird die Bauchwand weicher, um dem Organ mehr Platz zu geben. Im Organ aber verändert sich die Spannung.

Turgor-Effekt

Der Turgor-Effekt ist die Eigenschaft des Gewebes, den größtmöglichen Platz einzunehmen. Es gibt keinen leeren Raum im Bauchraum, weil der Raum durch das Verdauungssystem ausgefüllt wird.

Organe sind beweglich und nutzen jeden freien Raum, um sich auszudehnen.

Wenn sich ein Organ entleert, wird der Raum durch Ausdehnung eines Nachbarorgans ausgefüllt. Dazu kommt noch die „Erinnerung" des Organs, wie es zu sein hat, welchen Raum es benötigt.

Beispiel:

Wenn die Blase entleert ist, wird das freiwerdende Volumen sofort von anderen Organen ausgefüllt.

! Regel der viszeralen Osteopathie: Die Motilität folgt der Mobilität der Organe.

12.3 Tast-Empfindungen – was können wir fühlen?

Ziel der viszeralen Untersuchung ist es, den Zustand des Körpergewebes und seine Funktionalität zu beurteilen.

Palpation

Die Hände liegen auf der zu untersuchenden Körperregion und sinken in das Gewebe ein. Der Therapeut „hört" auf die Antwort des Gewebes. Er muss mit seiner Wahrnehmung in die Tiefe dringen, durch die Haut, die knöchernen Strukturen, die Muskulatur, die muskulären Faszien und die Faszien, die das Organ umhüllen.

Durch den Kontakt erhält er die Antwort des autonomen Nervensystems.

Erster Eindruck

Wenn die Hände Kontakt zum Pferd haben, ist der erste Eindruck ein Gefühl entweder von

- Harmonie, als könne man den ganzen Tag an dieser Stelle bleiben;
- Disharmonie, etwas stimmt nicht, es fühlt sich unangenehm an, aber man kann es nicht benennen;
- keiner Bewegung, mangelnder Energie, das ist der erste Hinweis auf eine osteopathische Läsion;
- kranio-sakralem-Rhythmus, der nicht nur im Schädel, sondern überall im Körper, auch in den Organen, wahrnehmbar ist.

Tension

Tension bedeutet zum einen die Druckverhältnisse im Abdomen, zum anderen die Elastizität, die Reaktion des Organs auf die Palpation. Am besten kann man sich Tension am Beispiel des Luftballons vorstellen. Ist er maximal mit Gas gefüllt, fühlt er sich fest und prall an, gibt auf Druck aber nach. Entweicht das Gas, fühlt er sich weich an, es gibt keine Reaktion auf den Druck. Die Tension ist sehr abhängig von metabolischen und psychischen Einflüssen.

Die Normaltension der Bauchwand ist flach, fest, elastisch und nicht schmerzhaft. Bei normaler Tension des Organes hat man das Gefühl wie bei einem nassen Schwamm. Die Hand sinkt zwar ein, es ist aber eine Elastizität zu spüren.

A. T. Still, der Begründer der Osteopathie, beschreibt in seinen Schriften die Wichtigkeit der perfekten Fixation der abdominellen Organe durch ihre Bänder und Sehnen.

Es gibt meist zwei Beschränkungen in der Bauchhöhle.

Hypotension

Hypotension ist der Verlust der inneren Kräfte und eine große Amplitude der Mobilität. Das Gewebe reagiert zu weich. Man hat das Gefühl hineinzufallen oder hineingezogen zu werden. Es ist keine Elastizität vorhanden.

Hypertension

Die Hypertension der Bauchwand ist ein Nicht-Nachgeben auf den Druckreiz, eine starke Ausdehnung des Gewebes, die mit einer Tonuserhöhung der Organmuskulatur (Spasmus) einhergeht. Die Amplitude der Mobilität ist gering.

Tonus

Tonus ist die Spannung der abdominellen Hülle (Bauchmuskulatur, Wirbelsäule). Hyper- und Hypotension sind oft energetische Läsionen, die gut auf energetische Maßnahmen wie Akupunktur oder mentale Korrekturen reagieren.

Dichte

Dichte ist die Konsistenz, Gewebebeschaffenheit, die Materie. Wie ist das Gewebe organisiert? Weich, flüssig, fest, gasförmig, porös?

Das dichtere Gewebe reagiert schnell, weil seine Motilität weniger träge ist, allerdings benötigt es mehr Energie, um loszulassen, oder eine längere Einwirkungszeit bei gleichem Energieaufwand.

Schlaffes Gewebe ist weniger organisiert, seine Trägheit ist größer und die Informationsweitergabe ist subtiler, aber es gibt nach, sobald der Osteopath als „Zuhörer" einschreitet.

Die Dichte ist auch von der Füllung des Organes abhängig, z. B. bei einem gefüllten Magen, Darm oder einer gefüllten Blase.

13 Organe – ihre Bewegung, ihre Konsistenz und ihre Verbindungen

Praxistipp

Übung zum Fühlen der Konsistenz der Organe: Kaufen Sie Herz, Lunge und Leber vom Metzger, legen eine dünne Plastikfolie darüber, schließen Sie die Augen und legen die Hand darauf, zuerst ohne Druck, dann mit steigendem Druck.

▸ **Abb. 13.1** und ▸ **Abb. 13.2** veranschaulichen die Lage der Organe im Körper eines Pferdes.

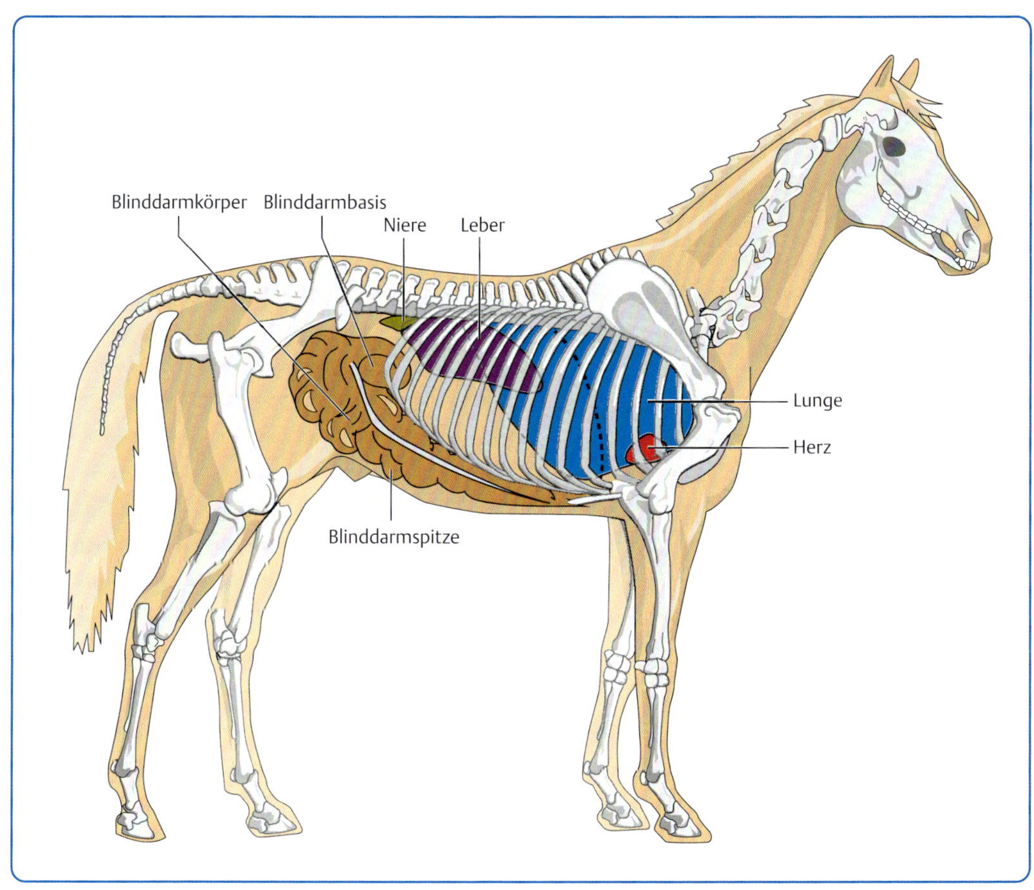

▸ **Abb. 13.1** Die Organe des Pferdes, rechte Ansicht.

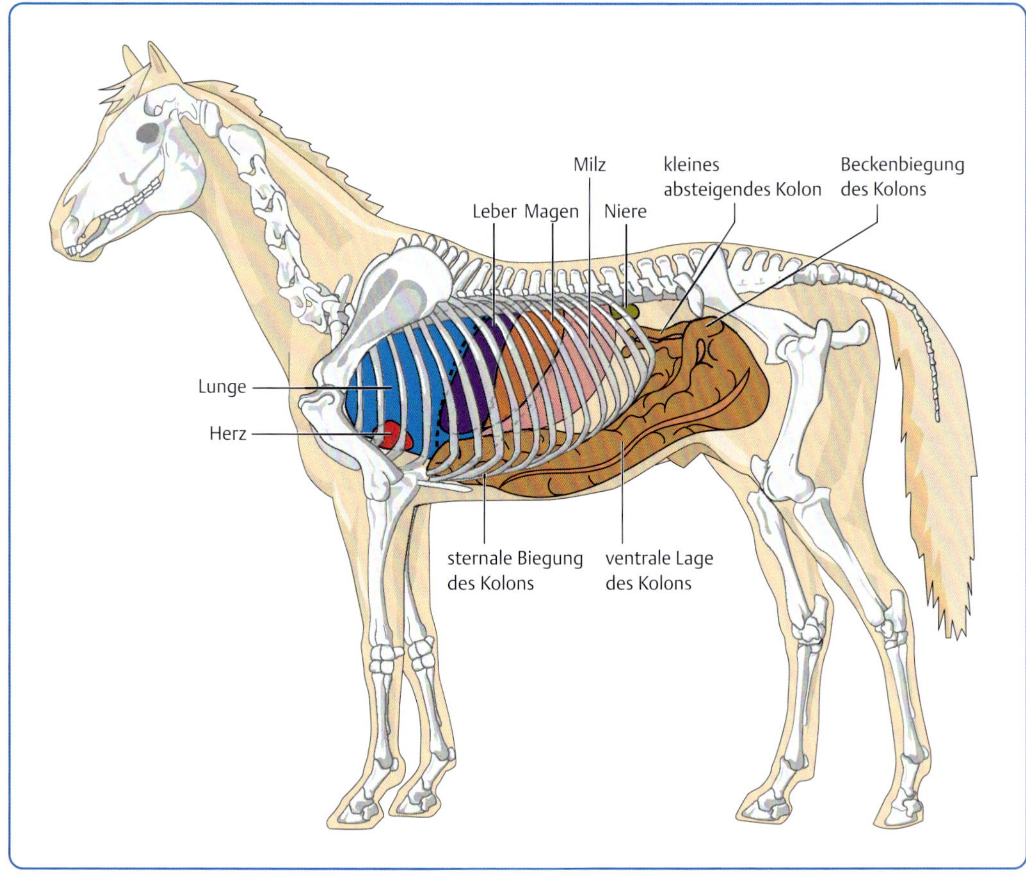

▸ **Abb. 13.2** Die Organe des Pferdes, linke Ansicht.

13.1 Peritoneum viscerale (Bauchfell)

Das Peritoneum (Bauchfell) kleidet die gesamte Bauchhöhle aus, besteht aus zwei Blättern, dem parietalen Blatt, das die Innenseite der Bauchhöhle auskleidet, und dem der Innenseite zugewandten viszeralen Blatt, das die inneren Organe kaudal des Diaphragmas bis zum Becken und kranial des Diaphragmas das Innere der Brusthöhle umgibt.

Das Peritoneum viscerale bildet Falten, die Ligamente, Mesos und Omenta. Damit gehört auch das Peritoneum zum faszialen Gewebe.

Zwischen beiden Blättern befindet sich seröse Flüssigkeit, die die Gleitfähigkeit gewährleistet.

Außer der Gewährleistung der Verschieblichkeit ist eine Hauptaufgabe des Peritoneums, die Organe an ihrem Platz zu halten und ihre Beweglichkeit zu ermöglichen. Die Organe stehen über Mesenterien miteinander in Verbindung, die meist ihren Ursprung an der dorsalen Bauchwand haben.

Die Mesenterien fungieren teilweise als Haltebänder.

13.2 Mesenterium

Das Mesenterium oder Gekröse ist eine doppelte Falte des Bauchfells, die den Darm an der Bauchwand befestigt.

Alle Organe des Abdomens und des Beckens verfügen über ein dorsales Mesenterium. Das Gekröse des Darmkanals reicht als Mesenterium commune von den letzten Brustwirbeln bis zum Anfang des Sakrums. Es wird eingeteilt in eine kraniale Wurzel mit dem Mesojejunum und dem Mesoileum und eine kaudale mit dem Gekröse des Kolons. In der Mitte der Lendenwirbelsäule wechselt das Mesoduodenum von der rechten zur linken Seite.

13.3 Omentum

Das Omentum ist ebenfalls eine Bauchfellfalte, die als Omentum minus Leber und Magen und als Omentum majus Magen, Milz und Kolon verbindet.

13.4 Mediastinum

Das Mediastinum ist eine median im Brustkorb gelegene, bindegewebige Struktur, die von der Thoraxapertur bis zum kaudalen Zwerchfellrand, von der Wirbelsäule bis zum Sternum reicht.

Es umhüllt die großen Gefäße und die Organe des Thorax. Die Lungenbänder sind ein Teil des Mediastinums.

13.5 Zwerchfell

Das Zwerchfell ist ein sog. Primärmuskel, das Zentrum der Bewegung. Das Zwerchfell kann man sich wie einen Regenschirm vorstellen. Seine Bewegung geht nach kranial-lateral und lateral-kranial.

Ventral steht das Zwerchfell mit der Leber, kranial mit dem Herzen und der Lunge in Verbindung.

Alle postdiaphragmatischen Organe werden in der Inspiration nach kaudal, Herz und Lunge nach kranial gedrängt. Die Rippen dehnen sich nach lateral, dadurch werden die Bauchorgane gewissermaßen massiert.

13.5.1 Innervation

Die Innervation erfolgt durch den N. phrenicus, der aus den Wirbelsegmenten C4/C5, C5/C6, C6/C7 und C7/Th1, C5–C7 hervorgeht.

Eine Läsion des Zwerchfells bedeutet eine fehlende Massage der Eingeweide. Läsionen können Stase, Ptose oder Spasmus sein.

Herzprobleme des Pferdes sind oft Probleme des Zwerchfells.

Weitere Symptome einer Zwerchfellläsion sind Koppen, Atemstörungen und Sehstörungen.

! Mesenterium, Pleura, Mediastinum, Ligamente, Omenta und Mesos bilden ein fasziales Netz, das alle Organe beweglich verbindet.

13.6 Lunge

Die Lunge liegt im Brustkorb vor dem Zwerchfell. Sie hat den Rippen, dem Mediastinum und dem Diaphragma anliegende Flächen. Die kaudale Lungengrenze ist in Höhe des 16. ICR, kranial reicht die Lunge bis in den Brusteingang (▸ **Abb. 13.3**).

13.6.1 Verbindungen

Verbindungen existieren:

- zum Mediastinum über das Lig. pulmonale,
- Die beiden Flügel der Lunge liegen innen am Mediastinum an, sind aber damit nicht „verklebt". Die Ausdehnung der Lunge beim Atmen

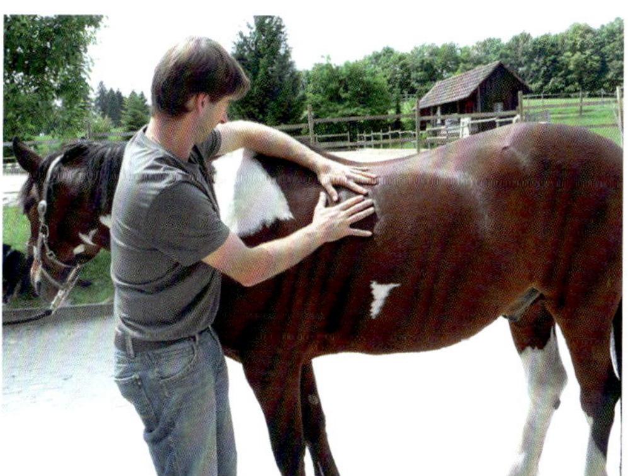

▸ **Abb. 13.3** Palpation der Lunge.

stellt die Verbindung her. Bei der Lunge werden die dem Mediastinum anliegende Fläche (Facies mediastinalis) und die dem Zwerchfell anliegende Fläche (Facies diaphragmatica) unterschieden.
- zur Luftröhre,
- zum Lig. pulmonale, das vom Lungenhilum zum Zwerchfell zieht und dabei das Lungenfell mit dem Brustfell verbindet,
- zu den Bronchien,
- zum Lungenhilus.

13.6.2 Konsistenz

Die Lunge enthält Luft und hat deshalb eine weiche, schwammige Konsistenz. Die Empfindung ist wie bei einem weichen, feuchten Schwamm, der sich leicht eindrücken lässt. Man empfindet trotz der Luftfüllung keine Dichte.

13.6.3 Innervation

- Ganglion stellatum über den Plexus pulmonalis.

13.7 Herz

Das Herz liegt in Höhe des Ellbogens, mehr links als rechts. Die Spitze des Herzens ist mehr nach rechts und kranial gerichtet.

Herzprobleme stehen in Verbindung mit Läsionen des 5.–7. Brustwirbels.

Das Perikard wird an derselben Stelle getestet. Je nach Intension und Aufmerksamkeit des Therapeuten erhält man die Information des Organes oder des Herzbeutels.

13.7.1 Verbindungen

Verbindungen existieren:
- über das Perikard und das Lig. sternopericardiaca an das Sternum,
- zum Diaphragma,
- zur Lunge.

13.7.2 Innervation

- Ganglion stellatum
- N. vagus.

13.8 Leber

Die Leber befindet sich zu ⅔ rechts und ⅓ links der Mittellinie. Sie hat nur eine Stärke von ca. 5 cm. Sie liegt dem Zwerchfell an und reicht vom 6.–16. ICR.

Wie beim Menschen tritt die Leber nur bei einer Fettleber über den Rippenrand hinaus.

13.8.1 Bewegung und Tast-Empfindung

Die Leber folgt den Bewegungen des Zwerchfells, wobei sich die Leberlappen leicht nach dorso-lateral dehnen.

Die Leber fühlt sich an wie ein Schwamm, aber dichter als die Lunge. Dadurch verlangt es viel Sensitivität des Therapeuten, durch die Schichten von Haut, Muskulatur und Rippen die Leber wahrzunehmen. Bei zu viel Druck „übersieht" man das dünne Lebergewebe.

13.8.2 Verbindungen

Verbindungen existieren:
- zur Zwerchfellkuppel,
- über das Lig. triangulare sinistrum zum linken Zwerchfellpfeiler und das Lig. triangulare dexter zum rechten Zwerchfellpfeiler,
- über das Omentum minus zum Magen,
- über das Lig. falciforme zur Bauchwand.

13.8.3 Innervation

- Ganglion coeliacum
- Plexus hepaticus.

13.8.4 Auswirkungen auf den Bewegungsapparat

- Blockierung C3, C4, C5, Th6–Th10 (Austrittstelle des N. phrenicus)
- rechter Hals- und Schulterbereich

- rechtes Schulterblatt
- Th6–Th10

13.9 Magen

Der Magen befindet sich zum großen Teil links in der Bauchhöhle, der Pylorus teilweise rechts. Er reicht vom 9.–14. ICR, aber in der Körpermitte.

13.9.1 Bewegung und Tast-Empfindung

Der Magen fühlt sich relativ fest, aber elastisch an. Die Empfindung ist abhängig vom Füllzustand.

Durch die Befestigung des Ösophagus wird der Magen indirekt durch das Diaphragma bewegt. Der Magen hat links mehr Außenrotation, und Rotation nach ventral. In der Exspiration bewegt sich der Magen nach dorso-kranial.

13.9.2 Verbindungen

Verbindungen existieren:

- zum Ösophagus,
- zum Zwerchfell über das Lig. phrenicogastricum,
- zur Milz über das Lig. gastrolienale,
- zur Leber über das Omentum minus und das Lig. hepatogastricum,
- zum Duodenum,
- zur linken Niere über die Milz,
- zum Omentum majus und Lig. splenorenale.

13.9.3 Auswirkungen auf den Bewegungsapparat

- linksseitige Schulter- und Armschmerzen
- Fixierung zervikothorakaler Übergang (direkte Verbindung über die Speiseröhre)
- Schmerzen linke Halsseite C3–C4, Läsionen Th5–Th9
- Fixierung des Atlantookzipitalgelenks bis C2 über den Austritt des N. vagus am Foramen magnum
- Schmerzen linker Trapezius über der Schulter

13.10 Milz und Pankreas

Die sichelförmige Milz liegt im Brustkorb zwischen linker Niere und linker Bauchwand (► Abb. 13.4).

13.10.1 Verbindungen

Verbindungen existieren:

- zum Zwerchfell über das Lig. phrenicolienalis,
- zum Magen über das Lig. gastrolienale,
- zur linken Niere über das Lig. lienorenale.

Das Pankreas besteht aus Kopf, Körper und Schwanz. Es liegt in Verbindung mit der rechten Niere unter dem 1. und 2. LW in der Körpermitte.

Zur Palpation liegt eine Hand über dem ersten Lendenwirbel, die andere über dem Nabel. Die Konsistenz ist wie ein rohes Ei, nicht flüssig, nicht fest.

13.10.2 Auswirkungen auf den Bewegungsapparat

- Blockierungen der letzten Brustwirbel
- Probleme bei der Rechtsbiegung durch Verspannungen des M. latissimus dorsi; dieser Muskel ist reflektorisch der Bauchspeicheldrüse zugeordnet.

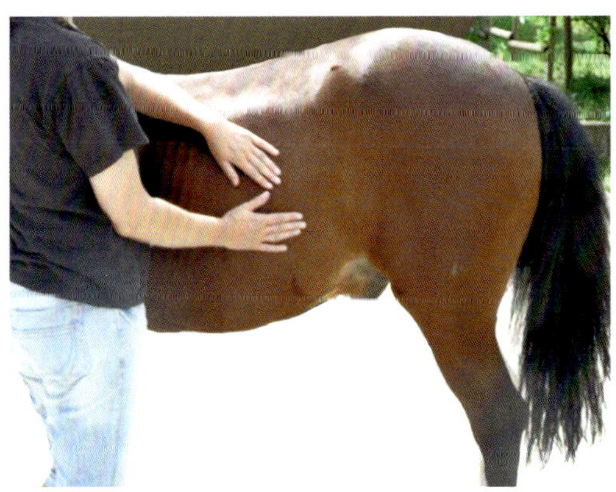

► **Abb. 13.4** Palpation der Milz.

13.11
Zäkum

Der Blinddarm besteht aus Kopf, Körper und Spitze. Er nimmt die gesamte rechte Flankenfläche ein. Der Kopf befindet sich im Bereich der 14.–18. Rippe, der Körper dorsal des Rippenbogens. Die Spitze liegt eine Handbreit hinter dem Xyphoid.

Ein verkürzter Schritt hinten kann mit einer Zäkumläsion in Zusammenhang stehen.

13.11.1 Bewegung und Tast-Empfindung

Die Empfindung ist abhängig von Fütterung, Füllzustand oder Gasansammlung.

Das Zäkum dehnt sich in der Inspirationsphase nach ventro-kaudal. In der Mitte verengt sich das Ganze, bei der Exspirationsphase ist es umgekehrt.

13.11.2 Palpation

Bei der Palpation spürt man im dorsalen Bereich weniger Dichte, mehr Luft, aber mehr Tension; im ventralen Bereich mehr Flüssigkeit, mehr Dichte.

Gasstau führt zu mehr Tension und Volumen im Dickdarm. Als Folge wird die Leber gegen das Zwerchfell geschoben und gequetscht. Die Leber funktioniert unter Druck wesentlich weniger. Daraufhin kommt die Milz in Spasmus.

13.12
Dickdarm und Dünndarm

Der Dickdarm besteht wie beim Menschen aus Zäkum, Kolon und Rektum, der Dünndarm aus Duodenum, Jejunum und Ileum.

Läsionen der Därme sind meist verbunden mit Fütterung, Allergien, Stoffwechselstörungen und müssen zusätzlich zur viszeralen Behandlung entsprechend behandelt werden.

13.12.1 Kolon (Grimmdarm)

Das Kolon ist beim Pferd verhältnismäßig groß. Es ist doppelt hufeisenförmig angeordnet. Dadurch ergibt sich eine rechte ventrale Längslage, eine linke ventrale Längslage, eine Beckenkurve und eine sternale Kurve. Die ventrale und dorsale Abteilung liegen übereinander.

Die häufigsten Probleme liegen jeweils in den Kurven.

Im ventralen Bereich nimmt man mehr Dichte, aber weniger Tension wahr; im dorsalen Bereich weniger Dichte, aber mehr Tension.

Auswirkungen auf den Bewegungsapparat

Das Darmvolumen vergrößert sich durch unsachgemäße Fütterung, wodurch Bänder, Faszien und Ligamente gedehnt werden. Diese Dehnungen wirken sich auf den Aufhängeapparat und auf die Organe als Ptose und damit auf die Wirbelsäule aus. Diese Zusammenhänge werden bei der Behandlung von Störungen des Bewegungsapparates des Pferdes häufig vergessen.

- Hüft- und Knieprobleme (Zäkum und Colon sigmoideum beeinflussen den M. psoas)
- Ischialgien
- lumbosakrale Schmerzen
- Blockierung von Th9–Th12 (vor allem bei Störungen des Colon ascendens)

13.12.2 Duodenum (Zwölffingerdarm)

Das Duodenum, der Teil, der dem Magenausgang folgt, ist sehr schwierig zu erspüren, da es zwischen verschiedenen Strukturen eingeklemmt ist. Es befindet sich unter der Lendenwirbelsäule auf der linken Körperseite.

Das Duodenum ist dichter, da muskulöser, und ist nur bei großer Füllung spürbar.

Verbindungen

Verbindungen existieren:

- zum Magen,
- zum Pankreas,
- zur rechten Niere,
- zur Leber über das Lig. hepatoduodenale.

13.12.3 Jejunum (Leerdarm)

Verbindungen

Das Jejunum ist der mittlere Teil des Dünndarms zwischen Duodenum und Ileum. Das Meso des Jejunums entspringt am Mesenterium im Bereich des letzten Brustwirbels und der beiden ersten Lendenwirbel von der dorsalen Bauchwand. Das Jejunum ist kaudal vom Zäkum zu spüren, wenn der Blinddarm nicht zu sehr gefüllt ist.

Das Jejunum ist auf der linken Seite besser wahrnehmbar, vor allem bei einer Läsion. Tastet der Untersucher zu weit kaudal, spürt er das Zäkum, tastet er zu weit kranial, spürt er mehr die Leber und das rechte Kolon. Die Empfindungen sind nicht klar zuzuordnen. Wichtig ist die Palpation in der Mitte.

13.12.4 Ileum (Krummdarm oder Hüftdarm)

Das Ileum ist der letzte Teil des Dünndarms. Der Verlauf geht von links-ventral nach rechts-dorsal und an der Ileozökalklappe mündet das Ileum in den Blinddarmkopf.

Die Bauhin-Klappe oder Ileozäkalklappe ist die Verbindung zwischen terminalem Ileum und Zäkum, die verhindert, dass Darmbakterien des Dickdarms in den Dünndarm gelangen. Die Klappe ist oft die Ursache für Spasmus in Dünn- oder Dickdarm.

Die Konsistenz des Ileums ist bei Füllung dicht und fühlt sich derb an.

Verbindungen

Verbindungen existieren:

- über die Ileozäkalklappe (Bauhin Klappe) zum Dickdarm,
- über die Bauchfellfalte Plica ileocaecalis zum Blinddarm.

Die Mobilität des Hüftdarms ist besonders wichtig, da Verstopfungskoliken oft im Ileum stattfinden.

13.12.5 Innervation

Die Innervation der Därme erfolgt über das Ganglion mesentericum.

13.13 Nieren

Die Nieren befinden sich im Dreieck Tuber coxae/letzte Rippe. Die rechte Niere liegt weiter kranial, nahezu gänzlich intrathorakal und erreicht kranial die 16. Rippe (▸ **Abb. 13.5**).

Durch ihre direkten Verbindungen zu Milz, Bauchspeicheldrüse und Darm ist sie bei Störungen des gesamten Verdauungsapparats beteiligt. So verlagert sich z. B. bei einer Hernia spatii lienorenalis ein Darmabschnitt in das Spatium lienorenale (Nierenbucht) und führt zu heftigen Koliken.

Die linke Niere erstreckt sich von der 17. Rippe bis zum 2. oder 3. Lendenwirbel.

Die Nieren machen eine Extensions-Flexions-Bewegung, wobei sich der kraniale Pol während der Inspiration nach ventral, der kaudale Pol nach dorsal bewegt.

Die Nebennieren liegen medial/kranial der Nieren.

13.13.1 Verbindungen

Verbindungen existieren:

- zum Zwerchfell über die Zwerchfellpfeiler,
- zum Pankreas,
- zum Zäkum (rechte Niere),
- zum Duodenum,
- zur Blase über den Harnleiter,
- zur Milz (linke Niere).

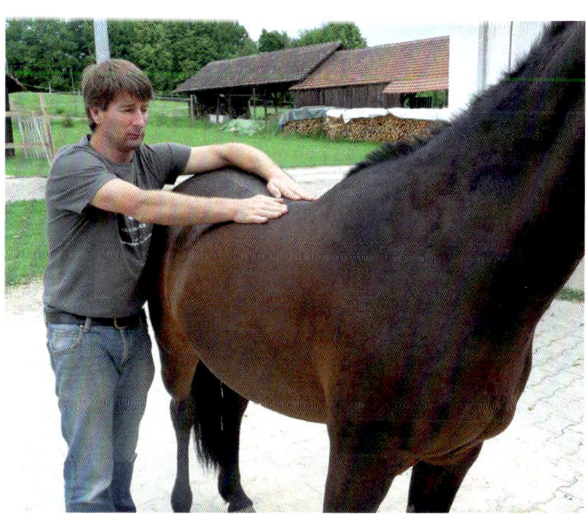

▸ **Abb. 13.5** Palpation der Nieren.

13.13.2 Auswirkungen auf den Bewegungsapparat

- Schmerzen im lumbosakralen Übergang
- Hüftprobleme, Probleme beim Beugen der Hüfte (Beeinträchtigung des M. psoas und M. iliacus)
- Schiefhalten des Schweifes (Nierenläsionen kommen häufig im Zusammenhang mit Lateralläsionen der Schwanzwirbel vor)
- alle langanhaltenden Nierenstörungen führen zu einer Aufquellung der Nierenpartie; sehr häufig sind damit Probleme der Lendenwirbelsäule vergesellschaftet.

13.14 Blase und Geschlechtsorgane

Das kleine Becken besteht aus der ventralen Wand (aus der Symphysis pubis gebildet), den lateroventralen Wänden (durch die Membrana obturatoria gebildet), den laterodorsalen Wänden (durch Lig. sacrotuberale und Lig. sacrospinale gebildet) und der dorsalen Wand (durch Sakrum und dem ersten Schwanzwirbel gebildet) (▶ **Abb. 13.6**). Es enthält die männlichen bzw. weiblichen Geschlechtsorgane, die von zahlreichen ligamentären und faszialen Strukturen gehalten werden. Es ist ein Bereich, der häufig Faszienspannungen durch Verklebungen aufweist. Die Ursache sind meist Entzündungen, bei Wallachen die Kastration.

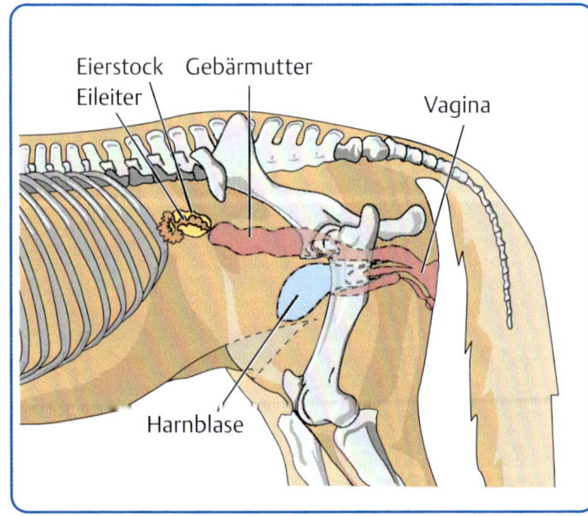

▶ **Abb. 13.6** Blase und Geschlechtsorgane der Stute.

13.14.1 Blase

Die Harnblase liegt in der Beckenhöhle auf dem Beckenboden. Sie besteht aus Blasenkörper, Blasenhals und -scheitel (Spitze). Sie wird durch 2 Seitenbänder, die aus dem Peritoneum der Beckenhöhle entspringen, und durch ein medianes Band, welches das Gekröse bildet, fixiert.

Die Blase fühlt man unter dem Dünndarm, die Empfindung variiert je nach Füllung.

Auswirkungen auf den Bewegungsapparat

- Läsionen von S1 und S2, Th10–Th12
- abgesunkenes Sakrum und Schwanzwirbel
- mangelnde Bewegung der Hüfte
- Beckenläsionen
- Läsion des lumbosakralen Übergangs
- Beinödeme

13.14.2 Ovarien

Die Eierstöcke fühlt man zwischen den Querfortsätzen LW3 und LW4 rechts und unter dem Querfortsatz LW4.

13.14.3 Uterus

Die Gebärmutter liegt zwischen Rektum und Blase. Bei der Palpation von ventral (kranial der Symphyse) muss man erst „durch" die Blase, um mit der Gebärmutter in Kontakt zu kommen. Bei der Palpation von der Seite liegen die Hände unterhalb des Tuber coxae.

Die Korrektur des Urogenitalsystems erfolgt über die Korrektur des Beckendiaphragmas (S. 101).

Der Uterus macht die Flexions-Extensions-Bewegung des Sakrums mit, Eierstöcke und Hoden machen eine Innen- und Außenrotation.

13.15 Blätter von Glenard

Das Tensionsmodell der drei Blätter von Glenard ist ein funktionelles Konstrukt, das der französische Chirurg Franz Glenard in seinem Buch „Les ptoses viscerales" (1899) beschrieben hat. Grundlage des Glenard-Modells ist die Beurteilung der intraabdominellen Druck- und Spannungsverhältnisse. Glenard und seine Zeitgenossen gingen davon aus, dass Positionssenkungen der Organe die Entstehung von bestimmten Krankheitsbildern begünstigen würden. Glenard erforschte die Mechanismen, die zu Positionsänderungen von Bauchorganen führen.

In späteren wissenschaftlichen Studien wurden die Auswirkungen der intraabdominellen Tension auf den Tonus der Rumpfmuskulatur und auf die Stabilität und Festigkeit der Lendenwirbelsäule entdeckt.

Aufgrund seiner Forschungen beschreibt Glenard die Blätter folgendermaßen:

- Das erste Blatt beinhaltet Leber Magen, Milz, den Pankreaskopf, den zweiten Teil des Duodenums und das Querkolon.
- Das zweite Blatt hat den Dünndarm und das Zäkum zum Inhalt.
- Das dritte Blatt beinhaltet das Sigmoid.

Alle drei Blätter haben über ihr Aufhängungssystem (Mesos) eine Verbindung zur Wirbelsäule.

14 Viszerale Läsionen

14.1 Ptose

Das Organ ist nach ventral abgesackt. Palpatorisch ist ein Zug nach unten zu spüren, aber weniger Mobilität in die dorsale Richtung. Man hat das Gefühl, das Organ ist nicht am richtigen Platz. Eine Ptose ist meist eine Bindegewebsschwäche. Neben der viszeralosteopathischen Korrektur sind die Stärkung von Leber und Nieren, die Balance des Säure-Basen-Haushalts und eine Futterumstellung unerlässlich.

14.2 Verklebung (Adhäsion)

Die Verklebung findet man meist während oder nach entzündlichen Prozessen. Das Organ ist durch Entzündungssekrete mit seiner umgebenden Faszie, benachbarten Organen, dem Omentum und/oder mit dem Peritoneum verklebt.

Verklebungen finden wir oft bei entzündlichen Erkrankungen der Niere und Gebärmutter.

Ein häufiges Beispiel bei Mensch und Pferd hierfür ist eine Eierstockentzündung. Durch die Entzündung kommt es zu Verklebungen mit Darm, Blase und Beckenperitoneum. Funktionsstörungen der beteiligten Organe und/oder Rückenschmerzen sind die Folge. Das Pferd zeigt uns die Rückenschmerzen im veränderten, meist steifen Gangbild oder als unerklärliche Lahmheit. Röntgenaufnahmen zeigen keinen Befund und das Tier wird als geheilt oder als Simulant aus der Tierklinik entlassen.

Bei der Palpation entsteht der Eindruck fehlender Bewegung. Das Gewebe folgt in keiner Richtung der Mobilisation.

14.3 Stase

Eine Stase ist ein Stau, Körperflüssigkeiten bewegen sich nicht. Das kann ein Stau im Blutfluss, z. B. ein Ödem in einem Organ, ein Blutstau in der Leber (Pfortaderstau) oder ein Lymphstau sein, oder auch das Lungenödem bei einer Herzschwäche. Das Organ fühlt sich prall, dicht und wenig beweglich an.

14.4 Spasmus

Teilweise und totale Verkrampfungen der Organe können zu Passagestörungen führen. Folge können beispielsweise Koliken sein.

Ein Krampf kommt meist bei den Hohlorganen vor. Die Ursache ist oft psychischer Stress oder Überforderung.

Mit Spasmus des Organes ist nicht die spastische akute Kolik gemeint, die in die Hand des Tierarztes gehört. Bei Spasmus kann die Palpation für das Tier schmerzhaft sein.

15 Ablauf der viszeralen Untersuchung und Behandlung

Die viszerale Osteopathie sollte nicht als alleinige Behandlung gesehen werden. Sie schließt sich an die parietalen und faszialen Korrekturen an.

1. Anamnese (Fragen nach Symptomen, früheren Krankheiten)

2. Kontaktaufnahme zum Tier

3. Parietale und fasziale Korrekturen

- Myofaszial Release des zervikothorakalen Übergangs
- Zwerchfell-Korrektur
- Myofaszial Release der Interkostalmuskeln durch Ausstreichen der Rippenzwischenräume
- Wirbel-Korrektur
- Rückenmark-Zug

4. Korrektur des Diaphragmas Die Korrektur des Diaphragmas als Zentrale der viszeralen Mobilität ist der Beginn der viszeralen Osteopathie.

Eine einfache, aber sehr wirkungsvolle Diaphragmakorrektur ist die Massage oder Myofaszial Release der Interkostalmuskeln.

Zusätzlich sollte eine Behandlung des Diaphragma-Gürtels erfolgen.

5. Test und Korrektur der Glenard-Blätter Zuerst werden die drei Regionen von Glenard getestet. Jede Abteilung wird geprüft auf Tonus, Tension und Dichte, ausgehend von der Bauchwand.

Die Dichte der drei Blätter ist unterschiedlich. Die erste und zweite Abteilung ist relativ dicht, im dritten Teil ist weniger Dichte zu fühlen.

In der ersten und zweiten Region ist viel Tonus und Tension zu spüren, in der dritten Abteilung nehmen Tension und Tonus ab.

Wenn eine Disharmonie festgestellt wurde, wird die Läsion durch Unwinding gelöst. Anschließend wird differenziert, welches Organ in Disharmonie ist. Die Läsion ist deutlich zu spüren. Man wird regelrecht dorthin „gezogen". Voraussetzung ist natürlich, dass der Therapeut „frei" ist und keine vorgefertigte Meinung hat.

6. Test und Korrektur der Organe Die Hände des Therapeuten liegen auf der Projektionszone des zu untersuchenden Organs.

Dann lenkt er seine Aufmerksamkeit durch alle Schichten – Haut, Unterhaut, Faszie, Muskulatur und darüber liegende Organe bis zum betroffenen Organ. Dort ist die Aufmerksamkeit des Therapeuten auf Rhythmus, Frequenz, Amplitude und Intensität (Kraft, Stärke) der Bewegung gerichtet.

Bei paarigen Organen ist die Empfindung oft nicht symmetrisch. Deshalb sollte auch die andere Seite getestet werden. Es müsste annähernd das gleiche Ergebnis vorliegen. Die Korrektur richtet sich nach der Art der Läsion.

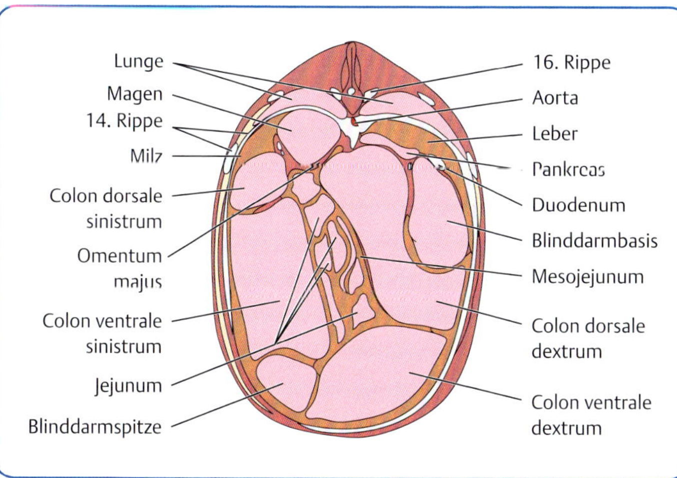

▸ **Abb. 15.1** Querschnitt in Höhe des 16. Brustwirbels.

16 Viszerale Techniken

Die Korrekturen richten sich nach der Art der Läsion. Vor allem für Anfänger, und wenn die Läsion nicht genau definiert werden kann, eignet sich die unspezifische Korrektur durch Unwinding. Wenn der Kontakt zum Organ hergestellt ist, wird er bis zum Release gehalten.

16.1 Technik bei Ptose

16.1.1 Energetische Korrektur

Eine Hand liegt auf dem Organ, an der Stelle, an der es sich aktuell befindet, die andere Hand auf der Stelle, an der es sein sollte. Zwischen beiden Händen wird mental/energetisch eine Verbindung hergestellt. Es mag unglaubwürdig klingen, aber das Organ reagiert auf die energetische Information und „weiß" dann, „wo es hin soll". Es entsteht ein neues Muster.

16.1.2 Direkte Mobilisierung

Die Hand „sinkt" in das Organ ein und gibt einen Impuls zur exakten Position.

16.2 Technik bei Verklebung

Verklebungen entstehen durch Entzündungen, oder Operationen, aber auch traumatisch, z. B. durch einen Sturz oder Schlag, wodurch Faszien und Organ verkleben, bei Entzündungen durch Entzündungssekrete, durch Kastration oder Operation, wenn Organe miteinander verwachsen.

Bei einer Verklebung haben wir das Gefühl von Stillstand (Stase). Auch ist wenig Tension zu spüren, da das Gewebe seine Elastizität verloren hat. Wird eine Verklebung festgestellt, soll der zentrale Punkt der Verklebung gefunden werden. Man wird zu diesem Punkt regelrecht „hingezogen", an dieser Stelle findet aber keine Bewegung statt.

Verklebungen finden sich oft im Urogenitaltrakt, besonders bei Stuten, aber auch zwischen Niere und Milz. Die Verklebung wird durch fasziale Techniken gelöst.

16.2.1 Fasziendehnung

Die Fasziendehnung erfolgt über große Hebel, z. B. Beinstrecken, während eine Hand auf der Eierstock-Zone liegt;

oder eine zweite Person übt Gegendruck auf dem Eierstock aus.

16.2.2 Pump-Technik

Um einen Blut- oder Lymphstau aufzulösen eignet sich die Pump-Technik, die die gestaute Flüssigkeit wieder in Bewegung bringt.

Über der Projektionszone des Organs wird langsam Druck aufgebaut und dann langsam losgelassen.

Wenn möglich, sollte das Pferd dabei gegen eine Wand gestellt werden. Es baut dann einen Gegendruck auf, der den Pump-Effekt verstärkt.

16.3 Technik bei Spasmus

16.3.1 Recoil

Der Therapeut nimmt mit beiden Händen Kontakt zur Projektionszone des Organes auf und lehnt sich mit seinem Körpergewicht gegen das Pferd. Er geht in Gedanken durch die verschiedenen Schichten des Pferdes. Auf dem spastischen Organ angekommen, wird ein gleichbleibender Druck für ca. 1 min ausgeübt und dann plötzlich losgelassen (im Gegensatz zur Pump-Technik, bei der der Druck langsam beendet wird). Durch das plötzliche Loslassen entsteht im Organgewebe ein Chaos und eine Neusortierung.

16.3.2 Vibrationen

Die Ausgangsposition ist wie beim Recoil. Mit den Händen werden rhythmische Vibrationen mit einer Frequenz von etwa 30 bis 60/min ausgeübt (▶ Abb. 16.1).

Die Vibrationen können auch mit einer Stimmgabel erzeugt werden.

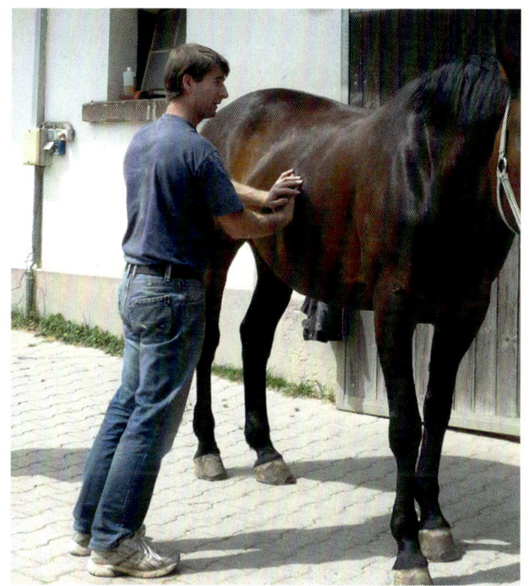

▸ **Abb. 16.1** Körperhaltung beim Recoil und der Vibrations-Technik.

16.4 Technik bei Entzündung

Eine Entzündung, z. B. Gastritis oder Kolitis, muss klinisch abgeklärt sein. Zusätzlich zur tierärztlichen Therapie kann homöopathisch unterstützt werden. Viszeralosteopathisch wird über das enterische Nervensystem korrigiert.

Dazu liegt eine Hand auf der Projektionsfläche des Organes, die andere Hand auf dem zugehörenden Wirbel. Zwischen Wirbel und Organ wird mental eine Verbindung hergestellt. Zusätzlich muss die Wirbelblockierung gelöst werden.

16.5 Behandlung über Reflexzonen

Die ideale Ergänzung zur viszeralen Osteopathie ist die Behandlung der Chapman-Reflexzonen (▸ **Abb. 16.2**). Die Punkte haben wir schon im Zu-

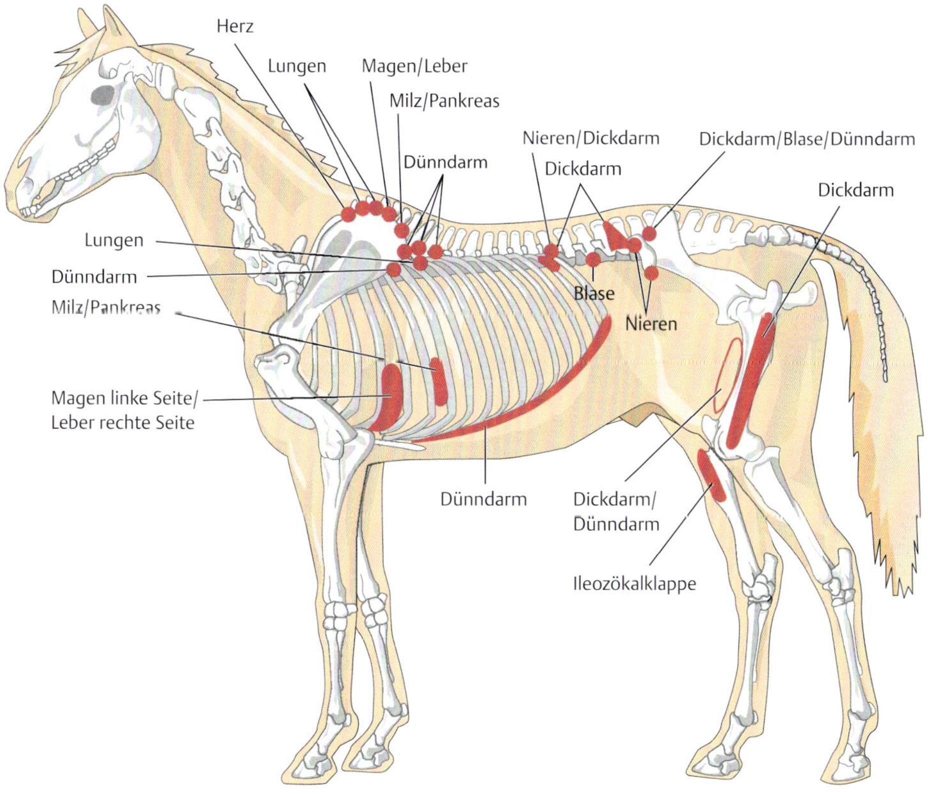

▸ **Abb. 16.2** Chapman-Reflexzonen.

sammenhang mit den Muskeln kennengelernt. Der amerikanische Osteopath Chapman fand heraus, dass es einen Zusammenhang zwischen bestimmten Hautzonen und Organen gibt und dass die Massage dieser Zonen den Lymphabfluss im dazugehörenden Organ verbessert. Die Behandlung der Chapman-Reflexzonen ist bei allen viszeralen Läsionen geeignet, besonders aber bei Stase.

Die Punkte oder Zonen werden mit mäßigem Druck massiert.

17 Indikationen und Kontraindikationen für viszerale Behandlungen

Grundsätzlich sind viszeralosteopathische Behandlungen angebracht bei Funktionsstörungen ohne organischen Befund, bei allen Symptomen, die auf organische Störungen hinweisen, wie z. B. Probleme beim Fellwechsel, Fell- und Hufveränderungen, verändertem Harnverhalten, Obstipation und Diarrhoe.

Die Ursache muss abgeklärt und wenn möglich behoben sein. Bei unerklärlichen Symptomen wie Durchfall, auch wenn er durch Stress verursacht ist, kann eine viszerale Behandlung durchgeführt werden. Bei Futterunverträglichkeit wirkt eine viszerale Behandlung zwar verbessernd, das Symptom wird aber bald wieder auftreten.

17.1 Hinweis auf organische Probleme

Ein erster Hinweis auf viszerale Probleme, also Probleme, die die Eingeweide betreffen, sind rezidivierende Wirbelblockierungen.

17.2 Sonstige Indikationen

Gurt- und Sattelzwang Das Engerziehen des Gurtes oder der Druck des Sattels ist bei organischen Problemen unangenehm oder kann Schmerzen verursachen.

Statik-Veränderungen Schmerzen oder Missempfindungen der inneren Organe führen ebenso wie muskuläre Spannungen zu Fehlhaltungen.

Nervosität, Unruhe Ursache ist ein Ungleichgewicht im Zusammenspiel von Sympathikus und Parasympathikus, das beim Menschen als vegetative Dystonie bezeichnet wird.

Gleichgewichtsprobleme Sie sind oft gekoppelt mit Zwerchfell- und/oder Stellatum-Blockaden.

17.3 Kontraindikationen

Die viszerale Osteopathie ist kontraindiziert bei Tumoren, nach Operationen, bei einer akuten Kolik, bei akuten Entzündungen oder bei einer akuten COPD.

17.4 Reaktionen des Pferdes

Reaktionen sind meist eine sichtliche Entspannung des Pferdes. Möglich sind auch vermehrtes Wasserlassen, Durchfall, Nasenausfluss, Schwitzen.

Wenn das Pferd mit vegetativen Symptomen wie starkem Schwitzen oder gar Panik reagiert, sollte die Behandlung des Organes abgesetzt und stattdessen energetische, beruhigende Maßnahmen angewandt und die viszeralosteopathische Behandlung verschoben werden.

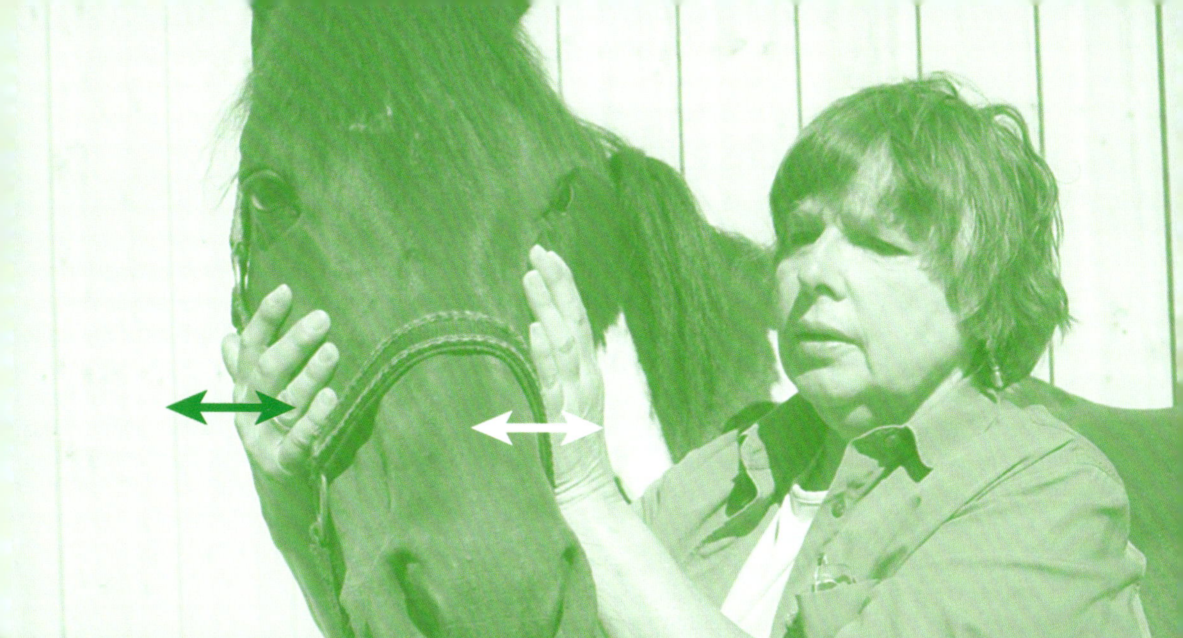

Teil 6 Ursachen von Störungen des Bewegungsapparates

18 Stoffwechselstörungen

Die Osteopathie und kraniosakrale Therapie wirken ganzheitlich, da sie nicht nur auf den Bewegungsapparat und die Psyche, sondern auch auf die Stoffwechselvorgänge im Körper Einfluss nehmen. Damit soll aber nicht gesagt sein, dass mit der Osteopathie und kraniosakralen Therapie alle Probleme gelöst werden können.

Jeder gewissenhafte Therapeut forscht nach den verschiedenen Ursachen einer Krankheit. Viele Probleme des Bewegungsapparates bei Mensch und Tier entstehen durch falsche Ernährung. Beim Pferd haben wir das Problem des Kraftfutters. Die Besitzer meinen es gut und füttern Müsli, Leckerli und Kraftfutter. Tatsache ist, dass die meisten Pferde nicht die geringste Chance haben, das Angebot an Kalorien in Bewegung umzusetzen. Es kommt zur Entstehung von Schlacken, die sich in Bindegewebe, Muskulatur und/oder Gelenken einlagern und dort zu Schmerzen führen.

Die häufigsten **biochemischen Ursachen** von Störungen des Bewegungsapparates des Pferdes sind:

- Azidose (Übersäuerung)
- Pilz- und Parasitenbefall
- bakterielle Infekte
- Herde
- toxische Belastungen z. B. durch Medikamente, Impfungen, Umweltgifte

Wir möchten hier nicht auf einzelne Krankheitsbilder eingehen, sondern uns nur auf die **rheumatischen** und **arthrotischen** Erscheinungsformen beschränken. Hier ist die Ursache neben der Abnutzung durch Über- oder Fehlbelastung meist die Gewebeübersäuerung.

Eine **Übersäuerung** (Azidose) des Gewebes entsteht durch Eiweiß und/oder Kohlenhydrate. Das Eiweißüberangebot beim Pferd kommt meist von den Weiden. Hier kann wenig geändert werden, außer die Tiere auf abgemähte Wiesen zu lassen. Bei der Übersäuerung durch Kohlenhydrate können wir sehr viel tun. Durch Fütterung von Zucker in Form von Mais, Melasse, Apfel- oder Birnendicksaft – die „Klebstoffe" für Pellets und Ähnliches – kommt es zur Azidose. Der Körper versucht, die überschüssige Säure loszuwerden und lagert sie in Gelenken ab. Die Säurekristalle reiben, es kommt zur **Arthrose**. Darüber hinaus kommt es zu einem Mangel an Vitaminen und Mineralstoffen. Doch wichtiger als die Zufuhr solcher Stoffe durch teure Mineralfutter ist die Beseitigung der Ursache.

Falsche Fütterung (zu wenig Rohfaser) verändert die Darmflora. Pilze vermehren sich unverhältnismäßig und können ebenfalls rheumaähnliche Krankheitsbilder verursachen.

Praxistipp

Hier stößt jede manuelle Therapie an ihre Grenzen. Lassen Sie sich im Zweifelsfall von einem seriösen Futterexperten beraten.

19 Herde und Störfelder

Jede chronische Krankheit kann **störfeldbedingt** sein. Ebenso kann jede Körperstelle zum Störfeld werden. Das Störfeld, das eine Krankheit auslöst, kann sich in jeder Körperregion befinden. Rund 90% der Störfelder befinden sich jedoch im Kopfbereich. Narben, nicht ausgeheilte Entzündungen, frühere Erkrankungen, die unterdrückend mit Antibiotika oder Kortison behandelt wurden, oder Operationsgebiete können zu Störfeldern werden.

Grundlage für das Verständnis von der Wirkungsweise von Herden und Störfeldern ist das System der Grundregulation (S. 175) nach Pischinger.

Dieses System ist Träger von Informationen, dient der Steuerung von Regelkreisen und umfasst die folgenden 4 Bestandteile:

- Grundsubstanz einschließlich extrazellulärer Flüssigkeiten
- verschiedene Bindegewebszellen
- Gefäße
- vegetativ-nervöse Endgeflechte (terminales Retikulum)

Organe und Organsysteme sind funktionell miteinander verbunden. Störungen in einem Bereich wirken sich zwangsläufig auch auf andere Systeme aus. Die Fernwirkung oder Streuung erfolgt hämatogen, lymphogen, nerval, endokrin, mesenchymal und energetisch über die Akupunkturmeridiane.

Nicht jeder Herd muss zwangsläufig zum Störfeld werden. Wir müssen potenzielle und aktive Herde unterscheiden. **Potenzielle Herde** sind lokale Veränderungen, die noch nicht zu Fernwirkungen geführt haben. Die lokale Abwehr des Gewebes ist noch intakt, meist machen sie auch örtlich keine Beschwerden. Ein potenzieller Herd wird erst aktiv, wenn durch zusätzliche Belastungen die körpereigene Abwehr geschwächt wird. Diese Belastungen können Infekte, toxische, aber auch psychische Einflüsse sein. **Aktive Herde** stören den gesamten Organismus. So können chronische Kieferhöhleninfekte zu Knieproblemen oder rheumatischen Erkrankungen führen, ein Herd der Rachenmandeln zu Knie-, Sprunggelenks- oder ISG-Blockierungen.

Bei unklaren **Lahmheiten**, die auf osteopathische Behandlung schlecht ansprechen oder nach der Behandlung bald wieder auftauchen, ist auf biochemische Ursachen zu untersuchen. Zu diesen Ursachen zählen:

- Herde
- Azidose
- Allergie
- Mykose
- Borreliose, Listeriose, Leptospirose
- andere bakterielle Infekte
- Impfungen

19.1 Herde

Zu den häufigsten Herden zählen:

- Zähne (wurzelbehandelt, devital, vereitert, implantiert)
- Tonsillen (chronische Tonsillitis und Tonsillektomie)
- Narben (Kastrationsnarben, Brände). Kastrationsnarben gehören bei Wallachen zu den häufigsten Ursachen von Beckenasymmetrien.
- Impfungen
- Chips
- Fremdkörper (Implantate, implantierter Identitätsmikrochip)
- Appendix
- Geschlechtsorgane (Prostatitis, Adnexitis, Operationen)
- Lunge (Asthma, Pneumonie, Tuberkulose)
- Nieren (Infektionen)
- Leber
- Blase

Organische Probleme zeigen sich oft in der äußeren Erscheinung. Das Fell ist stumpf, glanzlos. Neigung zu Ausschlägen und Ekzemen sowie Stichelhaare zeigen eine Neigung zur Leberschwäche. Verdauungsprobleme wie Durchfall und/oder Verstopfung sollten Anlass für eine gründliche Untersuchung sein.

Fallbeispiel

Fall Nr. 1:

Eine 13-jährige Appaloosa-Stute hatte nach einem ruhigen Ausritt einen völlig steifen Hals: Bewegung war nur noch von Widerristhöhe aufwärts möglich, das seitliche Abbiegen war stark eingeschränkt, unter Widerristhöhe konnte der Hals nicht abgesenkt werden. Das Pferd hatte einige Tage vorher einen Sturz.
Der 3., 4. und 7. Halswirbel waren blockiert. Die ersten Brustwirbel waren nach rechts rotiert, 3 Lendenwirbel waren gekippt. Die Halsmuskulatur war hochgradig schmerzhaft und verspannt, das Pferd ließ sich kaum anfassen. Vorsichtige Spindelzelltechnik entspannte die Muskulatur etwas, sodass die Korrektur der Wirbel möglich war. Der Hals war nach der Behandlung zwar beweglicher, aber das Pferd konnte den Kopf noch immer nicht weit genug nach unten beugen, um zu fressen. Die Halswirbel kippten schon nach einem Tag wieder zur linken Seite.
Während der Nachbehandlung durch die Faszientechnik entdeckten wir eine etwa daumengroße Schwellung in der Muskulatur über dem 7. Halswirbel, die wie ein größerer Insektenstich aussah. Nach der Behandlung der Muskulatur durch Myofaszial Release und Faszienmassage veränderte sich die Stelle, wurde handtellergroß, ödematös, heiß und schmerzhaft.
Von der Besitzerin erfuhren wir, dass die Stute vor 2 Tagen an dieser Stelle geimpft worden war.
Wir behandelten die Stelle mit der V-Spread-Technik und zur Aktivierung der Selbstheilungskräfte mit der CV-4-Technik, woraufhin das Pferd sehr heftig mit Gähnen, Unruhe und ausführlichem Abkauen reagierte. Bei der nächsten Behandlung war die Wirbelkorrektur nicht mehr nötig. Die Muskelspannung ließ zusehends nach. Die Ursache in diesem Fall war nicht der Sturz, sondern die Impfung.

Fall Nr. 2:

Ein Pferd wehrte sich gegen das Gebiss, wurde plötzlich hektisch und drehte sich blitzschnell um. Der Besitzer berichtete, das Pferd sei vor einigen Tagen gestürzt.
Die Untersuchung zeigte, dass alle Halswirbel auf eine Seite blockiert waren. Beim Fühlen des kraniosakralen Impulses am Hals war ein regelrechter Zug zur linken Seite vorhanden. Bei der Palpation entdeckten wir einen kirschkerngroßen verhärteten Knoten im Bereich des 1. Brustwirbels. Da wir als Ursache den Unfall vermuteten, schenkten wir der Verhärtung zunächst keine Beachtung.
Erst als das Pferd nicht auf die Wirbelkorrektur reagierte, widmeten wir uns dem Knoten etwas näher. Er entpuppte sich als eine 6 Wochen alte Impfstelle, die wir mit Myofaszial Release und Magneten behandelten. Jetzt reagierte das Pferd auf die Behandlung der Wirbel, senkte den Kopf und kaute entspannt ab.

Fall Nr. 3:

Eine 4-jährige Stute mit ständigen Knieproblemen. Sie hatte unerklärlichen Husten. Die Bronchien waren ohne Befund. Wir stellten eine totale Kompression der SSB und eine starke Seitneigung fest. Wir lösten die Kompression, korrigierten die Seitneigung und behandelten mit der CV-4-Technik.
Die Symptomatik wurde besser, war aber noch nicht zufriedenstellend. Beim nächsten Besuch lösten wir wegen des Hustens die Thorax-Apertur. Während der Behandlung senkte sie den Kopf und ließ weiß-gelblichen Eiter und Schleim aus der Nase abfließen. Die Knieprobleme besserten sich erheblich.

19.2 Störfelder

19.2.1 Geopathologie

Begriffe wie Erdstrahlen, Wasseradern, geopathische Belastungen oder elektromagnetische Wellen sind heute in aller Munde. Angst einflößende Artikel und Berichte von krank machenden Strahlen verunsichern und verängstigen. Was sind Erdstrahlen? Wie gefährlich sind sie? Seit einem Forschungsauftrag der Bundesregierung im Jahr 1989 sind Erdstrahlen keine Hirngespinste Einzelner, sondern wissenschaftlich bewiesen.

Seit alters her gingen Menschen mit dem gegabelten Haselzweig, der Wünschelrute, auf die Suche nach Wasseradern oder nach Bodenschätzen. Im Zeitalter der Elektrizität, des Elektrosmogs, der Fotovoltaik-Anlagen und nicht zuletzt der Vernetzung durch Mobilfunkmasten wird das Thema so aktuell wie nie zuvor. Die Messverfahren haben sich verbessert. Neben der Wünschelrute gibt es heute zuverlässige Messgeräte, die es uns ermöglichen, krank machende Störfaktoren zu erkennen, aber auch, um positive Faktoren sinnvoll zu nutzen. Auch die Tiere leiden unter den Einflüssen.

Unter den Begriff **Erdstrahlen** oder **geopathische Störzonen** fallen alle Einflüsse und Auswirkungen, die ihren Ursprung in der unter uns befindlichen „Erde" im Sinne der Physik haben.

Unter **Wasseradern** versteht man unterirdisch gebündelt fließendes Wasser, quasi unterirdische Bäche, Flüsse und Ströme, deren Existenz bereits seit Jahrhunderten bekannt ist. Früher wurden die Wasseradern bei störenden Verhältnissen gemieden oder für bestimmte Kraftplätze benutzt. Die Kanzeln in alten Kirchen stehen oft über einer Wasserader (Wasser der Beredsamkeit).

Es können Beeinflussungen aus unterirdisch fließendem Wasser (Wasseradern), Spalten in der Erdkruste, bei denen die Schichtungen in der Höhe gegeneinander verschoben sind (Verwerfungen), oder auch aus sogenannten Gitternetzen sein.

Zusätzlich kann die Auswirkung geopathischer Belastungen durch die Einwirkung von technischen Geräten sowie durch Satellitensender, durch Transformatoren, Verteilungskästen und Ähnliches wesentlich verstärkt werden. In Ställen wirken sich elektrische Geräte gegen Mücken und Fliegen sehr ungünstig aus. Anzeichen von **Störfeldern** im Stall sind:

- Risse in Wänden oder im Boden
- Ameisennester
- Wespennester

Die beste Lösung ist der Stall- oder Boxenwechsel. Wenn das nicht möglich ist, können Kristalle, vor allem der Bergkristall, der Rosenquarz oder der schwarze Turmalin, einen Teil der Strahlung abfangen.

Magnetische Felder durchdringen alle Materialien und deshalb gibt es auch keine wirksame Abschirmung. Wir sind den ganzen Tag von 50 Hz-Wechselfeldern umgeben, die auf diesem Weg die elektrischen Steuerimpulse des Gehirns und damit auch die Körperfunktionen beeinflussen.

Fallbeispiel

Fall Nr. 1:

Freitak, ein 4-jähriger Freiburger, war ein fleißiges Schulpferd mit ständigen Rückenproblemen. Unsere Behandlung wirkte immer nur einige Tage, dann schmerzte der Rücken wieder. Beim ersten Besuch stellten wir eine totale Kompression der Schädelbasis fest, die behandelt wurde. Diese war aber bei jedem Besuch wieder festzustellen. Der Besitzer ließ auf unser Anraten einen Wünschelrutengänger kommen und seine Box testen. Die Ergebnisse waren erschreckend. Alle erdenklichen elektromagnetischen Störungen liefen durch die Box.
Vier Wochen später, in einer neuen Box, waren fast alle Probleme verschwunden und unsere Behandlung war dauerhaft.

Fall Nr. 2:

Ein Zuchtbetrieb mit 5 Zuchtstuten hatte 2007 auf die gesamten Stallgebäude und auf die Reitanlage großflächig Fotovoltaik-Anlagen montiert. 2008 haben 3 der Zuchtstuten verfohlt. Eine Zuchtstute starb kurz nach der Geburt ihres Fohlens, das Fohlen wurde als „Flaschenkind" aufgepäppelt. Nur eine Zuchtstute brachte ihr Fohlen problemlos bis zum Absetzen durch. 2008 wurde ein Handymast, in dessen Strahlenbereich der Zuchtbetrieb lag, in Betrieb genommen. 2009 war die Gesamtzuchtleistung des Betriebs nicht besser als im Vorjahr.

20 Untugenden und Verhaltensprobleme

Auch Pferde haben Emotionen und **emotionalen Stress**. Auf die vielfältigen Ursachen und Zusammenhänge der Mensch-Tier-Beziehung können wir im Rahmen des Buches nicht näher eingehen. Grundsätzlich gilt Folgendes: Jeder emotionale Stress bewirkt eine Anspannung im M. trapezius und in den Nackenmuskeln. Die Ostheopathie kann, indem sie die Verspannungen löst, zur allgemeinen Entspannung und Verbesserung der Symptome beitragen.

Untugenden wie Koppen und Weben, Headshaking, Hyperaktivität, Aggressivität und Ängstlichkeit können durch Schmerzen, aber auch durch biochemische Faktoren wie Futter, Medikamente, Wurmmittel oder Impfungen verursacht sein. Meist sind es Substanzen, die zerebral wirken.

Praxistipp
Die osteopathische Behandlung kann hier nur entspannend wirken. Wichtiger ist das Ausschalten der Ursache.

21 Disharmonie zwischen Pferd und Reiter

Bei der Ursachenforschung von Läsionen des Bewegungsapparates dürfen wir auch den Reiter nicht vergessen. Zu hohe Anforderungen und Turnierstress führen zu muskulären Anspannungen. Auch Pferden schlägt der Stress auf den Magen. Gastritis und andere Magenprobleme beim Pferd sind im Zunehmen.

Auch haben viele Menschen, ohne es zu wissen, Beckenfehler wie Beckenschiefstand, Torsionen, Sakrumblockierungen oder einfach nur **Haltungsfehler**. Diese können sich aber gerade beim Reiten gravierend auswirken.

Ein Reiter mit einem Beckenschiefstand sitzt immer schief auf dem Sattel. Manchmal merkt er es daran, dass die Steigbügel ungleich lang sind. Bei einem Test stellen wir uns hinter das Pferd und lassen den Reiter aufsitzen. Er soll sich so setzen, dass er das Gefühl hat, gerade zu sitzen. Die Gewichtsverlagerung wird deutlich ins Auge fallen. Das Pferd muss dieses Ungleichgewicht ständig ausgleichen und verspannt die Rückenmuskulatur auf einer Seite.

Der Reiter sollte, wenn er etwas für sein Tier tun möchte, ebenfalls einen Osteopathen aufsuchen. Der beste Hinweis auf einen Beckenfehler ist die Beinlängendifferenz. Durch eine Schiefstellung des Beckens erscheint ein Bein länger als das andere. Hier eine kleine Selbsthilfe zur Beckenkorrektur nach Dorn: Legen Sie sich auf ein Bett oder eine Liege. Winkeln Sie das längere Bein ab und drücken mit Ihrer Hand gegen das Sitzbein, als wollten Sie es nach oben in Richtung Kopf schieben, während Sie gegen diesen Widerstand das Bein strecken und wieder auf die Liege legen. Wiederholen Sie den Vorgang 4–5-mal.

Aber nicht nur körperliche, auch emotionale Probleme werden vom Reiter auf das Pferd übertragen. Das Pferd ist ein äußerst sensibles Lebewesen. Es spürt jeden Stress seines Besitzers. Beim Turnier wird es die Aufregung und Angst übernehmen und mit Fehlern, im schlimmsten Fall mit Panik reagieren.

Der Besitzer sollte lernen, seinen **Stress** abzubauen, bevor er zu seinem Tier geht. Aber oft ist es so, dass er erschöpft und gereizt in den Stall geht, um beim Reiten seinen Frust loszuwerden. Alle entspannenden Methoden wie Yoga, autogenes Training oder die Stress-Abbaumethoden der Kinesiologie können helfen, in die eigene Mitte zu kommen und damit in Harmonie mit seinem Pferd. Dann wird das Reiten Freude machen, das Pferd wird spüren, was wir von ihm wollen und ohne Strafen und Drohungen reagieren. Und wir und das Pferd werden gesund bleiben.

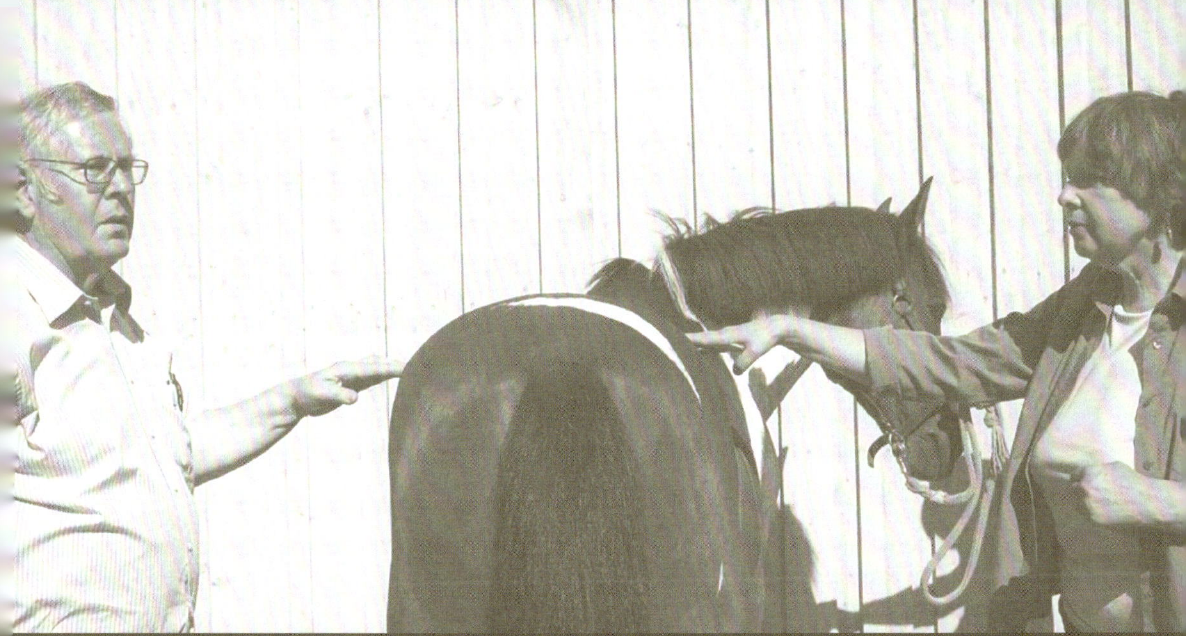

Teil 7
Anhang

22 Glossar

A

Abduktion Abspreizen eines Körperteils
Adaptation Anpassung
Adduktion Bewegen eines Körperteils zum Körper hin
Adhäsion Verklebung
Adnexitis Entzündung von Eileiter und Eierstock
afferent absteigend
Agonist aktiver Muskel
Amplitude Schwingungsweite
Anamnese Krankenbericht
Antagonist Gegenspieler
anterior vorne
Apertur Öffnung
Aponeurose Übergang zwischen Muskel und Sehne
Apoplex Schlaganfall
Appendix Wurmfortsatz, Anhang des Blinddarms
Arachnoidea Spinnwebenhaut, bildet mit der Pia mater die weiche Hirnhaut
Arteriolen kleinste Arterien
Artikulation Gelenkverbindung
Aszites Bauchwassersucht
Ataxie verschiedene Störungen der Bewegungskoordination
Atlantookzipitalgelenk Hinterhaupt-Atlas-Verbindung
Aura Energieschicht um Lebewesen
autonom selbstständig

B

bilateral beidseitig
Bursitis Entzündung eines Schleimbeutels

C

C zervikal, Bezeichnung für Halswirbel (z. B. C 1 = 1. Halswirbel)

D

Dekompression Druckentlastung
Diaphragma Zwerchfell
Disengagement Trennung
distal von der Mitte weg
dorsal rückenwärts
Dura mater harte Hirnhaut
Duralrohr Hirn-Rückenmark-Schlauch
Dysfunktion Funktionsstörung

E

Effleurage langsame rhythmische Bewegung zur Lymphdrainage
endokrine Drüsen Drüsen mit innerer Sekretion
Ependym Zellauskleidung der Hirnhöhlen und des Rückenmarkkanals
Epimysium bindegewebige Verschiebeschicht zwischen Faszie und umhüllter Struktur
Exaggeration Steigerung
Exspiration Ausatmung
Extension Ausdehnung, Ausatemphase
extrazellulär außerhalb der Zelle
Extremitäten Gliedmaßen

F

Faszien Hüllschicht aus Bindegewebe, die einzelne Muskeln, Muskelgruppen oder ganze Körperabschnitte umgibt
Fibromyalgie Krankheitsbild, das sich durch chronische, generalisierte Schmerzen im Bereich der Muskulatur, des Bindegewebes und der Knochen äußert
Flexion Beugung, Einatemphase
Fluktuation schwankende, schwingende Bewegung
Foramen lacerum unregelmäßige Öffnung in der mittleren Schädelgrube
Foramen intervertebralis paarige Öffnungen des Wirbelkanals, Austrittstelle der Spinalnerven

G

Gastritis Magenschleimhautentzündung
Gelose tastbare Veränderung in Haut oder Muskeln, gibt Aufschlüsse über Organstörungen

H

Hämatom Bluterguss
Hahnentritt fehlerhafter Schritt, Pferd zieht das angewinkelte Bein extrem hoch
Homöostase Konstanz des inneren Milieus des Körpers

hydrostatischer Druck Druck, der sich innerhalb einer ruhenden Flüssigkeit einstellt
Hyperlordose zu stark nach vorne gekrümmte Wirbelsäule
Hypophyse Hirnanhangsdrüse

I
Indikation Anzeige, Hinweis
infrahyoidal unter dem Os hyoideum
Inspiration Einatmung
Intestinum Darm
intrakranial im Schädel
intraspinal im Rückenmark
intrauterin in der Gebärmutter
Ischialgie Reizung des Ischiasnervs

K
kaudal schwanzwärts
Kissing Spines Dornfortsätze der Wirbel berühren sich und reiben aneinander
kontraktil fähig, sich zusammenzuziehen
kranial kopfwärts
Kranium Schädel
kurativ heilend

L
L lumbal, Bezeichnung für Lendenwirbel (z. B. L 1 = 1. Lendenwirbel)
Läsion Dysfunktion, Funktionsstörung
Larynx Kehlkopf
lateral seitlich
Lemniskat pendelnde Achterbewegung des Sakrums
Lig., Ligg. Ligament, Ligamente
Ligament Band
Liquour cerebrospinalis Hirn-Rückenmarks-Flüssigkeit
longitudinal längs gerichtet
Lordose nach vorne gekrümmte Wirbelsäule
lumbodorsal lendenrückenwärts
lumbosakral lendenkreuzbeinwärts

M
M., Mm. Muskel, Muskeln
Manubrium kraniales Ende des Sternums
mazeriert in einer Lösung eingeweicht
medial in der Mitte
Membran dünne Haut, Trennschicht
Meningealmembranen Dura mater, Pia mater, Arachnoidea
Meningen Hirnhäute
Meniskus scheibenförmiger Knorpel im Gelenk
Mikrotubuli röhrenartige Struktur, Bestandteil der Zelle
morphologisch der Form oder der Struktur nach
Motilität primär respiratorischer Rhythmus
Mykose durch Pilze hervorgerufene Erkrankung
myofaszial Muskelfaszien betreffend
Myogelose Knotenbildung im Muskel

N
N., Nn. Nerv, Nerven
Nervus vagus 10. Hirnnerv
neuroendokrin Hypophyse und Hypothalamus betreffend

O
Okklusion Verschluss der Zähne
Osteoblasten Zellen, die für Knochenbildung verantwortlich sind

P
palpieren abtasten
parasternal neben dem Sternum
paravertebral außerhalb der Wirbel
Parenchym Bindegewebe
peridural in die Dura
Perikard Herzbeutel
Perineum Damm
peripher außen, weg vom Zentrum
Pharynx Rachen
Pia mater weicher Rückenmarksschlauch
Piephacke Geschwulst auf dem Höcker des Fersenbeins
Plazeboeffekt Scheineffekt
Pleura Brustfell
Plexus choroideus Adergeflecht, in Hirnventrikel eingestülpte Gebilde
Pneumonie Lungenentzündung
posterior hinten
postnatal nach der Geburt
pränatal vor der Geburt
präventiv vorbeugend
Proc. Prozessus
Progenie Unterkiefer länger als Oberkiefer

Propriozeptoren Rezeptoren, die Wahrnehmung der Stellung und Bewegung des Körpers im Raum gewährleisten
Prostatitis Entzündung der Prostata
Protraktion Vorwärtsbewegung
Protrusion Verlagerung nach vorne
Ptose Senkung eines Organs

R
Rektum Mastdarm
Release Entspannung
respiratorisch vom Atem abhängig
Restriktion Änderung der Gewebeeigenschaften
Retrusion Verlagerung nach hinten
rostral nasenwärts
Rotation Drehung

S
sagittal parallel zur Medianebene
sakrokokzygeal zwischen Sakrum und Steißbein
Sakrum Kreuzbein
Sella turcica Türkensattel, Sitz der Hypophyse
Septen Trennwände
Skoliose Seitverbiegung der Wirbelsäule
SSB Synchondrosis sphenobasilaris
Sternum Brustbein
Subluxation unvollständige Ausrenkung eines Gelenks
subtil fein
Suturen Schädelnähte
Synchondrose knorpelige Verbindung zwischen Knochen
Synchondrosis sphenobasilaris knorpelige Verbindung zwischen Os sphenoidale und Os occipitale
Synovialmembran bildet Innenauskleidung der Gelenkhöhle

T
Th thorakal, Bezeichnung für Brustwirbel (z. B. Th 1 = 1. Brustwirbel)
Thorax Brustkorb
Tonisierung Erhöhung des Spannungszustands (bezieht sich vor allem auf Muskeln)
Tonsillektomie Entfernung der Gaumenmandeln
Tonsillen Gaumenmandeln
Tonsillitis Entzündung der Gaumenmandeln
Torsion Drehung
transversal quer verlaufend
Trauma Verletzung

U
Unwinding Freiwindungstechnik für das Gewebe
Urethra Harnröhre
Uterus Gebärmutter

V
ventral bauchwärts
Ventrikel Kammern des Gehirns
viszeral die inneren Organe betreffend
viszerosomatisch Eingeweide und Körper betreffend

X
Xiphoid kaudales Ende des Sternums

Z
zentripetal zur Mitte hin
Zervikobrachialgie Störungen verschiedenster Ursachen im Bereich von Hals, Schulter und Arm (häufigste Ursache sind von der Halswirbelsäule ausgehende Störungen)
zervikothorakal zwischen Hals und Brustkorb
ZNS Zentralnervensystem

23 Literatur

[1] Abehsera A. Craniosacrale Osteopathie unter der Lupe. Teil I und Teil II. Ostheopathische Medizin 2001; 4: 4–9 und 2002; 4: 12–16

[2] Augustoni D. Craniosacral Rhythmus. 3. Aufl. Kreuzlingen: Hugendubel; 1999

[3] Bäcker B. Funktionelle Meridian-Diagnostik für Hunde und Pferde. Vett aktuell 2006; 3

[4] Bäcker B. Faszien und Energie. Vett aktuell 2006; 2

[5] Bäcker B. Kraniale und strukturelle Osteopathie – Diagnose und Therapie aus der Sicht eines Osteopathen und eines Akupunkteurs. Vett aktuell 2005; 2

[6] Bäcker B. Muskel genauer betrachtet. Vett akuell 2005; 1

[7] Bäcker B. Kinesiologie für die ganze Familie. Berlin: Ravensburger; 2001

[8] Bäcker B. Kinesiologie in der naturheilkundlichen Praxis. Stuttgart: Sonntag; 2000

[9] Baier-Wolf U, Kienle K. Craniale Osteopathie und Applied Kinesiology. Oberhaching: AKSE; 2006

[10] Bayerlein R und B. Energetische Akupunktur. München: Pflaum; 2008

[11] Chaitow L. Neuromuskuläre Techniken in der manuellen Medizin und Osteopathie. München: Urban & Fischer; 2002

[12] Cloet E, Groß B. Osteopathie im kranialen Bereich. Stuttgart: Hippokrates; 1999

[13] Dean M. Wechselwirkungen zwischen Becken, Wirbelsäule und Kiefer beim Pferd mit den Auswirkungen der Behandlung nach EPOS auf die Zahn und Kieferstellung und die reiterlichen Probleme. Vett aktuell 2008; 2

[14] Debroux JJ. Faszienbehandlung in der Osteopathie. Deutsche Ausgabe. Stuttgart: Hippokrates; 2004

[15] de Coster M, Pollaris A. Viszerale Osteopathie. 4. Aufl. Stuttgart: Hippokrates; 2007

[16] de Coster M, Pollaris A. Viszerale Osteopathie. 2. Aufl. Stuttgart: Hippokrates Verlag, 1997

[17] Denoix JM, Pailloux JP. Physiotherapie und Massage bei Pferden. Stuttgart: Ulmer; 2000

[18] Ellenberger Wilhelm, Handbuch der vergleichenden Anatomie der Haustiere, Verlag von August Hirschwald, Berlin, 12. Auflage

[19] Ess P. Koppen, Kauprobleme und Zungenfehler – behandelt mit kraniosakralen Techniken. Vett aktuell 2008; 3

[20] Essendrop, M. Schibye B., Hye-Knudsen C. Intra-abdominal pressure increases during exhausting back extension in humans: Eur J Appl Physiol. 2002; 87 (2): 167–173

[21] Evrard P. Kraniosakrale Pferdeosteopathie für Tierärzte. Stuttgart: Sonntag; 2004

[22] Evrard P. Lehrbuch der Strukturellen Osteopathie beim Pferd. Stuttgart: Enke; 2004

[23] Frisch H. Programmierte Therapie am Bewegungsapparat. 4. Aufl. Berlin: Springer; 2002

[24] Frost R. Grundlagen der Applied Kinesiology. Kirchzarten: VAK; 1998

[25] Giniaux D. Osteopathie beim Pferd. Stuttgart: Enke; 2002

[26] Grillner S, Nilsson J, Thorstensson A. Intra-abdominal pressure changes during natural movements in man: Acta Physiol Scand 1978; 103 (3): 275–283

[27] Gröneberg P. ABC of Horse – Anatomy, Biomechanics, Conditioning. Helsinki: Otava Book Printing Ltd; 2002

[28] Halstead DK, Cameron C. Release the Potential – a practical guide to myofascial release for Horse & Rider. Maryland: Half Halt; 2000

[29] Hartmann LS. Lehrbuch der Osteopathie. München: Pflaum; 1997

[30] Hasse-Schwenkler K. Physiotherapie für Hunde. Mürlenbach: Kynos; 2003

[31] Hebgen Eric, Checkliste viscerale Osteopathie, Verlag Hippokrates Stuttgart, 2009

[32] Heuschmann G. Finger in der Wunde, Schorndorf: Wu Wei; 2008

[33] Hittinger-Stauch S. Das Zwerchfell in der energetischen Osteopathie. Vett aktuell 2008; 4

[34] Hodges P., Gandevia S. C., Richardson C. Contractions of specific abdominal muscles in postural tasks are affected by respiratory maneuvres. J. Appl. Physiol. 1997; 83 (3): 753–760

[35] Hohmann M. Physiotherapie in der Kleintierpraxis. Stuttgart: Sonntag; 2008

[36] Houdebaigt JP. Pferdemassage. München: BLV; 1998

[37] Hornburg Monika, Faszien Abschlussarbeit für die Ausbildung Energetische Pferdeosteopath nach Salomon (EPOS), 2013

[38] Institut für angewandte Kinesiologie und Naturheilkunde Meersburg. Kursskripte für die Zusatzausbildung zum energetischen Pferdeosteopathen (EPOS), Fassung 2009

[39] Jacobsen A. Faszien und Faszientechnik beim Pferd. Vett aktuell 2006; 2

[40] Kapit W, Elson L. Anatomie-Malatlas. München: Arcis; 1989

[41] Karch D, Groß-Selbeck G, Schlack HG, Ritz A, Rating D. Kraniosakraltherapie. Stellungnahme der Gesellschaft für Neuropädiatrie, Kommission zu Behandlungsverfahren bei Entwicklungsstörungen und zerebralen Bewegungsstörungen. In: Stephani et al. (Hrsg). Aktuelle Neuropädiatrie. Nürnberg: Novartis Pharma; 2000: 545–552

[42] Karch D, Hanefeld F, Ritz A, Schlack HG. Kommission der Gesellschaft für Neuropädiatrie zu Behandlungsverfahren bei Entwicklungsstörungen und zerebralen Bewegungsstörungen. Konduktive Förderung nach Petö. Stellungnahme der Gesellschaft für Neuropädiatrie. Monatsschr Kinderhlk 1997; 145: 545–546

[43] Kleven HK. Biomechanik und Physiotherapie für Pferde. Warendorf: FN; 2009

[44] Kleven HK. Physiotherapie für Pferde. 2. Aufl. Warendorf: FN; 2001

[45] Kreling K. Zahnprobleme bei Pferden – Vorbeugen, Erkennen, Behandeln. Lüneburg: Cadmos; 2002

[46] Liem T. Kraniosakrale Osteopathie. 4. Aufl. Stuttgart: Hippokrates; 2005

[47] Lizon F. La consultation ostéopathique et homéopathique du chien et du chat. Paris: Similia; 1988

[48] Meert F. Das Becken aus osteopathischer Sicht. München: Urban & Fischer; 2006

[49] Möller I. Die Wirkung (unpassender) Sättel sowie deren Folgen auf Wirbel, Muskulatur und Energetik des Pferdes. Vett aktuell 2007; 4

[50] Nickel R, Schummer A, Seiferle E. Lehrbuch der Anatomie der Haustiere Band I: Bewegungsapparat. 8. Aufl. Stuttgart: Parey; 2003

[51] Nickel R, Schummer A, Seiferle E. Lehrbuch der Anatomie der Haustiere Band IV: Nervensystem, Sinnesorgane, Endokrine Drüsen. 4. Aufl. Stuttgart: Parey; 2003

[52] Nogier R. Einführung in die Aurikulomedizin. Heidelberg: Karl F. Haug; 1994

[53] Paoletti S. Faszien: Anatomie – Strukturen – Techniken. München: Urban & Fischer; 2001

[54] Pischinger A, Heine H, Bergsmann O, Perger F. Das System der Grundregulation. Grundlagen einer ganzheitsbiologischen Medizin. 10. Aufl. Stuttgart: Karl F. Haug; 2004

[55] Popesko P. Atlas der topographischen Anatomie der Haustiere. 6. Aufl. Stuttgart: Enke; 2007

[56] Rang NG, Höppner S. CranioSacralOsteopathie. 3. Aufl. Stuttgart: Hippokrates; 2002

[57] Reckeweg HH. Homotoxologie – Ganzheitsschau einer Synthese der Medizin. 6. Aufl. Baden-Baden: Aurelia; 1981

[58] Richter T. Bewegungsmangel. Vett aktuell 2008; 1

[59] Richter T. Triggerpunkte. Vett aktuell 2008; 1

[60] Richter T. Manuelle Therapie der Pferdewirbelsäule. Stuttgart: Sonntag; 2006

[61] Rickert KJ. Thermographie in der Tiermedizin. Vett aktuell 2004; 2

[62] Riegel RJ, Hakola SE. Bild-Atlas zur Anatomie und Klinik des Pferdes. 2. Aufl. Hannover: Schlütersche; 2006

[63] Roesti A. Kontrollierte Akupunktur. Gießen: AMI; 1997

[64] Salomon B. Die Behandlung des Sternums. Vett aktuell 2009; 2

[65] Salomon B. Die Dorn-Methode bei Pferd und Hund. Vett aktuell 2009; 2

[66] Salomon B. Das Schultergelenk. Vett aktuell 2008; 3

[67] Salomon B. Resonanzpunkte. Vett aktuell 2007; 4

[68] Salomon B. Knieprobleme bei Hunden und Pferden – energetische und biochemische Ursachen. Vett aktuell 2007; 3

[69] Salomon B. Unwinding und V-Spread, die energetischen Methoden der kraniosakralen Therapie. Vett aktuell 2007; 3

[70] Salomon B. Thorakale Läsionen und deren Korrektur. Vett aktuell 2007; 1

[71] Salomon B. Das Ileozökalklappen Syndrom, Vett aktuell November 2011

[72] Salomon FV, Geyer H, Gille U. Atlas der angewandten Anatomie der Haustiere. 3. Aufl. Stuttgart: Enke; 2007

[73] Salomon W. Die energetische Behandlung des Pferdes. 3. Aufl. Stuttgart: Sonntag; 2008

[74] Salomon W. Naturheilkunde für Pferde. 13. Aufl. Berlin: Ullstein; 2008

[75] Salomon W. Die Herpespunkte. Vett aktuell 2006; 3

[76] Salomon W. Ursachen von Headshaking – eine Zusammenstellung aus der Literatur. Vett aktuell 2006; 3

[77] Salomon W, Bäcker B. Headshaking – ein Symptom – viele Ursachen. Vett aktuell 2004; 4

[78] Saxer N. O-Beine beim Hund durch psychische Überlastung. Vett aktuell 2006; 4

[79] Saxer N. Beckenfehlstellung und Darmproblem nach Stress. Vett aktuell 2004; 4

[80] Schleip R. Die Bedeutung der Faszien in der manuellen Therapie. DO 2004; 2(1): 10–16

[81] Schultheiß M. Lymphabflussstörungen im Kopf- und Halsbereich von Pferden und ihre kraniosakralen Auswirkungen. Vett aktuell 2007; 4

[82] Schwartpaul E. Ohrenkorrektur mit Kraniosakral-Therapie. Vett aktuell 2009; 2

[83] Sicotte JG. Myofasziale Entspannung – Osteopathie nach der Methode Counterstrain. Stuttgart: Sonntag; 2002

[84] Skotte JH1, Essendrop M, Hansen AF, Schibye B., et al. A dynamic 3D biomechanica evaluation of the load on the low back during different patient-handling tasks, J Biomech. 2002 Oct;35(10):1357–66. (https://www.ncbi.nlm.nih.gov/pubmed/12231281)

[85] Still A. Das große Still-Kompendium. (Hrsg. Hartmann Ch.)

[86] Still A. Osteopathy: Research and Practice (Classic Research and practice)

[87] Still A. The Philosophy of Osteopathy

[88] Stodulka R. Medizinische Reitlehre. Stuttgart: Parey; 2006

[89] Stokes I., Gardner-Morse M., Henry S. Intra-abdominal pressure and abdominal wall muscular function: spinal unloading mechanism

[90] Strunk A. Fasziale Osteopathie. Stuttgart: Karl F. Haug; 2013

[91] Teslau C. Stresspunktmassage nach Jack Meagher. Cham: Müller-Rüschlikon; 2006

[92] Tixa S, Ebenegger B. Angewandte Osteopathie 1. Artikuläre Techniken der Extremitäten. Stuttgart: Hippokrates; 2004

[93] Ulbrich T. Massage, Muskel- und Gelenkprobleme erkennen und behandeln. Reihe Gesunde Pferde. Cham: Müller-Rüschlikon; 2000

[94] Upledger JE. Auf den inneren Arzt hören. München: Heyne; 2000

[95] Upledger JE. SomatoEmotionale Praxis der CranioSacralen Therapie. 2. Aufl. Heidelberg: Karl F. Haug; 1999

[96] Upledger JE, Vredevoogd JD. Lehrbuch der Kraniosakral-Therapie. 6. Aufl. Stuttgart: Karl F. Haug; 2009

[97] van Assche R. AORT – Autonome Osteopathische Repositionstechnik. 2. Aufl. Stuttgart: Karl F. Haug; 2003

[98] Verband Physikalische Therapie. Hans-Joachim Merkt. Kritische Anmerkungen zur kranio-sakralen Osteopathie (1/2003). Im Internet: http://www.naturheilpraxis.de/nh/index.html?http://www.naturheilpraxis.de/nh/archiv/2003/nhp01/a_nh-sp05.html

[99] Weber K, Bayerlein R. Neurolymphatische Reflextherapie nach Chapman und Goodheart. 2. Aufl. Stuttgart: Sonntag; 2007

[100] Wissdorf H, Gerhards H, Huskamp B. Praxisorientierte Anatomie des Pferdes. Hannover: M. & H. Schaper; 1998

[101] Wolke, N. Die drei Blätter von Glénard Uberprutung eines funktionellen Aspektes Eine Inter- und Intrareliabilitätsstudie, Master Thesis zur Erlangung des Grades Master of Science in Osteopathie an der Donau Universität Krems, niedergelegt an der Wiener Schule für Osteopathie Berlin, Mai 2009

Sachverzeichnis

F

G

H

I

N

O

P

R

S

T

U

V

W

Z